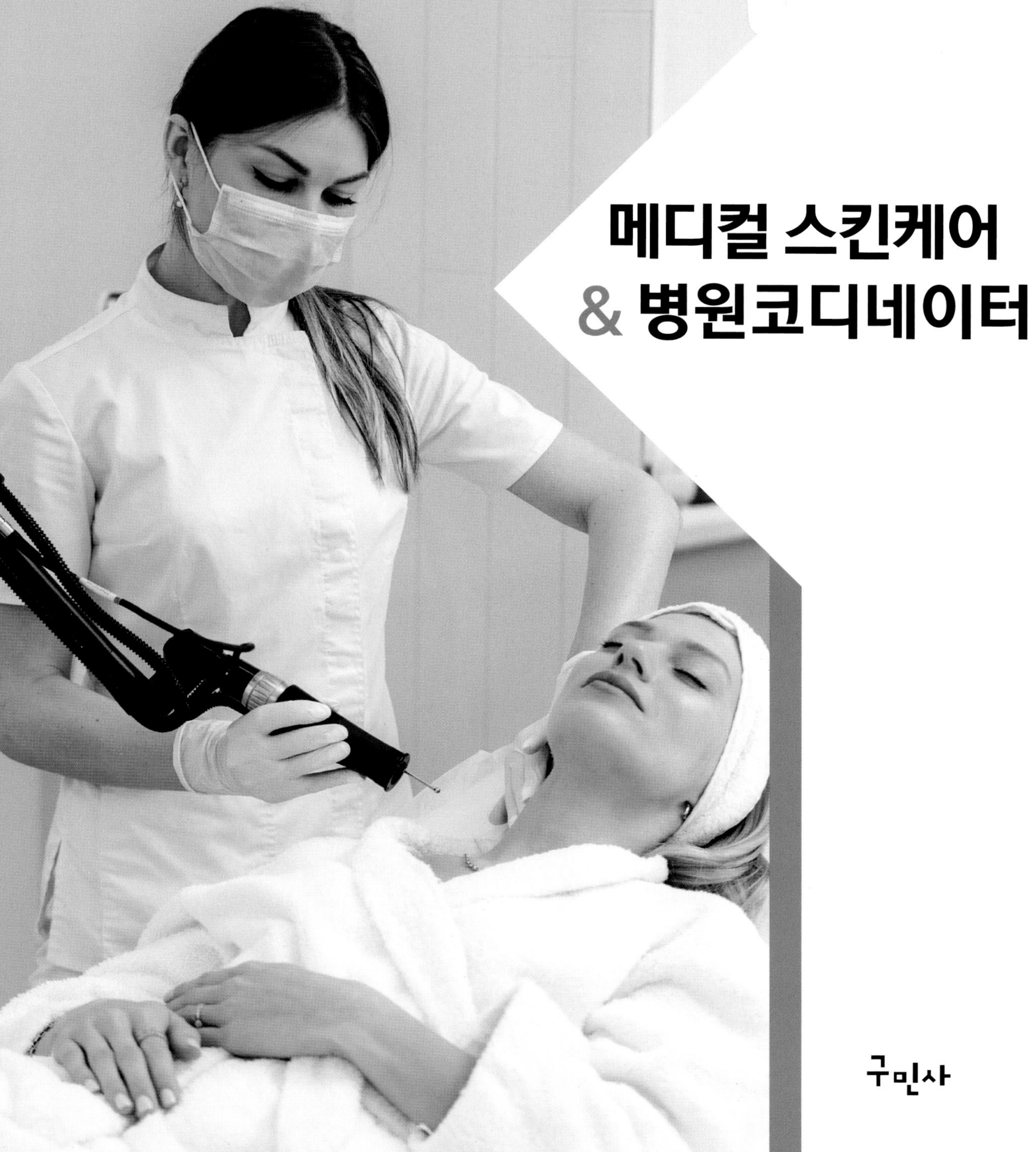

메디컬 스킨케어 & 병원코디네이터

구민사

저자 **김숙희** 건국대학교 미래지식교육원 K뷰티산업융합학 전공 전임교수

이자복 건국대학교 일반대학원 생물공학 이학박사
(주)엘파운더 기업부설연구소장
건국대학교 미래지식교육원 K뷰티산업융합학과 외래교수

김미정 서울디지털대학 뷰티미용전공 겸임교수
건국대학교 생물공학 이학박사

차해은 건국대학교 산업대학원 향장학 석사
아이디병원 피부과총괄, 경영기획팀장
현) 예쁨주의 뽐의원 기획부장

메디컬 스킨케어 & 병원코디네이터

Medical Skincare & Hospital Coordinator

초판 인쇄 2022년 5월 15일
초판 발행 2022년 5월 25일

지 은 이 김숙희 · 이자복 · 김미정 · 차해은
발 행 인 조규백
발 행 처 도서출판 **구민사**
(07299) 서울시 영등포구 문래북로 116, 604호(트리플렉스 604호)
전　 화 (02)701-7421(~2)
팩　 스 (02)3273-9642
홈페이지 www.kuhminsa.co.kr

신고번호 제 2012-000055호(1980년 2월4일)
ISBN 979-11-6875-055-5(93590)

값 28,000원

p|r|e|f|a|c|e

머리말

현대사회는 건강과 아름다움에 대한 관심이 높아짐에 따라 메디컬 스킨케어와 미용 서비스 산업의 규모도 확대되고 있다. 의료 및 미용산업의 확대로 뷰티산업의 발전도 동시에 이루어 지고 있으며 이에 따라 의료 미용관련 사업은 전문직 서비스로 발전하여 세분화, 고급화, 전문화가 되었다,

21세기에 접어들면서 모든 분야에 세분화된 전문화가 이루어지고 이 전문화는 고급화와 연결되면서 자연스럽게 태동되었다고 볼 수 있는 것이 메디컬 스킨케어이다.

의학의 발달과 생활수준의 향상으로 메디컬 스파, 메디컬 필링 테라피, 메디컬 리프트 테라피 등 메디컬 서비스와 코스메틱을 융합한 피부 솔루션 서비스가 날로 발전되고 있다.

이에 따라 메디컬 서비스 전문 인력의 역할과 중요성이 높아지고 있으며, 급격한 소비자의 니즈(needs, 요구)에 따른 메디컬 환경의 변화에 적극적인 관심이 필요하다.

메디컬 스킨케어는 단순한 피부관리가 아닌 의사의 시술과 병합되는 치료를 위한 피부관리 개념으로 전문 의료인의 의학적 지식을 바탕으로 한 의료적 진단과 처방, 그와 관련된 스킨케어를 말하며 또한 의학적 처치와 피부 관련 업무도 함께하는 것으로 전문 의학적 처치와 함께 미용적 관리를 하는 고도의 미용 행위이다.

메디컬 관련 산업에 종사하는 메디컬 스킨케어 에스테티션은 정확한 피부 타입을 식별하고, 전문적인 화장품을 이용하여 피부 치료를 효과적으로 실행하는 프로그램이 더 강조된다. 따라서 메디컬 에스테티션은 메디컬 시스템에 따른 피부미용 관리법을 체계적으로 학습하며, 빠르게 변화하는 메디컬 환경 변화에 발맞춰 끊임없는 교육이 이루어져야 할 것이다.

병원코디네이터의 커뮤니케이션은 단순한 지식 전달만이 아닌 의료진과 고객의 원활한 소통을 돕고 고객에게 최상의 병원 의료 서비스 경험을 제공하는 것을 목적으로 한다. 고객들은 전문성이 강한 고민과 문제 해결에 대해 만족할 수 있는 결과를 기대하고 내원하므로 그 기대를 충족하기 위해서는 뛰어난 커뮤니케이션 능력을 갖추고 있어야 한다.

본 책은 1장 메디컬 스킨케어와 2장 병원코디네이터로 구성하였다.

전문적인 내용으로 보다 효과적으로 실무에서 적용하기 유용한 교재로 피부미용 및 메디컬 서비스 산업에 종사하거나 이제 막 그 꿈을 펼치려는 분들에게 꼭 필요한 지침서가 되기를 바란다.

끝으로 본서의 출간을 위해 애써주신 도서출판 구민사 조규백 사장님과, 나영균 전문님 그리고 바쁘신대도 불구하고 꼼꼼하게 편집해주신 주은혜 차장님께 깊은 감사의 뜻을 전한다.

2022년 5월 저자일동

c|o|n|t|e|n|t|s

메디컬 스킨케어 이론과 실무

contents

병원코디네이터 이론과 실무

CHAPTER 04 병원코디네이터의 서비스 응대매너

CHAPTER 05 고객만족 CS의 이해와 고객접점(MOT) 마케팅

CHAPTER 06 병원서비스 모니터링과 고객의 소리(VOC)

CHAPTER 07 병원코디네이터의 이미지 관리

메디컬 스킨케어 이론과 실무

병원코디네이터 이론과 실무

메디컬 스킨케어의 현황과 전망

1

1. 메디컬 스킨케어의 정의

메디컬 스킨케어는 단순한 피부관리가 아닌 의사의 시술과 병합되는 치료를 위한 피부관리 개념으로, 전문 의료인의 의학적 지식을 바탕으로 한 의료적 진단과 처방, 의료기기 치료와 에스테티션의 피부관리, 전문적인 화장품을 이용한 피부 치료의 전후 관리를 총칭한다.

메디컬 스킨케어는 전문 의료인으로부터 정확한 피부진단을 거친 후 미용의료기기와 약물, 화장품을 이용한 관리가 병행되어 빠른 시간내에 피부를 정상화 시켜서 건강하고 아름다운 피부로 만들어 주는 것이다.

메디컬 스킨케어는 허가된 의료인의 책임하에 이루어지는 미용적 시술 또는 처치를 말한다.

전문 의료인의 의학적 지식, 치료와 처방	+	피부 관리	=	메디컬 스킨케어

2. 메디컬 스킨케어의 역사

메디컬 스킨케어는 2000년대 초반 전후로 대다수의 피부과 병원에서 피부 처치실이라는 이름으로 병행 운영을 하기 시작했다.

국내 메디컬 스킨케어는 1998년 최초로, 대한 피부과 개원의 협의회가 발족되면서 여러 차례의 심포지엄을 통하여 피부과 병원에서 피부미용의 필요성을 인식하여 메디컬 스킨케어라는 개념이 등장하였다.

2001년 초기에는 전국 피부과 병원의 약 500여 곳에서 피부 처치실을 병행하여 운영되었고 2002년 부터 피부과 병원의 90% 이상이 메디컬 스킨케어를 실시함으로써 본격적으로 피부과 미용시장에 정착되기 시작하였고, 메디컬 스킨케어라는 개념이 통용되기 시작했다.

현재는 생활 수준의 향상과 미용 의료 소비자의 의식 향상으로 미에 대한 관심이 더욱 높아지면서 피부미용 의료 서비스에 대한 병원과 고객의 지속적인 관심 증가로 인하여 피부과 병원뿐만 아니라 성형외과, 한의원 등 다양한 분야에서 메디컬 스킨케어의 활용 및 관심이 증가하고 있다.

3. 병원 환경에 따른 고객의 변화

고객의 생활수준 향상과 삶의 질이 개선되면서 개성있고, 다양한 아름다움의 추구에 대한 욕구가 변화하였고, 다양한 소비층의 변화와 더불어 소비 행위에 있어서도 제품의 가치가 중요시되고 있으며 1:1 개개인별 성향에 맞는 소비를 하려는 형태로 변화하고 있다. 또한, 온라인 등의 발달로 지식수준이 높아지면서 고객들의 권리를 스스로 찾아가고 있으며, 여러가지 문제에 대하여 보다 적극적으로 대응하려는 의식과 권리가 변화되고 있다.

4. 병원 환경에 따른 의료서비스 시장의 변화

의료 산업 초기에는 고객의 요구와 기대보다는 최소한의 의료 상담과 임상적 요구를 충족시키는 것에 집중하는 병원 중심의 의료였다. 그러나 급변하는 사회적 환경에서 고객의 요구와 기대의 변화로 병원 간의 경쟁이 심화되면서 오늘날 의료시장은 고객중심 의료 서비스로 새로운 패러다임을 맞이하고 있다. 특히, COVID-19 팬데믹이 발생하면서 의료산업 부문의 근로 환경, 인프라, 공급사슬 등 생태계 전반에 큰 변화를 초래했다.

자료출처 : 2021.3., Deloitte Insights, 2021 글로벌 헬스케어 산업전망

5. 메디컬 스킨케어의 역할 및 업무 영역

1) 역할

피부과에서는 만성 질환인 여드름, 기미, 아토피, 붉음증 등에 장비와 약물을 이용한 메디컬 치료를 주로 하였으나, 최근 시술 전 · 후 처치로써 전문 화장품을 접목하여 장기적으로 피부를 건강하게 해주면서 위의 질환들에 대한 치료를 도우며 그 효과를 높이는 것에 대한 중요성과 수요가 증가해 오고 있다.

전통적인 피부관리는 단순한 마사지나 팩 등의 관리 및 역할로 행해져 왔으나, 현대적 개념의 메디컬 스킨케어는 피부과 치료에서 특히 중요한 고객의 피부 상태 및 각종 시술에 따른 전 · 후 처치 관리(Pre- & Post-peel skin care)를 꼼꼼히 해줌으로써, 시술 결과에 대한 만족도 및 고객 서비스 만족도를 극대화할 수 있는 방향으로 발전해 가고 있다.

현대적 의미의 메디컬 스킨케어 역할

구분	의미
전통적 피부관리	• 피부에 대한 전문지식 없이 시행 • 단순한 관리(마사지나 팩 등)
메디컬 스킨케어	• 전문적인 피부 지식과 라이선스 • 전문 장비와 기구를 사용하여 피부 상태와 효과 측정이 가능 • 고객의 피부 타입과 상태에 따라 최적의 관리 프로그램을 설정 • 부작용을 줄이고 효과를 극대화 • 고객 만족의 극대화 달성

2) 업무영역

메디컬 스킨케어는 의료기관에서 미용사(피부) 국가자격증을 취득한 피부미용사, 대학에서 피부미용을 전공한 전공자에 의해 수행되고 있다. 1차 의료진의 고객 진료가 이루어진 후 진단에서 나타난 고객 개개인의 피부질환 및 문제점, 미용치료 방법에 따라 그에 적합한 메디컬 스킨케어를 제공한다.

또한, 피부 시술 및 성형 전 · 후 관리와 과민반응(allergy)에 대처하는 관리기법, 다양한 피부 문제점의 모든 관리를 포함한다. 미용 치료를 한 후에 치료 효과를 유지시키고 극대화하기 위하여 전문적이고 세분화된 메디컬 스킨케어 프로그램에 대해 상담 및 제안을 할 수 있다. 피부과적 치료나 시술 전 처치가 필요해서 이를 시행하게 되는 경우, 피부관리사는 환자의 피부를 시술하기 좋은 상태로 관리해 줄 수 있다.

메디컬 스킨케어는 피부 타입별, 의료 시술별, 피부질환별 프로그램, 시술 전 · 후 프로그램으로 분류할 수 있다. 이 모든 프로그램의 기초가 되는 미용의료기기, 화장품, 홈 케어에 대한 어드바이스를 할 수 있으며, 시술 후 홈 케어 시 올바른 세안법, 단계별 화장품 사용법, 생활 습관 등을 조언할 수 있다.

이로써, 시술 후 메디컬 스킨케어를 받기 위해 고객들은 정기적으로 병원을 방문하게 되며 이는 치료후 결과에 대한 고객들의 불안함을 감소시켜 주고 효과를 증대시키며 병원에 대한 신뢰도를 증가시킨다.

현재 다수의 병원에서 다양한 메디컬 에스테틱 장비와 기능성 화장품 그리고 숙련된 전문 에스테티션의 1:1 맞춤형 메디컬 스킨케어를 통한 시술 효과 유지 및 극대화가 매우 중요하기 때문에 이러한 부분에서 차별화된 경쟁력을 더욱 강화하고 있다.

따라서 메디컬 스킨케어에 관한 기초지식인 피부 과학, 의료장비, 약물 등을 이용한 메디컬 치료와 미용기기, 화장품 등을 이용한 메디컬 스킨케어 관리 방법을 이해하고 습득하는 것이 필요하겠다. 앞으로도 메디컬 스킨케어의 업무영역은 더욱 더 확대되고 발전하게 것이다.

미용성형 전문병원의 진료과목에 따른 업무 현황

구분	업무 현황
피부과	• 스킨 스케일링, 피부 질환 치료, 홈 케어 어드바이스 • 미용시술 전 · 후 미용장비 + 화장품 관리
성형외과	• 미용장비 + 화장품을 통한 성형 전 · 후 관리 • 홈 케어 어드바이스
비만 · 체형	• 비만, 체형 관련 의료적 처치 후 미용장비 관리 • 홈 케어 어드바이스
한방	• 한방적 처치 후 장비 + 한방제품 관리 • 홈 케어 어드바이스

피부과 전문병원의 역할에 따른 업무 현황

구분	업무 현황
의사	• 고객 진료/진단, 시술 및 치료 • 의료시술(레이저, 약물치료, 주사 요법), 처방전
상담실장 코디네이터	• 고객 피부 상태 및 목적에 다른 스케줄 구성 및 관리 • 시술 내용에 대한 설명 및 비용 상담
간호사 간호조무사	• 치료의 보조 역할(시술 보조, 주사, 드레싱 등) • 장비.약물 및 시술 도구의 소독/위생관리
에스테티션	• 의사의 처방에 따른 시술 전 · 후 에스테틱 관리 • 시술 전 · 후 주의사항, 홈케어 사용법 안내

피부의 구조와 기능 및 메디컬 스킨케어 기기

2

1. 피부의 구조와 기능

1) 피부의 정의

피부는 신체의 전 표면을 덮고 있는 인체 기관 중 가장 넓은 부분을 차지하는 조직이며 외부 자극으로부터 신체를 보호하는 중요한 기관으로 다양한 생리적 기능을 수행하여 내부 장기와 그 밖의 체내 기관을 보호 조절하는 역할을 한다.

피부는 모체에서 뇌와 함께 형성되며, 피부의 총 면적은 연령, 성별, 부위에 따라 차이가 나지만 성인의 경우 약 1.6m^2이고 중량은 체중의 7～8%를 차지한다. 피부의 두께(표피와 진피)는 평균 1.4mm이며 신체 부위 중 눈꺼풀이 가장 얇고(0.2～0.6mm), 가장 두꺼운 곳은 손과 발바닥(2～6mm)이다.

피부는 외부로부터 표피, 진피 및 피하지방층의 세 개의 층으로 구성되어 있으며, 가장 위쪽에 있는 층은 표피층이며, 중간에는 진피층과 다수의 혈관과 신경들이 통과하는 지지조직이 있다. 진피층에는 다양한 부속기관들이 있으며, 부속기관으로는 털, 땀샘, 피지샘, 혈관 그리고 손·발톱 등이 있다. 가장 아래쪽에는 쿠션 역할을 하는 피하조직이 있다.

피부는 인종에 따라 다르며 피부 두께는 1mm 이하의 눈꺼풀에서부터 3mm 이상의 발바닥까지 다양하다.

피부는 체온 조절과 외부 환경에 대한 장벽으로의 기능 등 다양한 생리적 기능을 수행하여 내부 장기와 그 밖의 체내 기관을 보호 · 조절하는 역할을 한다. 인체의 기관 가운데 가장 여러 가지 기능을 갖춘 피부는 그 기능들이 제 역할을 할 때 건강하고 아름다운 피부를 유지할 수 있다.

(1) 피부의 역할

- 체내의 모든 기관을 외계로부터 보호
- 미생물과 물리 화학적 자극으로부터 생체를 보호
- 수분 증발과 투과를 막아 피부 장벽의 수분을 조절
- 체온을 일정하게 유지 · 조절
- 감각기로서 촉각, 온각, 냉각, 통각, 압각의 지각 작용
- 호흡작용
- 재생능력

2) 피부의 기능

(1) 보호작용

① 광선으로부터 보호

피부가 자외선 광선에 노출되면 자연적인 피부 보호 작용으로, 일차적으로 각질층에서 자외선을 흡수하여 각질층이 비대해진다. 투명층에서는 자외선을 일부 분산시켜 유해한 자외선을 방어하는데 기저층까지 흡수된 자외선은 기저층에서 멜라닌 생성 세포를 자극하여 멜라닌 색소를 형성함으로써 광선이 진피까지 흡수되는 것을 방어한다. 즉 자외선에 피부가 노출될 경우 멜라닌 색소가 자외선을 흡수함으로써 피부를 보호하며 각질층이 자외선을 굴절, 반사시킨다. 또한 열과 광선에 의해 높아진 체온은 땀의 분비에 의해서 내려가며 신체에 적절하게 조절된다.

② 화학적 자극으로부터 보호

피부는 화학적 자극에 대해 본래의 피부 pH 균형을 잡을 수 있는 중화 능력이 있어 피지막과 각질층, 과립층이 화학 물질, 물, 오일, 산, 알칼리 등의 침투를 막는다.

③ 기계적 자극으로부터 보호

심장, 위, 폐, 간, 신장 등 우리 몸의 장기는 매우 섬세하고 예민하여 외부의 충격과 자극이 그대로 가해지면 장기의 손상과 생명의 위협을 받을 수 있는데, 피부는 인체 내부에 미치는 충격을 완화시켜 인체 내부를 보호한다. 피부는 외부로부터의 자극, 압박이 가해지더라도 결합 섬유, 피하 지방, 혈액, 림프관 등이 쿠션 역할을 한다.

④ 미생물로부터 보호

피지막이 약산성을 유지함으로써 피부 표면 세균의 번식과 병원균의 침입을 억제한다.

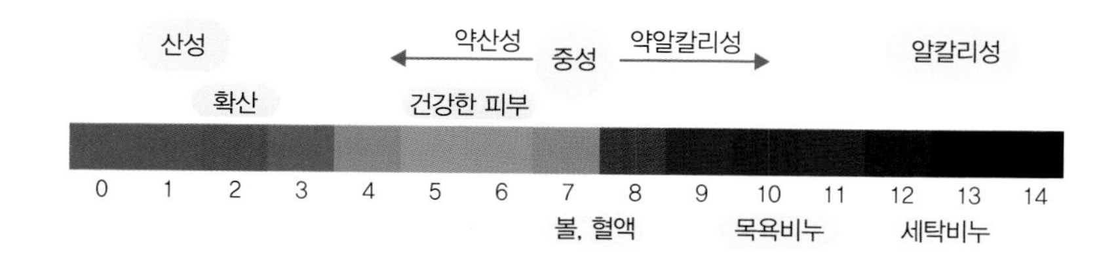

(2) 분비 및 배설작용

- 체내의 노폐물을 배설
- 땀샘에서 땀을 외부로 배설
- 피지선에서 피지를 분비

(3) 흡수작용

피부는 특정한 물질을 선택적으로 흡수한다. 피부의 한선이나 피지선을 통해 흡수되거나 표피의 각질층을 통해 흡수된다. 각질층을 통한 흡수는 투명층에 있는 방어막에 의해 방해를 받으며, 피지에 녹은 물질은 모낭을 통해 진피나 혈관 안에 흡수될 수 있다.

(4) 호흡작용

인체 외부로부터 산소를 받아들이고 인체에 축적된 이산화탄소를 배출하는 피부호흡은 폐호흡의 약 1%에 해당되는 양의 가스교환을 한다. 피부호흡은 피부 내의 신진대사 결과에 의해 생기는 CO_2를 피부 밖으로 보내고 신선한 산소를 흡수하는 것을 의미한다.

(5) 중화작용

피지는 약산성으로 표피의 알칼리를 중화한다.

(6) 체온조절작용

진피에 있는 모든 혈관은 외부 온도에 따른 체온을 조절하고 일정하게 유지하기 위해 수축 또는 확장, 발한을 반복한다. 각질층과 피하조직은 열의 부도체 역할을 하며 외부와 체내 사이에서 열이 전해지는 것을 막는다. 일정한 체온을 유지하기 위해 항온 동물은 체열 생산과 체열 방산이 각각 조절되어 균형을 유지할 수 있도록 조절 기구가 정비되어 있다.

① 체열 생산

체내의 물질대사, 특히 골격근의 긴장과 수축을 증감함으로써 조절이 되기 때문에 화학적 조절이라고도 한다.

② 체열 방산

피부에 있어서의 전도(傳導)와 복사(輻射, 주로 피부의 혈관 반사에 의해 이루어짐) 및 피부의 수분 증발 주로 발한에 의해 조절되므로 물리적 조절이라 부른다.

(7) 비티민 D 형성

표피의 과립층에서 7-디하이드로콜레스테롤(7-dehydrocholesterol)로부터 자외선에 의해 비타민 D를 합성

(8) 지각작용

피부에는 여러 가지 감각을 느끼는 감각점이 있어 자극을 받아들이는 역할도 한다. 감각점에는 따뜻함을 느끼는 온점, 차가움을 느끼는 냉점, 누르는 힘을 느끼는 압점, 아픔을 느끼는 통점 등이 있다. 사람의 피부에 있는 감각점의 수는 통점이 가장 많고, 압점, 냉점, 온점의 순으로 많이 분포한다. 물체가 피부에 닿으면 피부의 각 감각점에서 이를 자극으로 받아들이고, 이 자극은 피부 감각 신경을 통해 대뇌로 전달되어 피부 감각을 느끼게 된다.

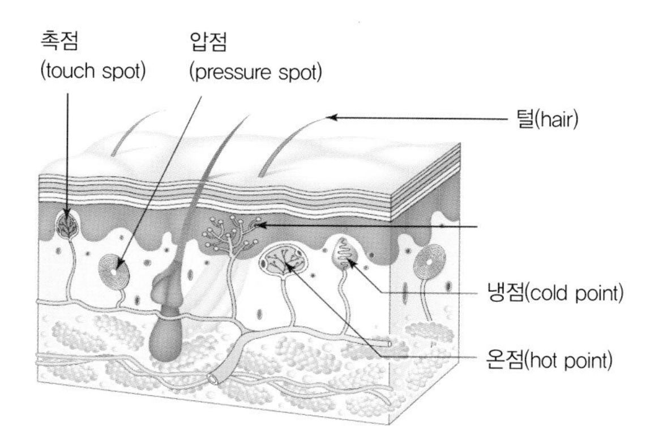

① 감각점의 종류와 기능

촉점

피부 표면 가까이에 많이 분포하며, 약한 접촉 자극도 매우 민감하게 감지한다.

압점

피부 깊숙이 자리 잡고 있으며, 압력을 감지한다.

통점

열, 강한 압력, 화학 물질 등을 감지한다.

온점

온점은 온도가 높아지는 변화를 감지한다. 즉, 피부의 상대적인 온도 변화를 감지한다.

냉점

냉점은 온도가 낮아지는 변화를 감지한다. 즉, 피부의 상대적인 온도 변화를 감지한다.

② 감각점의 수

통점 〉 압점 〉 촉점 〉 냉점 〉 온점

3) 피부의 구조

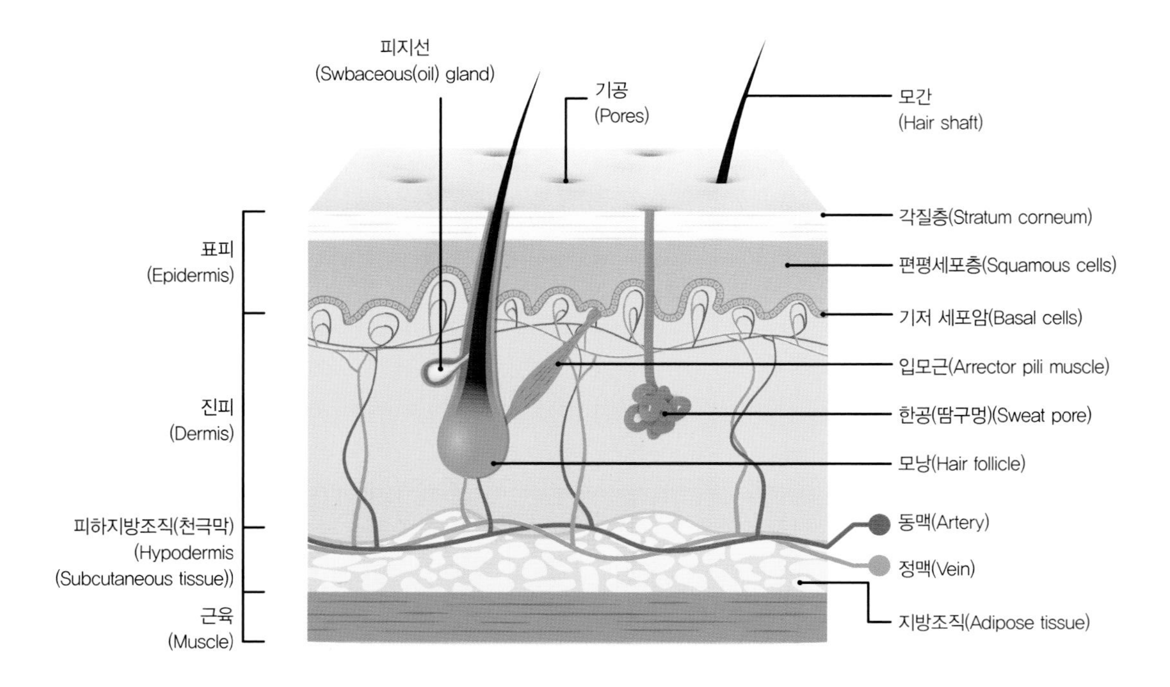

(1) 표피(epidermis)

구조적으로 표피는 중층편평상피로 구성되어 있으며, 표피는 피부의 제일 바깥층으로 무핵층과 유핵층으로 구분된다.

무핵층은 피부의 바깥쪽으로부터 각질층, 투명층, 과립층으로 형성되어 있으며, 유핵층은 경계가 뚜렷하지 않은 유극층과 기저층으로 형성되어 표피는 총 5층으로 이루어져 있다.

표피조직은 신경말단이나 혈관을 포함하지 않으며, 확산 작용에 의해 물질교환이 이루어진다.

표피를 구성하는 세포는 주로 각질형성 세포(keratinocyte)로 이루어져 있다. 이외에 멜라닌세포(melanocyte), 랑게르한스세포(langerhanscell), 머켈세포(merkecell) 등이 존재하며, 이러한 세포는 가지모양의 돌기를 가지고 있어서 수지상세포라고도 한다.

① 각질층(stratum corneum)

표피의 가장 바깥층으로 편평하고 핵이 없는 다수의 죽은 각질세포들이 15~30개의 세포층으로 이루어져 있으며 우리 몸을 보호하는 장벽 역할을 한다.

단백질이 풍부한 각질세포는 지질이 많은 세포간 지질에 묻혀 있어"bricks–'–mortar"의 형태를 보인다.

각질세포의 주성분은 케라틴(keratin, 58%), 각질세포 간 지질(lipid, 11%), 천연 보습인자인 NMF(Natural Moisturizing Factor, 31%)로 구성되어 있다.

각질층의 구성 성분 중 케라틴은 피부 표피층의 각질을 구성하는 연각질(soft keratin)과 손톱 · 발톱 · 털을 형성하는 경각질(hard keratin)로 구분된다. 또한 자극이 강하고 가벼우며 유연성과 물에 저항성이 있어 이물질의 침입을 방어하는 기능을 가지고 있다.

각질세포 간 지질은 2중층의 친유기 집단 형태이며 콜레스테롤(cholesterol, 15%), 세라마이드(ceramide, 50%), 지방산(fatty acid, 30%) 등으로 구성된 층상의 라멜라 구조로 세포와 세포를 단단하게 결합하도록 하고 수분 증발을 억제한다.

천연 보습인자 NMF의 구성 성분은 아미노산(40%), 피롤리돈카르복시산(12%), 젖산(12%), 요소(7%) 등으로 수분을 흡수하고 피부의 활성에 관여하는 중요한 요소이다. NMF는 일부분만이 땀에서 유래하며(20%) 대다수는 각질화과정이나 세포 물질, 즉 표외 자체에서 생기는 것이다(80%). 때문에 만약 몸을 씻을 때 NMF가 상실되면 피부는 수분을 결합시키는 능력을 잃게 된다.

각질층의 수분함량은 10~20%가 정상이다. 10% 이하가 되면 피부가 건조해지고 거칠어지며 예민해지므로 수분함량은 피부 표면의 탄력성 유지와 피부의 손상 방지에 매우 중요하다. 또한 각질층은 외부로부터 해가 되는 세균이나 독성물질, 물리적 충격 등에 대한 생체방어 기능을 가지며, 세포가 형성된 후 대개 28일이 경과하면 각화 작용에 의해 노후된 각질이 되어 피부로부터 자연적으로 떨어져 나간다.

② 투명층(Stratum lucidum)

- 2~3층으로 얇고 투명한 무핵 편평세포로 구성되어 있다.
- 빛을 굴절시켜 빛을 차단시킨다.
- 손바닥, 발바닥에 존재한다.
- 엘라이딘을 함유하여 수분에 의한 팽윤성이 적다.

③ 과립층(Stratum granulosum)

- 방추형의 세포로 또렷한 작은 낱알과 같은 세포로 구성되어 있으며 방어막이 있다.
- 케라틴 단백질이 뭉쳐져 만들어진 케라토히알린(Keratohyalin)이 과립 모양으로 존재한다.
- 세포 핵이 붕괴된다. 세포는 딱딱하고 조밀해지며 납작해지고 각화되기 시작한다.

④ 유극층

- 5~10층으로 가장 두꺼운 층으로 구성되어 있다.
- 세포와 세포 사이가 가시 모양 돌기로 연결되어 가시층이라고도 한다.
- 세포와 세포 사이에는 림프액이 흐르고 있다.
- 랑게르한스 세포가 존재한다.
- 데스모좀(desmosome)에 의해 세포 간 연접 구조로 세포간교를 형성한다.

⑤ 기저층

기저층은 피부 표면의 상태를 결정짓는 중요한 층으로, 표피의 가장 아래에 위치한 단층의 원추상 유핵세포로 구성되어 있다. 각질층의 수분 함량이 10~15%인데 비해 기저층 세포의 수분 함량은 약 70~72%이다.

기저층은 진피와 물결 모양으로 경계를 이루며 모세혈관으로부터 영양을 공급받아 세포분열을 통해 새로운 세포들을 생성한다. 물결 모양으로 요철이 많고 깊을수록 젊고 탄력 있는 피부라 할 수 있으며, 노화가 될수록 요철 모양이 편평해져 영양공급과 노폐물 배출 기능이 저하된다. 또한 기저층에는 각질형성세포(keratinocyte)와 멜라닌 세포(melanocyte)가 4 : 1 ~ 10 : 1의 비율로 존재하며 각질세 섬유(keratin fibrils) 또는 당김 잔 섬유(tonofilaments)가 생성되고 활발한 세포분열을 통해 점차 위쪽으로 이동한다.

(2) 표피층의 구성세포

각질형성 세포와 멜라닌 세포, 랑게르한스세포, 머켈세포로 구성된다

① 각질형성 세포(keratinocyte)

표피를 구성하는 가장 중요한 세포로 표피세포의 80~95%를 차지하며 각질(케라틴 단백질)을 만드는 역할을 하므로 각질형성 세포라 한다. 각질형성 세포는 기저층에서 형성되어 세포분열을 통해 새로운 세포를 만들어 내고 생성된 세포는 시간이 지남에 따라 표피의 위층으로 점차적으로 이동하면서 세포의 모양은 점점 수축되고 편평하게 변한다. 즉, 각질형성 세포는 기저층 → 유극층 → 과립층 → 투명층 → 각질층으로의 이동 과정을 거쳐 각질층의 최외각층에서 죽은 세포가 되어 피부 표면에서 탈락하게 된다. 이런 일련의 과정을 각화 과정(keratinization)이라고 하며 세포 교체주기는 대개 4주이다.

각화 과정이 정상적으로 이루어지고 있는 상태를 정상 각화(orthokeratosis), 각질층 세 포의 탈락이 정상적으로 떨어져 나가지 않고 각질층이 두터워져 있는 증상을 과각화증(hyperkeratosis), 이와 반대로 각질층 세포가 완전 각화가 이루어지지 않고 세포핵에 남아 있는 증상을 준각화증(parakeratosis)이라 한다.

과각화증상은 젊은 사람의 경우 지성피부에서 많이 나타나며, 이런 경우에는 죽은 각질세포들이 모공을 막게 되어 여드름 생성의 원인으로 작용하기도 한다. 또한 피부가 노화되며 세포의 각화 기능이 저하되어 각질세포의 정상적 탈락이 지연됨으로써 과각화증을 일으킨다. 이때에는 피부가 두껍고 거칠어 보이며 각질세포의 축적으로 피부 표면을 통한 영양 흡수에도 지장을 주게 된다.

② 멜라닌 세포(melanocyte)

대부분 표피의 기저층에 존재하고 표피에 존재하는 세포의 약 5%를 차지하며 피부색을 결정하는 중요한 역할을 한다.

멜라닌 세포에서 만들어진 멜라닌은 세포돌기를 통하여 각질형성 세포로 전달된다. 멜라닌 세포는 긴 수지상 돌기를 가진 가늘고 길쭉한 형태를 하고 있으며, 주위의 각질형성 세포 사이로 뻗어 있다. 각질형성 세포로 전달된 멜라닌은 점차 각질층으로 이동되어 표피 상층부로 올라오면서 각질층에서 완전히 탈락하

게 된다. 그러나 만일 표피층의 각화 현상이 불균형을 이룬다면 멜라닌 색소가 피부에 불규칙적으로 머물러 색소침착으로 나타나게 된다.

멜라닌 세포의 주요 기능은 자외선을 흡수하거나 산란시켜 피부에 해가 되는 자외선으로부터 피부를 보호한다.

멜라닌 세포 색소의 생성 조절이나 피부의 침착 정도는 유전적, 환경적, 호르몬 등의 요인에 의하여 결정된다. 종족에 따라 피부색이 다른 것은 멜라닌 색소의 활성도, 즉 생성되는 멜라닌 색소의 양과 생성 속도 및 분포상태가 다르기 때문이다.

③ 랑게르한스세포(Langerhans cell)

표피세포의 2~4%를 차지하는 별 모양의 세포질 돌기를 가진 수지상 세포이다.

대부분 유극층에 존재하며 구강 및 생식기 점막의 상피와 림프절, 피지선, 한선, 유선, 모낭 세포에도 존재한다. 이들 세포는 피부의 면역학적 반응과 알레르기 반응(알레르기성 피부, 접촉성 피부염과 과민성반응의 유발) 등 피부 면역기능에 관여한다. 즉 외부의 이물질인 항원이 피부에 침투하면 즉시 반응하여 면역담당세포인 림프구로 전달해 주는 역할을 한다. 예를 들면 자신의 피부와 맞지 않는 화장품이나 금속성분이 피부에 닿아 표피 내로 흡수되면 랑게르한스 세포가 관여하여 알레르기 반응을 일으킨다.

④ 머켈세포(Merkel cell, 촉각세포)

표피에 광범위하게 퍼져 있으나 대부분 기저세포에 분포하며 손바닥, 발바닥, 입술 등의 털이 없는 부위뿐 아니라 모낭의 외근초에서도 발견된다. 촉각 수용체로서 피부에서 촉각을 감지하는 역할을 하며 인접한 각화세포와 많은 부착반(desmosome)에 의해 부착되어 있다. 또한 신경섬유의 말단과 연결되어 촉각을 감지하는 세포로 작용하기 때문에 촉각 세포라고도 한다.

(2) 진피

① 진피층의 구성

진피는 강하고 유연성 있는 결합조직으로 표피보다 10~40배 가량 두꺼운 실질적인 피부이다. 진피층의 구조는 경계가 뚜렷하지 않은 상층의 유두층(papillary layer)과, 하층인 망상층(reticular layer)으로 나눌 수 있으며, 교원섬유(collagen fiber)와 탄력섬유(elastin fiber) 등의 섬유성 단백질과 무정형의 기질로 구성된다. 진피층의 구성 세포로는 섬유아세포(fibroblast), 비만세포(mast cell), 식세포(macrophage) 등이 있다. 이 세포들은 피부층을 지지하고 모세혈관, 림프관, 한선, 피지선 등은 피부의 영양 및 지각 기능, 노폐물 배설 등 피부의 중요한 기능을 맡고 있다. 이 밖에 외부의 손상으로부터 몸을 보호하며, 수분 저장, 체온 조절, 피부 재생의 기능이 있다.

유두층(Papillary laye)

유두층은 전체 진피의 10~20%를 차지한다.
표피 쪽으로 돌출된 진피의 작은 돌기를 유두(papilla)라고 하며 물결 모양을 이루고 있다.
유두층은 교원섬유(collagen fiber)가 둥글고 불규칙하게 배열된 결합조직(looseconnective tissue)으로 이 섬유 사이에는 세포들과 많은 기질들이 존재하며, 모세혈관, 신경종말, 림프관이 풍부하게 분포되어 있다. 따라서 유두에 존재하는 모세혈관은 표피에 영양분과 산소를 운반해 주고, 림프관을 통해서는 표피의 노폐물을 배설해주며, 신경종말은 감각소체를 형성하여 촉각이나 통각 등의 신경을 전달한다.
유두의 물결 모양은 피부가 노화될수록 점점 편평해지는데 이로 인한 조직의 형태로 노화의 정도를 짐작할 수 있다.

망상층(Reticular layer)

유두층의 아래에 위치하며 그물 모양을 이루고 있는 망상층은 진피층의 80~90%를 차지한다. 불규칙한 결합조직으로 모세혈관이 거의 없으며 혈관, 림프관, 피지선, 한선, 신경, 털세움근, 피지선 등이 복잡하게 분포되어 있고 감각기관으로는 압각, 온각, 냉각이 있다.
굵은 교원섬유와 탄력섬유가 피부 표면과 평행으로 매우 치밀하게 구성되어 있고, 교원섬유가 90% 이상을 차지한다. 교원섬유인 콜라겐(Collagen fiber)과 탄력섬유인 엘라스틴(Elastin fiber), 그 사이를 메우는 기질(Dermal fiber)과 이 모든 성분을 만들어내는 섬유아세포, 비만세포, 면역세포 등으로 구성되어 있다.
망상층은 탄력과 팽창성이 큰 층으로 피부의 탄력성은 진피를 이루는 섬유질의 탄력 상태에 따르는데, 임산부나 비만인 사람에서 피부가 늘어날 수 있는 것도 섬유질 때문이다. 섬유의 배열은 일정한 부위에서 신체 부위에 따라 달라지는데 이러한 섬유의 주행 방향을 피부할선, 또는 처음 발견한 학자의 이름을 따서 랑거선 Langer line이라 한다. 수술 시에 이 랑거선을 따라 절개하면 상처의 흔적이 작게 남는다.

② 진피의 구성 물질

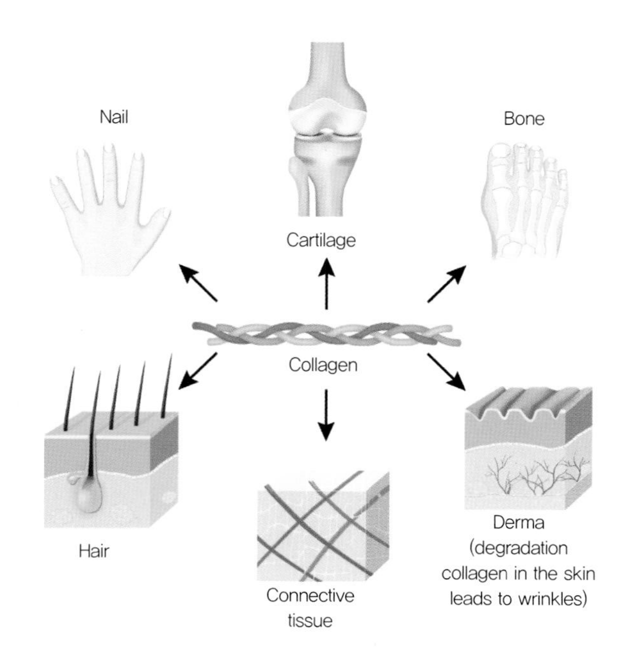

콜라겐 Collagen fiber, 교원섬유

진피 성분의 90%를 차지하며 섬유아세포(fibroblast)에서 만들어지고, 교원섬유(collagen fiber)와 탄력섬유(elastin fiber)가 서로 그물 모양으로 짜여 있어 피부에 탄력성과 신축성을 부여한다.

콜라겐은 섬유아세포에서 생산되며 콜라게나아제(collagenase)라는 효소에 의해 분해되어 모세혈관에 흡수되어 대사된다. 콜라겐은 우리가 엄지와 집게손가락으로 피부를 잡아당겼을 때 어느 정도 이상은 피부가 늘어나지 않는데, 이때 늘어나지 않게 작용하는 것이 콜라겐이다. 즉 콜라겐은 피부에 가해지는 압력이나 외부의 힘에 대해 저항하는 역할을 한다. 또한 교원질인 콜라겐은 자외선으로부터 어느 정도 피부를 보호하며, 그 속에 충분한 수분을 포함하고 있어 피부의 수분 유지를 돕고 피부의 탄력 상태를 결정한다. 이러한 진피 내의 교원섬유인 콜라겐의 기능이 떨어지면 진피 내 수분이 감소하고 표피와 진피경계부인 유두층이 납작하게 되며 피부 주름과 처짐 현상, 즉 피부 노화가 나타난다.

진피에 함유된 콜라겐의 함량은 노화에 따라 감소한다. 실제로 노화된 피부의 진피 두께와 젊은 피부의 두께를 관찰해 보면 노화 피부의 두께가 더 두꺼운 것을 알 수 있다.

엘라스틴(Elastin fiber, 탄력섬유(Elastin fiber))

교원섬유와 같이 섬유아세포에서 생성된다. 교원섬유에 비해 짧고 가늘며 탄력성이 있어 원래 길이의 1.5배까지 늘어난다. 다시 놓게 되면 스프링처럼 원래의 상태로 되돌아간다. 따라서 엄지와 집게손가락으로 피부를 당겼을 때 재빨리 원래 상태로 돌아가는 것은 손상된 엘라스틴이 적다는 것을 의미한다.
콜라겐과 엘라스틴은 수분을 결합하는 힘에 의해 탄력성을 가지나 수분 보유 능력이 저하되면 그물망의 배열이 느슨해져서 피부가 이완되고 주름이 생기는 노화현상이 나타난다.

히알루론산(Hyaluronic acid)

히알루론산은 동물 등의 피부에 많이 존재하는 생체 합성 천연 물질이다. 수산화기 –OH 가 많기 때문에 친수성 물질이며, 동물 등의 피부에서 보습 작용의 역할을 한다. 수분함량이 많아 피부와 관절의 유연성을 도우며, 눈, 입술, 두피, 모공 등에서 윤활유와 같은 역할을 하고 있다. 히알루론산은 콜라겐과 엘라스틴을 이어주고 자기 무게의 1000배에 달하는 수분을 보유할 수 있으며, 피부에는 우리 인체의 히알루론산 중 50%가 존재한다.

기질(Ground substance)

진피 내의 섬유 성분과 세포 사이를 채우고 있는 물질을 기질이라 하며, 점다당질(무코다당질, mucopoly saccharide)이 주성분이다. 점다당질은 히알루론산(hyaluronic acid), 콘드로이틴 황산염(chondroitin sulfate), 헤파린(heparin), 헤파린 황산염(heparan sulfate), 더마탄 황산염(dermatan sulfate), 케라탄 황산염(keratan sulfate)으로 이루어져 있다. 이들은 친수성다당체로 자체 무게의 수십 배에서 1,000배까지 수분을 흡수할 수 있는 능력을 가지고 있다. 특히 히알루론산은 무자극성이면서 뛰어난 보습작용으로 보습용 화장품의 원료로도 널리 사용되고 있다.
점다당질 같은 생체고분자에 흡수된 수분은 일반적인 수분과는 달리 강하게 결합되어 쉽게 증발되거나 얼지 않는 특별한 성질을 가지고 있다. 이와 같이 생체 내에서 강하게 결합된 물을 일반적인 물인 자유수와 비교하여 결합수라고 한다.
기질의 역할은 주위의 다른 조직을 지지하면서 결체조직대사와 염분, 수분의 균형에 관여한다.

③ 진피층의 구성세포

섬유아세포(Fibroblast)

섬유아세포는 동물의 결합조직에서 가장 흔한 세포로 결합조직 내에 널리 분포되어 상존(resident)하는 세포이다. 모양은 편평하고 방사형이나 방추형으로 길고 늘어진 모양을 이루며, 불규칙한 돌기를 보인다. 일생 동안 세포에 중요한 정보제공을 하며 교원섬유와 탄력 섬유 · 기질을 생성하며, 콜라겐을 합성하여 상처 치유에 중요한 역할을 한다. 이러한 섬유아세포 사이에는 점다당질 성분인 기질이 겔 상태로 분포되어 있고, 모세혈관 · 동맥 · 정맥 · 림프관 · 신경들이 복잡하게 얽혀 있으며, 피부 부속기관인 피지선과 한선이 자리를 잡고 있다. 이들은 피부 영양공급, 노폐물 배설, 감각, 분비 등 피부의 중요한 기능을 맡고 있다.

비만세포(Mast cell)

동물의 결합조직 가운데 널리 분포하는 세포이며, 특히 모세혈관에 따라 많이 분포하는 달걀꼴 및 원형의 세포이다. 히스타민(histamine)과 세로토닌(serotonin), 또 헤파린(heparin)이 함유되어 있으며, 피부결체조직, 장막, 혈관 주위, 다양한 점막 주변에 존재한다. 비만세포 과립 탈출 반응이 일어나 세포 안의 물질이 방출되면 조직에 과민 반응이 일어난다. 알레르기 반응의 시작에 중요한 세포로서 조직에 감염 반응이 일어났을 때 조직 내로 면역물질을 불러들이는 역할을 한다.

대식세포(Macrophage)

동물 체내 모든 조직에 분포하여 면역을 담당하는 세포이다. 침입한 세균 등을 잡아 소화시켜 그에 대항하는 면역 정보를 림프구에 전달하여, 탐식 세포라고도 한다. 이물질 · 세균 · 바이러스 · 체내 노폐 세포(老廢細胞) 등을 포식하고 소화하는 대형 아메바상 식세포를 총칭한다.

섬유아세포와 혈관내피세포의 성장인자를 생산하여 손상된 조직을 치유하며, 염증반응에 관여하는 물질이나 사이토카인(cytokine)을 분비하여 염증반응을 조절하고, 면역세포의 작용을 조절하는 사이토카인(cytokine)을 분비하여 면역작용을 조절하는 등의 여러 가지 기능을 맡고 있다.

(3) 피하지방층(Subcutaneous layer)

진피의 아래에 지방세포로 진피보다 두꺼운 층이다. 피하지방층의 두께와 분포는 인체의 부위에 따라 차이가 있으며, 연령, 성별, 체형의 유전, 신체의 영양상태, 피부 부위, 기후 등에 따라 달라진다.

피하지방층에는 지방세포와 지방조직이 발달되어 있고 지방세포 사이사이에는 진피로 연결되는 섬유들과 혈관 림프들이 자리 잡고 있다. 피하지방층에 지방이 지나치게 많이 축적되거나 조직액이 축적되어 피하조직이 두꺼워지게 되면, 진피 · 표피가 위로 밀려 올라오면서 피부 표면이 오렌지 껍질처럼 울퉁불퉁 튀어 올라오게 된다. 이때 피하지방층에는 지방세포 주위의 결합조직인 림프관과 혈관이 압박되어 순환장애가 일어나고 교원섬유의 탄력성이 저하되는 현상이 일어나는데, 이러한 피부 내부와 피부 표면의 현상을 셀룰라이트라 한다.

셀룰라이트가 주로 발생하는 부위는 엉덩이, 허벅지, 팔의 윗부분, 배꼽 아래 등으로 셀룰라이트 증상이 심한 경우는 비만과 함께 순환계 질병의 원인으로 작용한다.

① 피하조직(subcutaneous layer)

진피의 아래층, 피부의 가장 아래층으로 지방세포들이 축적되어 있는 느슨한 결합조직으로 진피보다 두꺼운 층이다.

지방층에는 지방세포와 지방조직이 발달되어 있고 지방세포 사이사이에는 진피로 연결되는 섬유들과 혈관 림프들이 진피에서 보다 굵은 형태로 자리 잡고 있다. 피하조직 지방세포들은 지방을 생산하여 체온의 손실을 막는 체온 보호기능, 외부의 압력이나 충격을 흡수하여 신체 내부의 손상을 막는 물리적 보호기능, 인체에서 소모되고 남은 영양이나 에너지를 저장하는 저장기능을 한다. 여성호르몬과도 관계가 있어 남성에 비해 여성의 경우 피하지방층이 두꺼우며, 여성호르몬이 많이 분비되는 임신 시기에는 피하지방층이 발달된다. 피하지방층의 두께와 분포는 성별, 연령, 체형의 유전, 신체의 영양상태, 피부 부위에 따라 다르다.

피하지방층에 지방이 지나치게 많이 축적되거나 조직액이 축적되어 피하조직이 두꺼워지게 되면, 진피, 표피가 위로 밀려 올라오면서 피부 표면이 오렌지 껍질처럼 울퉁불퉁 튀어 올라오게 된다. 이때 피하지방층에는 지방세포 주위의 결합조직인 림프관과 혈관이 압박되어 순환장애가 일어나고 교원섬유의 탄력성이 저하되는 현상이 일어난다. 이러한 피부 내부와 피부 표면의 현상을 셀룰라이트라 한다.

셀룰라이트가 주로 발생하는 부위는 엉덩이, 허벅지, 팔의 윗부분, 배꼽 아래 등으로 셀룰라이트 증상이 심한 경우는 비만과 함께 순환계 질병의 원인으로 작용한다.

(4) 피부부속기관의 구조 및 기능

피부의 부속기관은 모발, 손 · 발톱, 피지선, 한선, 치아, 유선, 신경 등으로 구성되는데, 이들은 피부에서 발생된 것이지만 각기 다른 작용을 하며, 피부의 건강은 모든 부속기관이 제 기능을 다함으로써 유지된다.

① 한선

한선(sweat gland)은 진피의 망상층에 실뭉치 모양으로 엉켜 있으며, 신체 부위에 따라 분포 상태가 다르다.

한선은 피지선 1개에 약 6~8개의 한선이 존재하며 전 신체에 대략 200만 개의 한선이 존재한다. 한선은 전 피부에 분포되어 있으며 특히 손바닥과 발바닥, 그리고 겨드랑이와 이마에 많이 분포되어 있다.

일반적으로 성인의 경우 1시간에 약 30cc, 1일 0.6~1.2L 정도의 땀이 한선을 통하여 분비되는데, 이들은 대부분 체온조절과 함께 피부의 피지막과 산성막 형성에 관여한다.

땀의 수분 성분과 피지의 기름성분은 기름 중 어떤 물질에 의해 크림 모양의 상태로 유지되어 피부 표면에 피지막을 형성한다. 이러한 피지막의 기능은 피부를 부드럽게 하고 땀과 피지에 의해 산성을 띠면서 외부의 세균에 대한 피부를 보호하는 작용을 한다.

한선의 종류

전신에 존재하는 한선은 그 기능과 크기에 따라 체온 조절을 다스리는 소한선(에크린선)과 신체 특정 부위에만 존재하면서 사춘기 이후에 기능을 발휘하는 대한선(아포크린선)으로 나눌 수 있다.

- 대한선(아포크린선 : apocrine sweat gland)

  아포크린선은 성선(性線)과 독특한 향을 내는 물질을 함유하며 피지선과 함께 개인의 체취를 만들어 낸다(체취선). 2차 성장의 하나로 사춘기 때 기능이 가장 활발한 대한선은 인종적으로 흑인, 백인, 동양인의 순으로 발달되어 있으며, 남성보다 여성에게 발달되어 있어 여성은 생리 전과 생리 중에 분비량이 많아지나 갱년기 이후에는 기능이 퇴화되면서 분비가 감소된다.

  아포크린선은 에크린선과는 다르게 모낭과 연결되어 모공을 통하여 세포 성분의 액체 상태로서 분비되는데 특이한 냄새와 뿌옇고 탁한 것이 특징이다. 주로 겨드랑이, 유두, 음부, 귓속 등의 특정 부위에만 존재한다.

  아포크린선의 땀의 산도는 pH 5.5~6.5로 흰색 또는 노란색의 뿌옇고 탁한 농도 짙은 분비물로 단백질의 함유량이 많아 주위 세균에 의해 땀 성분이 부패되면 악취를 발생하게 된다. 이와 같은 체취를 암내(액취증)라고 하며 심한 경우에는 냄새뿐만 아니라 겨드랑이 부위의 옷 색깔까지 변색시킬 수 있다.

• 소한선(에크린선 : eccrine sweat gland)

에크린선은 우리가 일반적으로 말하는 땀을 분비하는 땀샘으로 아포크린선보다 작아 소한선이라고 한다. 입술과 음부를 제외한 전신에 분포되어 있는 땀샘으로 특히 손바닥과 발바닥, 겨드랑이, 이마, 서혜부, 코 부위에 많이 분포되어 있다.

에크린선을 통한 땀은 산도가 pH 3.8～5.6으로 약산성인 무색, 무취의 맑은 액체로 평소에는 사람에게 인지되지 않는 상태로 혈액에서 만들어져 지속적으로 배출된다. 신체의 온도, 정신적 긴장, 혈액의 수분량, 발한작용을 촉진시켜 주는 약품, 자극적인 음식과 음료 등의 자극 요인에 의해 분비가 촉진된다. 또한 피지와 더불어 피부를 보호하고 습기를 주어 피부의 건조를 막아준다. 일반 성인의 신체에는 2～4백만 개의 에크린선이 존재한다.

② 피지선

피지선(sebaceous gland)은 진피의 망상층에 위치하고, 모낭의 벽에 3～5개의 주머니가 모낭 주위에 그룹을 지어 모낭으로 연결되며, 피부 표면에서 모공을 통해 분비물인 피지를 분비하기 때문에 일명 모낭선이라고도 한다.

피지선은 태아 4개월부터 모낭과 함께 만들어지며 출생 직후 크게 발달해 있다가 점점 줄어들게 된다. 사춘기가 시작되면서 분비되는 성호르몬의 영향을 받아 피지선은 다시 커져 집중적으로 분비되고 성인기에 가장 커지며 40세 이후 점차 감소된다.

피지선은 피부 표면에 지방을 분비하여 윤기 부여와 땀과 함께 피부와 모발을 윤택하게 한다. 손바닥과 발바닥을 제외한 거의 전신에 존재하고 하루 평균 1～2g 정도의 피지가 분비된다. 하지만 환경과 성별, 나이, 신체기관의 장애, 호르몬, 정신적 영향이나 계절 등에 따라 차이가 있으며 대개 남성이 여성보다 피지량이 많다.

③ 모발(hair, 털)

모발(hair)은 포유동물에게만 존재하고 생태학적으로 상피조직에서 생성되며 태아기 2개월째부터 나타난다. 사람의 전신에는 약 130～140만 개의 모발이 있으며 이 중 약 10만 개 정도가 두발로서 위치하게 된다. 일반적으로 모발의 85～90%는 성장기의 모발로서 일정기간(남성은 3～5년, 여성은 4～6년, 속눈썹은 3～5개월, 눈썹 2～3년) 동안 자라다 휴지기를 맞게 된다. 반면 휴지기 모발이라 불리는 10～15%의 모발은 성장이 정지된 상태로 있다가 점차 자연스럽게 빠지게 된다.

모발의 구성성분

케라틴(80~90%)이라는 경 단백질이 주성분으로 케라틴은 18가지 아미노산으로 조성되어 있다. 모발은 이 중에서 시스틴, 글루탐산, 아스파라긴산, 알긴, 세린, 트레오닌, 티로신, 페닐알라닌 등의 아미노산으로 이루어져 있다.

모발의 해부와 단면구조

모발의 단면구조를 살펴보면, 모간부를 이루고 있는 모발세포는 크게 모표피, 모피질, 모수질로 구성된다.

- 모발의 해부
  - 모간(hair shaft) : 피부 표면 밖으로 나와 있는 부분을 말한다.
  - 모근(hair root) : 피부 속 모낭 안에 있는 부분을 말한다.
  - 모낭(follicle) : 털을 만들어내는 기관으로 모근을 싸고 있다.
  - 모구(hair b6ulb) : 전구 모양으로 이곳에서부터 모발이 성장한다. 모질 세포와 멜라닌 세포로 구성되어 있다.
  - 모유두(hair papilla) : 모구와 맞물려 있는 부분으로 혈관과 림프관을 통해 털에 영양을 공급하여 발육에 관여한다.
  - 입모근(arrector pili muscle) : 불수의근이며 자율신경의 지배를 받아 긴장, 감정이 긴박해질 때, 이 근육이 수축되어 모발을 세우는 기능을 한다. 털세움근, 기모근이라고도 한다.
- 모발의 단면 구조
  - 모소피(hair cuticle) : 모표피라고도 하며 모발의 가장 바깥층의 비늘모양으로 모발의 유연성을 주는 가느다란 세포로 모발의 10~15%를 차지하고 있다. 외부로부터의 물리적 · 화학적 자극을 쉽게 받을 수 있어 손상 및 박리되기 쉽다. 모표피세포는 물고기 비늘 모양의 형태(문리 : Scale)를 띠고 색소를 함유하지 않은 반투명막으로 이루어져 있다. 모표피는 에피큐티클(친유성), 엑소큐티클(중간적 성질의 불안전층), 엔큐티클(친수성)의 3개 층으로 이루어져 있다. 모표피의 배열 상태, 탈락 정도, 두께, 박리상태 등은 건강모의 판단기준 및 모발의 두께를 결정짓는 중요한 요소가 된다.
  - 모피질(Cortex) : 모발 중 가장 두껍고 중요한 부분으로 모표피 내측에 위치하며 모발의 대부분인 85~90%를 차지하고 있다. 주성분은 케라틴 단백질과 피질세포와 세포간 결합 물질들로 구성되어 있다. 피질세포는 섬유다발과 같은 형태의 세포들로 이루어져 있고, 이 섬유형태의 세포와 세포 사이에는 간충물질(matrix)로 채워져 있으며 멜라닌색소를 함유하고 있다. 모발의 탄력, 강도, 유연성 등 물리 · 화학적 성질을 좌우하는 부위이다.

- 모수질(Medula) : 모발 단면의 중심부에 위치한 부분으로 각화된 입방형, 즉 벌집 모양 또는 원형 모양의 세포가 느슨하게 연결되어 있으며 공기, 연케라틴, 영양소 등을 함유하고 있다. 모수질 내부에는 약간의 멜라닌색소 입자가 존재한다. 이러한 모수질은 가는 연모의 경우에는 존재하지 않으며 굵은 경모에만 존재한다.

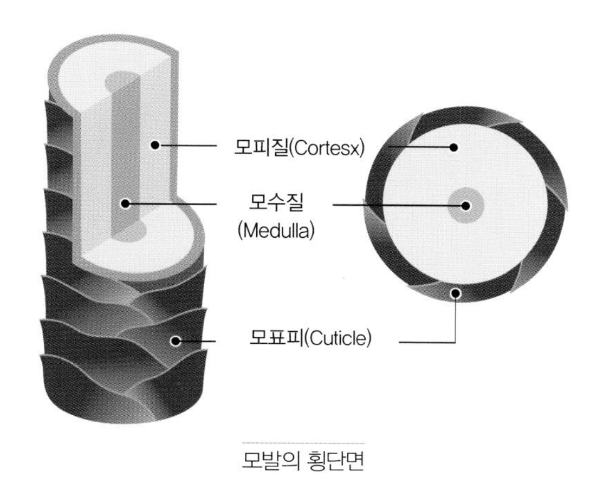

모발의 횡단면

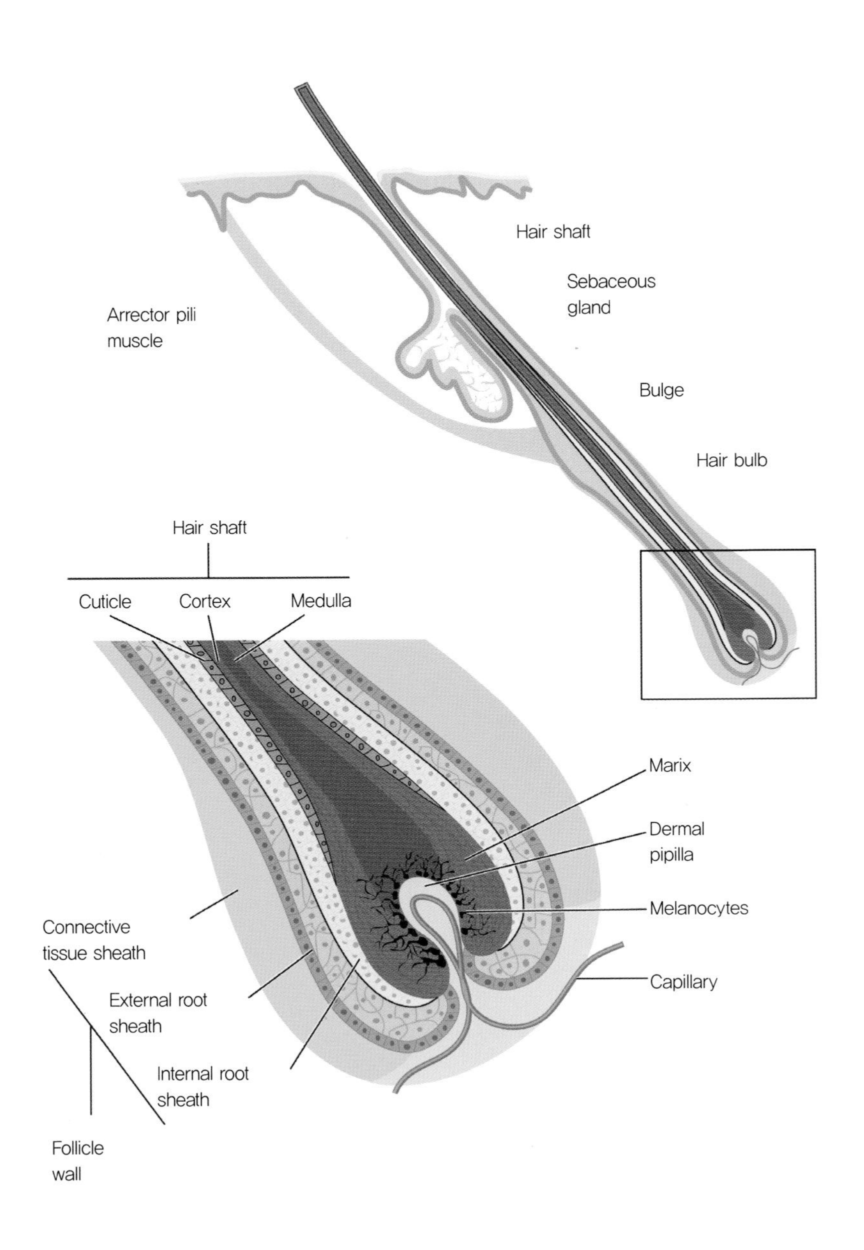
Hair shaft
Sebaceous gland
Arrector pili muscle
Bulge
Hair bulb
Hair shaft
Cuticle
Cortex
Medulla
Marix
Dermal pipilla
Melanocytes
Capillary
Connective tissue sheath
External root sheath
Internal root sheath
Follicle wall

모발의 성장주기

모발은 일정 시간이 지나면 자연적으로 빠져나가고 어느 정도의 시기가 되면 다시 새로운 모발이 나오게 된다. 이것을 모발의 성장 주기라고 하며, 이 기간동안 모발은 성장을 계속하는 성장기, 성장을 멈추는 퇴행기, 모발이 빠져나가는 휴지기를 거치게 된다. 털의 성장 주기는 신체 부위에 따라 다양하며 눈썹 같은 단모는 생장기도 짧다. 모발의 성장에 영향을 주는 내적 · 외적 요인으로는 영양 결핍, 질병(심장병, 암, 빈혈 등), 감염, 수술, 외상, 심한 스트레스, 호르몬의 변화(임신, 갑상선 질환), 왁스나 핀셋에 의한 제모, 털의 화학적 또는 물리적 손상이 있다.

- **성장기(anagen)**

  모발이 계속 자라는 시기로 모유두의 혈관을 통해 영양분과 산소를 받아 세포가 분열, 증식하여 왕성히 자라는 시기이다. 털의 85～90%가 이 시기에 속한다. 두발(장모)의 성장기는 1～7년이고 단모(눈썹)의 성장기는 3～5개월이다. 나이가 들어 성장기 모발의 수가 감소하면서 머리숱이 줄어들게 된다.

- **쇠퇴기(catagen)**

  모근이 모유두로부터 분리되어 멀어짐으로써 털의 성장이 느려지다가 정지된다. 쇠퇴기는 2～4주간 진행되고 전체 털의 1～2%가 이 시기에 해당한다.

- **휴지기(telogen)**

  모낭이 차츰 줄어들면서 모근이 모낭으로부터 떨어져 나가는 시기이다. 3～4개월간 지속되고 전체 털의 14～15%가 이 단계에 있다. 이 단계의 후반기에는 모낭이 아래쪽으로 성장하기 시작하면서 재성장을 위한 새로운 성장기가 시작된다. 유두돌기 부분에 새로운 털이 생겨나면서 같은 시기에 오래된 모발은 모낭 바깥으로 빠져나간다.

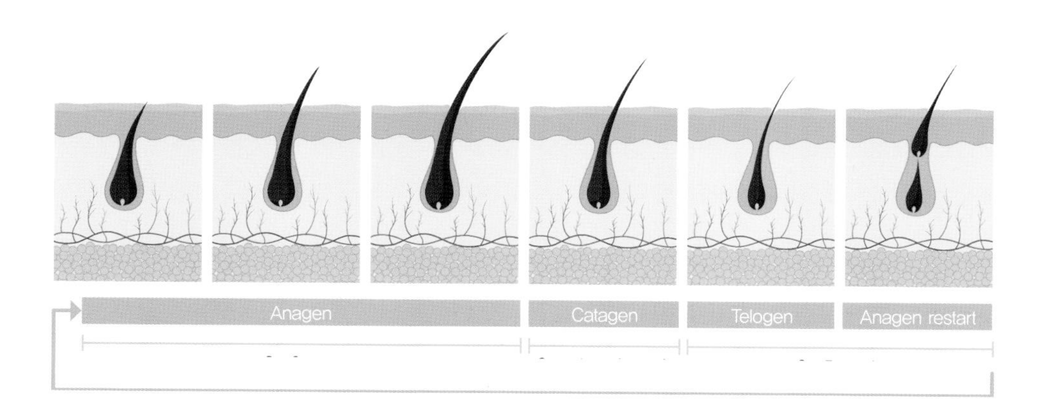

④ 손 · 발톱(Nails, 조갑)

조갑의 상태는 연령, 건강, 계절에 따라 다르게 나타나며, 손가락과 발가락 끝을 보호해 주는 기관으로 모양이나 색으로 건강 상태를 판단할 수 있다. 손톱이 갈라지거나 잘 부러진다면 비타민 부족, 신진대사 장애, 내부기관 장애, 단백질과 칼슘 부족이 원인이다. 엄지의 손 · 발톱이 손톱 집을 파고드는 현상은 손톱, 발톱을 너무 짧게 잘랐거나 잘못 잘랐을 경우, 신발의 폭이 좁고 굽이 너무 높을 때, 발의 이상 형태, 유전 등의 원인이 있다.

1. 피부의 역할을 설명하시오.

2. 표피의 구성 세포를 설명하시오.

3. 진피의 구성 물질을 설명하시오.

4. 피하지방의 역할을 설명하시오.

5. 모발의 성장주기를 설명하시오.

정답 및 TIP

1 체내의 모든 기관을 외계로부터 보호하며, 미생물과 물리화학적 자극으로부터 생체를 보호한다. 또한 수분 증발과 투과를 막아 피부 장벽의 수분을 조절하며, 체온을 일정하게 유지 · 조절, 감각기로서 촉각, 온각, 냉각, 통각, 압각의 지각 작용, 호흡작용, 재생 기능을 한다.

2 각질형성 세포, 랑게르한스 세포, 머켈 세포 촉각세포

3 콜라겐(Collagen fiber), 교원섬유, 히알루론산(Hyaluronic acid), 엘라스틴(Elastin fiber), 탄력섬유, 비만세포(Mast cell), 대식세포(Macrophage)

4 외부 충격으로부터 인체 내부 조직을 보호하며, 피하조직의 지방세포들은 지방을 생산하여 체온의 손실을 막아 체온을 보호한다. 외부의 압력이나 충격을 흡수하여 신체 내부의 손상을 막는 물리적 보호 기능, 인체에서 소모되고 남은 영양이나 에너지를 저장하는 저장 기능 등이 있다. 여성호르몬과도 관계가 있어 여성이 더 발달되어 있으며, 여성의 곡선미를 유지하는 역할을 하며 피부에 탄력을 부여한다.

5 두피의 모발은 약 10만 개로 성장 후 일정 기간이 지나면 자연히 빠지고 다시 생겨 자라나는 과정을 반복한다. 이것을 모발의 성장 주기라고 하는데 이 기간 동안 모발은 성장을 계속하는 성장기(anagen), 성장을 멈추는 퇴행기(catagen), 모발이 빠져나가는 휴지기(telogen)를 거치게 된다.

2. 피부타입의 종류와 식별방법

1) 피부상태 분석평가 방법

실제 임상의 피부 진단에 있어 가장 중요한 것은 숙련된 전문가의 육안 관찰이며, 피부 유형을 분석하는 것은 피부유형에 맞는 적절한 관리를 위함이다. 일반적으로 피부의 특성과 문제점을 파악하여 올바른 피부미용 관리가 이루어질 수 있도록 문진, 촉진, 견진을 통하여 분석하는 방법이 사용되고 있다. 피부진단은 유분량, 수분 보유량, 각질화, 모공의 크기, 탄력성, 예민성, 혈액순환의 상태에 관하여 평가한다.

(1) 문진

- 고객과의 여러 가지 질문을 통하여 피부 상태를 판별하는 방법으로 피부 분석 과정에서 가장 중요하다.
- 고객의 연령, 가족, 직업, 환경, 성격, 병력(가족력 포함), 생활습관, 식습관, 피부관리 습관, 과거의 피부관리 유무, 알레르기 유무, 결혼 유무, 사용하는 화장품 등에 관한 질문을 통하여 알 수 있는 여러 가지 사항 등을 고려하여 피부 유형과의 관련성을 상세하게 기록한다.
- 피부 설문표가 있는 경우 고객이 직접 작성할 수 있도록 한다.

(2) 견진

- 육안으로 직접 보거나 확대경, 우드램프 등의 피부 분석용 미용기기를 이용하여 피부를 판별하는 방법이다.
- 안색(안면의 얼굴색), 각질 상태, 피부결, 피지분비 상태, 트러블 상태, 모공의 크기, 건조상, 예민 상태, 모세혈관의 상태, 색소침착 상태 등 문제성 피부의 증상을 파악할 수 있다.

(3) 촉진

- 객관적인 상황에서 촉감을 통한 피부 판별법이다.
- 피부를 만져보거나, 눌러보거나, 집어보아 판독하는 방법이다.

2) 피부진단(피부상태분석 내용과 판별법)

(1) 혈액순환 (피부색)

혈액순환에 대한 판별은 뺨의 홍조를 보고 진단하는 것이 아니라 일반적으로 입가(구륜근)의 색 또는 눈꺼플안쪽의 점막 피부색을 보아 결정한다.

① 붉은 피부

피부를 붉게 보이게 하는 것은 혈관 중에 있는 헤모글로빈의 색소가 피부 밖으로 투영되어 보이기 때문이다. 정상 피부에 있어서는 혈관의 확장과 수축 작용이 원활하게 이루어지나 혈관벽의 탄력성과 저항력이 떨어진 경우는 모세혈관이 확장된다.

② 창백한 피부

안색이 창백해지는 것은 낮은 혈압, 신진대사의 저조, 내부 질환, 혈액(적혈구)의 부족, 유전적인 원인 때문인데 얼굴에는 생기가 없어 보이며, 홍조 띤 모습을 거의 볼 수 없다.

③ 회색빛 피부

혈액순환이 잘 안되거나 저혈압일 경우 피부가 회색빛이 되며, 지성, 여드름 피부 등 지나치게 각질화가 진행되어도 그 퇴적물로 인해 혈액순환이 나빠져서 어두운 회색빛의 안색을 띤다.

④ 누런 피부

간이나 담낭의 질병이나 피로가 누적되면 나타나는 증상으로 피부가 건조해 보이며 푸석푸석한 느낌이 든다. 또한 혈액에 담즙의 색소가 쌓여도 누런 안색을 띤다.

(2) 피부의 여드름성 요소

지루성, 건지루성 및 여드름성 피부로서 여드름의 진행, 여드름 자국, 잡티, 홍반, 주사 등이 얼굴 전체에 퍼져 있어 육안으로 문제점을 확인할 수 있다.

(3) 유분 함유량

- 유분 함유량은 피지 분비의 과잉, 부족, 적당량으로 파악한다.
- 판별 기준은 수면 후 얼굴 표면(특히 이마 부분)을 티슈로 눌러 보았을 때 기름이 얼마나 묻어 나오는지 확인하는 것이다.

(4) 수분 함유량(보습량)

얼굴의 피부 타입을 결정짓는데 주요 요인 중의 하나가 피부의 보습 함유량을 제대로 파악하는 것이다. 피부를 아래쪽(턱)에서 위쪽 방향으로 쓸어 올렸을 때 잔주름이 얼마나 형성되었는가를 확인한다. 장시간의 여행이나 실내가 건조한 경우 세포의 습기 함유량은 감소한다.

(5) 피부의 긴장감(탄력) / turgor(내부 긴장도)

탄력이 있는 내부 긴장도를 의미한다. 이 긴장도(탄력 상태)는 결합조직(엘라스틴의상태), 콜라겐섬유, 세포간물질 및 피부세포 내 흡수성 물질의 수분보유 능력에 따라 결정된다. 피부의 내부긴장도는 혈액량에 의한 turgor, 조직에 의한 세포간 turgor, 세포내 수분함량에 의한 turgor로 형성된다. turgor 탄력상태를 측정할 때는 엄지와 검지를 이용하여 눈 바로 밑에 피부를 잡아당겨(집어올려) 측정한다.

(6) 피부의 긴장감(탄력) / tonus(탄력섬유의 긴장도)

엄지와 검지로 턱뼈 상단의 볼 근육을 잡아당겨 측정한다. 손쉽게 당겨지면 탄력성이 저하된 상태, 피부가 잘 잡아지지 않으면 좋은 상태라 할 수 있다. 탄력 결합조직은 탄력섬유와 교원섬유로 서로 밀접하게 구성되어 있다.

(7) 피부 예민성

문지름에 대한 반응 상태로 예민 정도를 알아보는 방법이다. 플라스틱 스파츌라나이마나 목 아랫부분을 약간 힘을 주어 문질러 보거나 가볍게 십자를 그어 예민도를 측정한다. 이때 생긴 자국이 빨리 없어지면 정상적인 피부이고, 자국이 오래 머물거나 하얗게 부풀어 오르면 민감성 피부이므로 관리 시에 유의해야 한다.(특히, 마사지 시 부드럽게)

(8) 피부 결 상태

피부의 거침 정도를 알아보기 위해 쓰다듬어 볼 수 있다. 정상적인 피부는 피부 결이 고와 표면이 매끄럽고 민감해 보이면서도 투명성을 띤다. 반면에 민감성 피부나 건성피부는 피부 결이 고르고 섬세하며, 살이 없지만 아주 맑은 안색으로 투명해 보인다.

(9) 이외의 각종 이상 피부 증상들

면포, 종포, 구진 결절, 팽진, 수포, 낭종, 종양, 비듬, 인설, 가피, 미란, 궤양, 찰상, 흉터, 태선화, 반흔, 켈로이드, 비립종, 한관종, 모세혈관 확장증, 주사, 백반증 등의 상태도 잘 살펴보고 피부를 진단하는 것이 좋다.

3) 피부 분석기기

(1) 우드램프

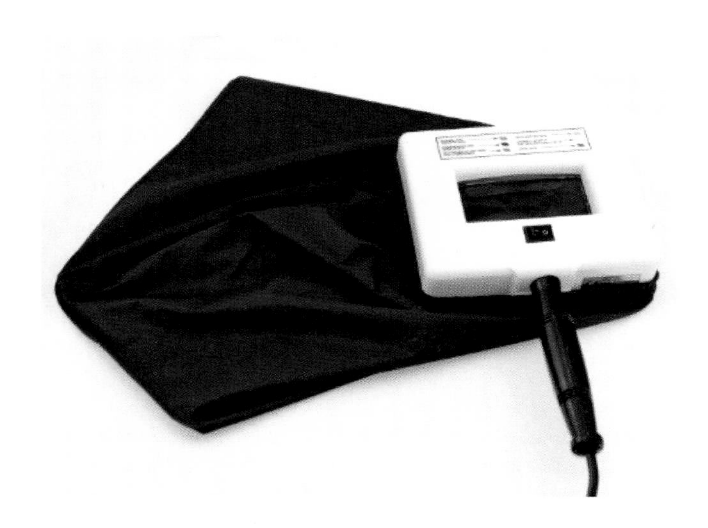

피부상태	우드램프 상태
정상피부	청백색
건성피부, 수분부족 피부, 민감성 피부, 모세혈관 확장 피부	연보라색
피지, 면포, 지루성 피부	오렌지색
비립종	노란색
노화된 각질	흰색
색소침착 부위	암갈색
먼지 등 이물질	반짝이는 흰 형광색

① 특징

육안으로 보기 힘든 피지나 민감도 색소 침착 모공의 크기 트러블 등 램프를 통하여 분별하는 기기로서 우드등에서 나온 자외선이 특정 물체에 닿아 반사될 때 물체 표면의 특징에 따라 형광을 띠는 성질을 이용한 광학 피부 분기로 피부의 상태를 색깔로 나타내는 기기이다.

② 사용방법

- 클린징 후 아이패드를 한다.
- 측정시 조명 어둡게 한다.
- 적당한 거리에서 스위치를 누른다.
- 확대 렌즈를 통해 피부 측정한다.
- 우드 램프가 피부에 직접 닿지 않게 한다.
- 오랫동안 관찰하지 않는다.
- 관리사와 고객은 빛이 나오는 부위를 직접적으로 쳐다보지 않는다.

(2) 유수분 측정기

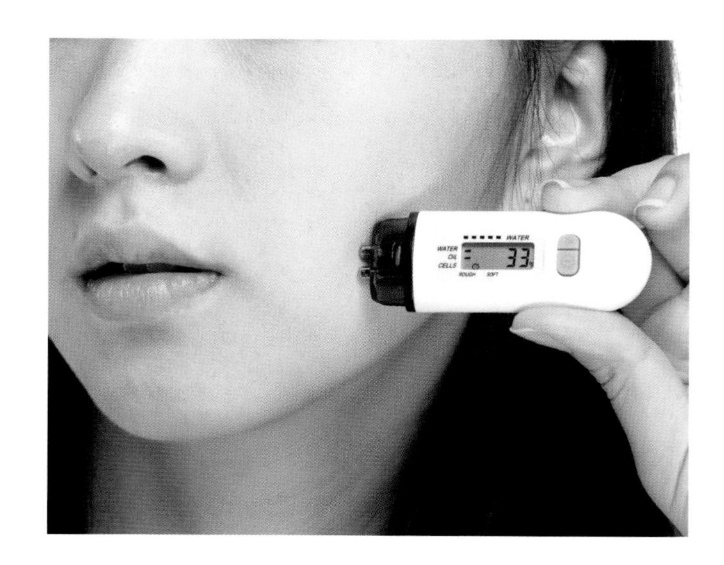

① 특징

피부의 유분 함유량을 측정할 수 있는 기기로 플라스틱 테이프에 묻은 피지의 빛 통과도를 측정하는 방법이다.

② 사용방법

- 알코올 성분이 없는 클렌징제로 깨끗이 닦고 2~3시간 후에 측정
- 1초간 측정구에 측정 헤드 부위를 눌러 꽂는다.
- 20초 내에 측정 부위에 접촉한다.
- 적당한 압력을 주어 30초간 눌러준 후 측정구에 다시 꽂는다.
- 화면에 1cm 당 유분량이 수치로 나타난다.
- 삐 소리가 나면서 표시가 사라지면 새로이 측정 가능하다.
- 측정 환경은 온도 20~22, 습도 40~60%가 이상적이다.

(3) 피부 두피진단기

① 특징

피부, 두피 진단기를 이용하여 20~800배가량 확대하여 피부나 모발 상태를 자세하게 관찰할 수 있으며 모니터를 통해 고객이 직접 볼 수 있어 신뢰감을 준다.

② 사용방법

- 기기와 모니터 연결한다.
- 스코프를 관찰 부위에 대고 정지 후 모니터로 상태를 관찰 후 다른 부위로 이동한다. 영상은 프린터를 통하여 출력할 수 있다.

3. 메디컬 스킨케어 기기

1) 스킨스쿠라이버

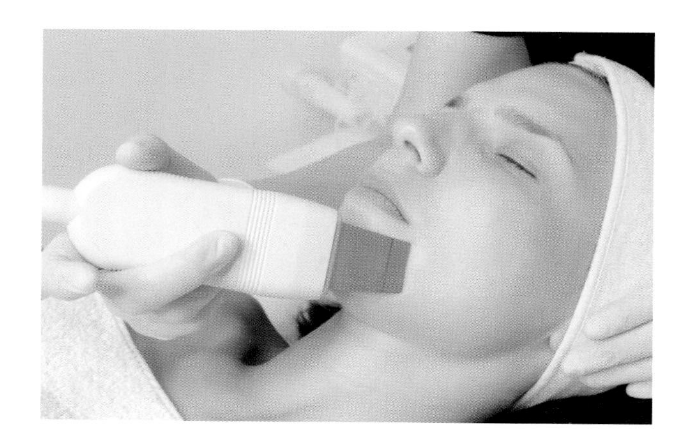

① 특징

스케일링 효과로 피부와 모공 속의 노폐물을 제거, 세정, 살균 효과가 있으며, 표피 기저층의 세정 및 딥 클렌징에 효과적이다.

또한 각질층의 박리 및 살균, 세정 작용을 하며, 주름 및 탄력관리에 효과적이다.

② 사용방법

- 스위치를 켜고 스케일링 버튼을 누른다.
- 화장솜에 물을 묻혀 밖에서 안으로 2~3분간 각질 정리를 해준다.

2) SONO(초음파기)

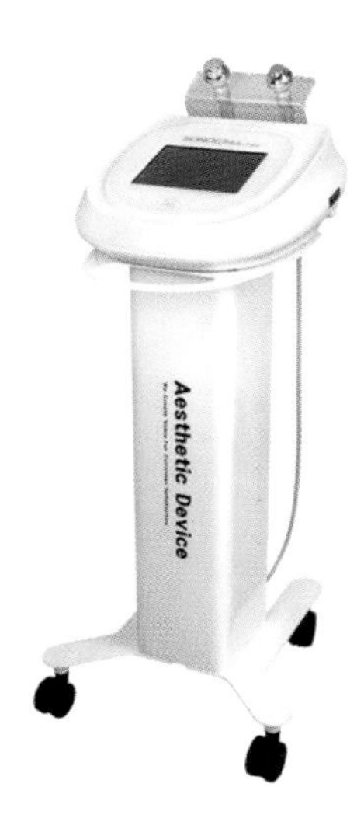

① 특징

진동 주파수가 17,000~20,000Hz 이상인 초음파를 이용한 진정 재생관리로서 염증 붓기 등 손상된 조직을 회복시키며 주로 마사지 단계에서 사용한다.

② 효과

- 온열 효과가 있어 림프와 혈액순환을 촉진시킨다.
- 신진대사를 증진시킨다.
- 세포재생을 활성화시킨다.
- 피부세포 활성화시킨다.
- 혈액과 림프의 순환 개선을 한다.
- 염증성 여드름 억제한다.
- 트러블 진정 효과가 있다.

③ 사용방법

- 전원을 켜고 레벨과 타입별 선택을 한다.
- 타이머를 맞추고 시작 버튼을 눌러 사용한다.

3) 고주파기

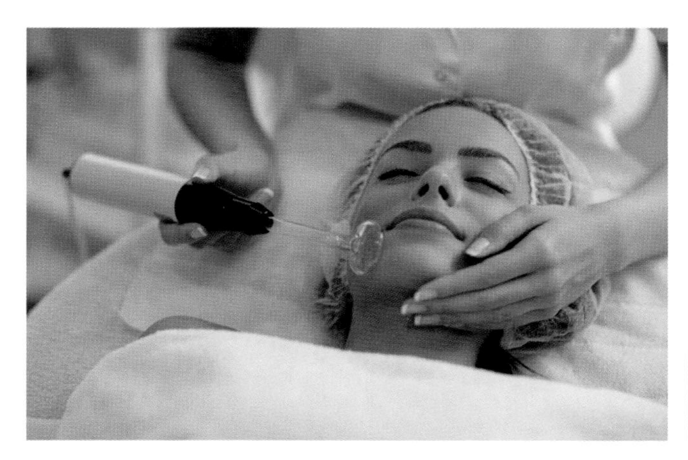

① 특징

• 디지털 방식의 안전한 출력으로 주파수가 100,000Hz 이상인 높은 교류를 이용한다.
• 전신 체형관리 기기이며 국소 부위 온도 상승으로 피부의 수소이온 농도를 변화, 피부막 투과성을 증가시키는 효과, 진통 및 진정 작용을 갖는다.

② 효과

• 복부 관리 – 피부 재생 및 탄력을 강화시킨다.
• 피로회복 및 스트레스에 효과적이다.
• 얼굴 미백 및 주름관리에 효과적이다.
• 처진 피부에 효과적이다.

③ 사용방법

• 플레이트 판을 고객의 신체 부위에 접촉시킨다.
• 반드시 고주파 관리 전용 크림을 사용한다.
• 온도조절을 하여 일렉트로이드로 부위별로 돌려준다.
• 고객과 관리자 접촉을 금지하며, 금속 물체 착용을 금지시킨다.

4) MTS(Microneedle Therapy System)

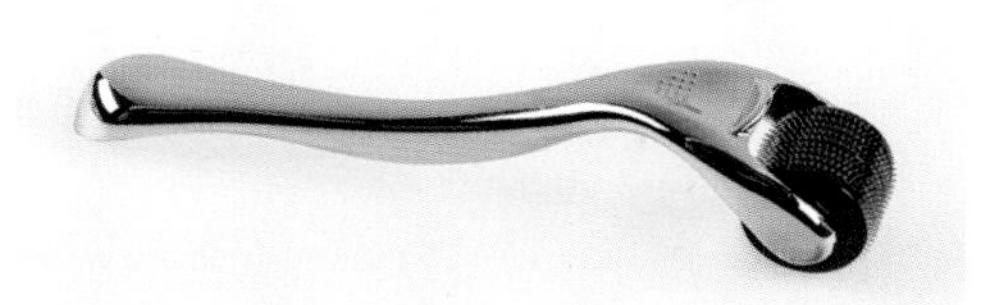

① 특징

니들링(Needling)을 통해 자연적 상처치유 작용을 일으킴으로써 자체 콜라겐 생성을 유도 시켜주며 유효 성분의 피부 침투성을 극대화하여 노화로 인한 주름 및 색소침착과 상처 등의 각종 원인을 근본적으로 개선하는 획기적인 Anti-Aging Skincare Solution이다.

② 효과

피부 톤, 탄력 개선, 피부 처짐, 모공축소, 미백에 효과적이다.

③ 사용방법

- 클린징 후 피부에 맞는 앰플 도포한다.
- 피부 결 방향에 따라 가로, 세로, 사선 방향으로 롤링 해준다.

5) 원적외선 램프

① 특징

- 온열작용으로 혈액순환을 증가시키고 노폐물과 독소의 배출을 원활하게 하며 영양분을 피부 내에 깊숙이 침투시키는 데 도움을 준다.
- 팩을 하는 동안이나 헤어 관리 시 헤어 펌, 헤어 염색을 하는 동안 사용하여 효과를 촉진시키는 데 도움을 준다.
- 고객의 피부 상태에 따라 온도 및 조사 시간을 조절해서 사용한다.

6) 스티머

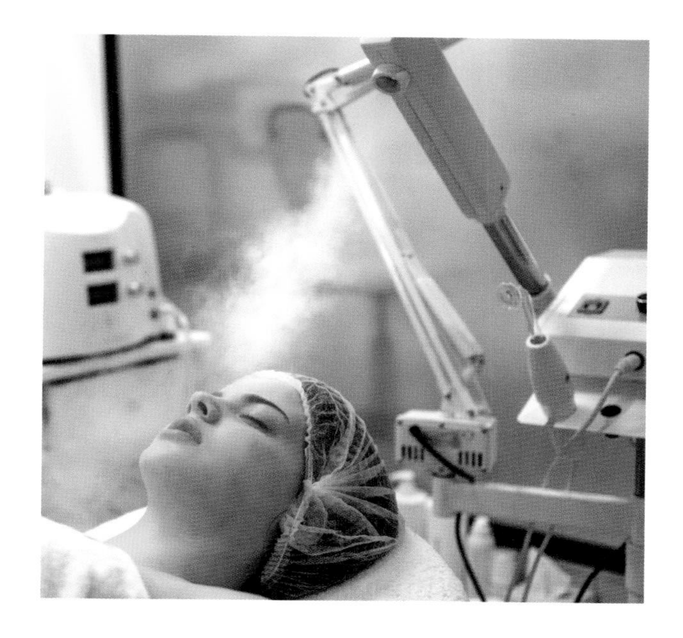

① 특징

- 습윤 작용으로 피부의 보습효과가 증가하며, 죽은 각질이 쉽게 떨어져 나가며 모낭 속의 피지, 먼지 등 노폐물 제거에 도움을 준다.
- 온열효과로 모공이 열려 클렌징에 도움을 준다.
- 여드름성 요소가 연화되어 제거가 용이하고 혈액순환과 신진대사의 활성화된다.
- 딥 클렌징 단계에서 사용된다.

② 사용방법

- 10분 전 물통에 물을 채운 후 미리 스위치를 켠다.
- 분무가 시작되면 서서히 안면 쪽으로 손잡이를 돌린다.
- 분사거리는 피부와 30~50cm 거리를 두고 분사구가 턱을 향하게 한다.
- 피부 타입에 따라 적절한 시간을 사용한다. (민감 3~5분, 정상. 노화 6~10분, 여드름 10~15분)

7) 갈바닉 머신

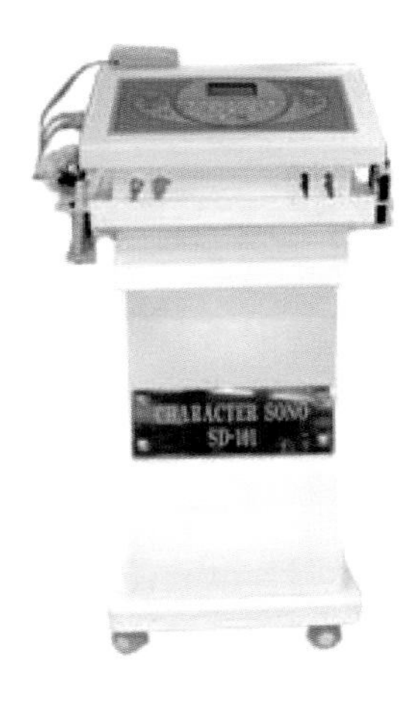

① 특징

갈바닉 관리법은 매우 낮은 전압의 직류전류로, 즉 갈바닉 전류를 이용한 피부 미용기기이다. 피부에 갈바닉전류를 통과시키면 피부 속으로 활성물질의 이온이 들어갈 뿐만 아니라 피부 바깥쪽으로 반대 전하를 띠는 이온들이 딸려 나오게 되는데, 이러한 원리를 이용하여 피부에 필요한 영양물질을 침투시키거나 전기 세정으로 딥클린싱을 함으로써 노폐물을 제거하는 방법으로 사용한다.

혈액순환을 촉진시키고, 신진대사를 원활히 함으로써 피부의 재생력을 향상 및 촉진시킨다.

갈바닉 기기의 전기극봉은 양극과 음극이 있다. 전기의 양극과 음극에서 일어나는 화학 변화를 이용하는 기기로, 전류를 통하게 하기 위하여 관리사는 활성극을 고객은 비활성극을 가지게 된다.

- 양극의 효과 : 산성반응, 신경안정, 수렴, 혈액 공급 감소, 세포경직 – 피부 관리 후 진정 효과, 여드름의 염증 방지, 아스트리젠트효과
- 음극의 효과 : 알칼리성반응, 신경자극, 혈액공급증가, 세포이완 – 건성, 노화 피부의 혈액순환 증가효과, 디스인크레이션 적용

② 사용단계

딥 클렌징과 영양 침투 단계에서 사용한다.

8) 산소분사시스템

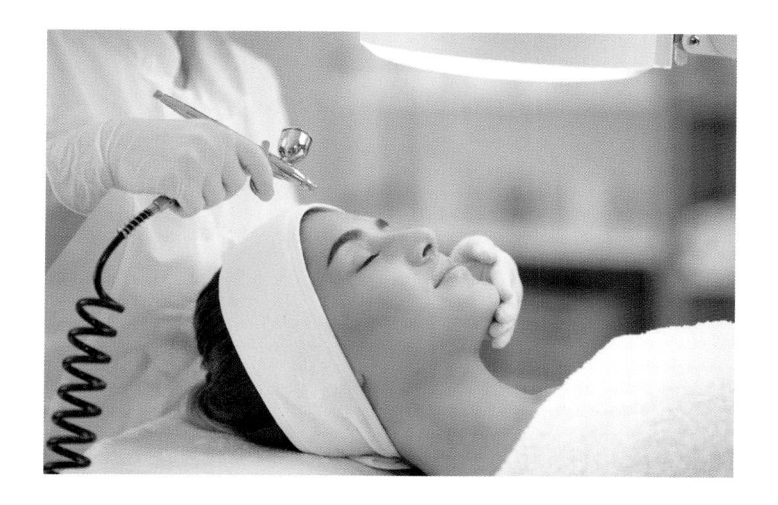

① 특징

- 순수 100% 산소 분사기로 산소를 강력한 압력으로 분사한다.
- 두피와 피부에 모두 적용 가능하고 조직 손상없이 탁월한 효과를 관리 후 바로 느낄 수 있다.
- 미세 각질 스케일링 효과, 혈액순환 개선, 필링 후 빠른 진정효과, 항염작용, 항알러지작용, 탈모 관리에 효과적이다.

② 주의사항

- 강한 압으로 적용되며 시작 버튼을 누른 후 분사되는 것을 확인한 후에 관리를 시작해야 한다.
- 눈과 코에 분사 시 고객이 불편할 수 있으니 사용 시 주의한다.
- 심한 모세 혈관 확장증이나 민감한 피부는 한 곳에 오랫동안 시술하면 붉음증을 유발할 수 있으니 유의한다.

9) 리포덤

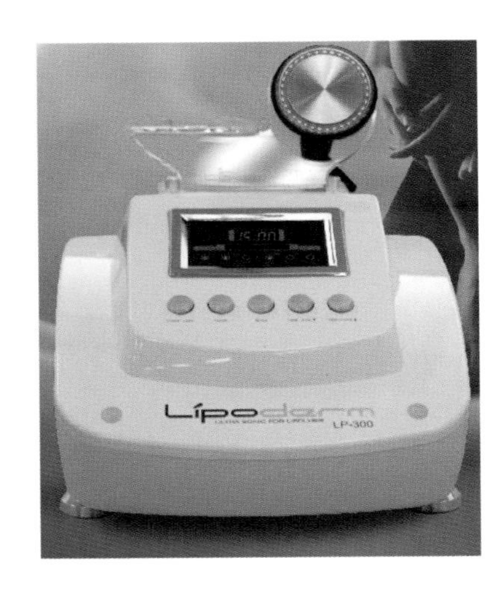

① 특징

- 초음파 지방 파괴술로 피하의 지방세포를 선택적으로 파괴하고 인체에 무해한 초음파를 이용하여 짧은 주파수의 파장을 기혈의 순환을 촉진시켜 피하지방을 효과적으로 치료한다.
- 지방이 많이 자리잡은 복부, 허벅지, 허리 둔부 등 지방세포 파괴에 탁월한 효과를 준다.

② 사용방법

초음파 젤을 바른 후 전원 스위치를 켜고 레벨을 맞춘 후 돌려준다.

10) 포아덤

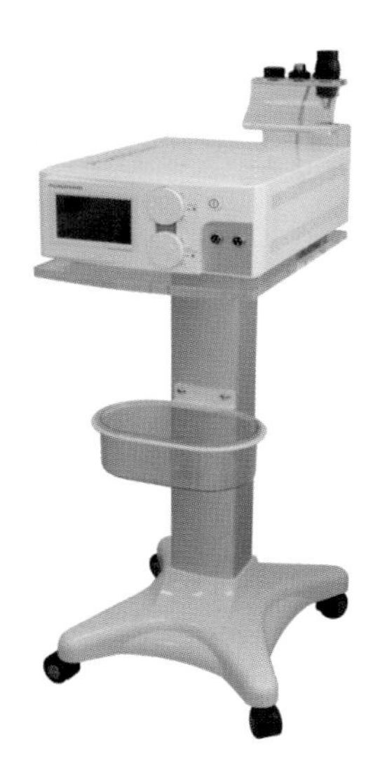

① 특징

포아덤은 전기천공법의 원리를 이용하여 피부에 유효한 약물을 바늘 없이 피부에 직접 침투시키는 장비로, 성형수술 후 통증 및 진정 재생용 약물과 주름, 미백, 재생 여드름 치료 약물을 침투시킬 때 사용된다.

전기천공법

DNA를 세포로 이동시키기 위해 전기 충격을 가해 세포막에 일시적인 구멍을 만드는 방법이다.

11) 더마라이트

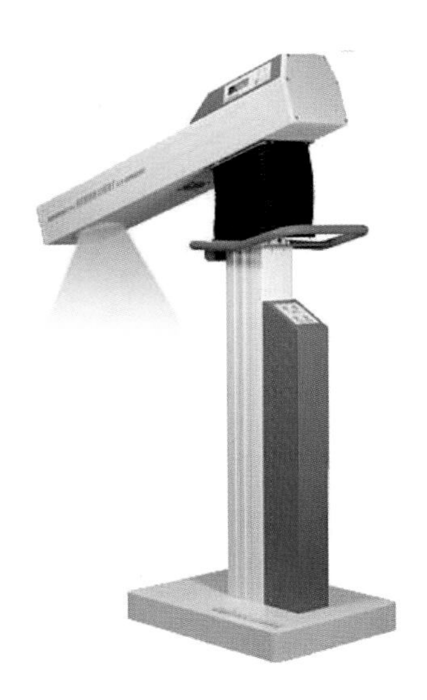

① 특징

- 400nm(Blue) : 항바이러스 효과와 여드름 치료에 효과적이다.
- 635nm(Red) : 세포재생 효과에 탁월하다.
- 빠른 상처회복-830(I.R) : 항염 효과, 온열효과에 탁월하다.

② 사용방법

- 전원 스위치를 켠다.
- 눈가리개를 해준다.
- 헤드를 올려 피부 타입에 맞게 선택 후 스타트한다.

12) CROY CELL

① 특징

솔루션의 강력한 침투, 지속효과와 열반응의 빠른 진정 효과로 근육이완 및 근육 통증 제거하며 염증 제거에도 많은 효과가 있으며, 혈액순환 촉진 및 재생력 증대가 탁월하다.

② 사용방법

• 전원을 켠 후 스위치를 돌려 온도를 조절한다.
• 타이머를 선택 후 돌려준다.

1. 피부타입 중 표피 수분부족 건성피부와 진피 수분부족 건성피부를 비교 설명하시오.

2. 피부타입 식별법 세 가지를 설명하시오.

3. 초음파(SONO)의 특징을 적으시오.

정답 및 TIP

1 지루성 피부(Seborrhea oleosa)는 피부가 알칼리성을 띠어 세균에 대한 저항력이 약하며 모낭벽의 각화가 빠르게 일어나고 전체적으로 모공이 크다. 유전적인 내분비계의 영향으로 인해 피지가 과잉분비되어 피부 표면에 기름기를 만들어 항상 번들거리는 피부 형태이다. 건성 지루피부 Seborrhea sicca는 피지 분비 기능은 다른 지성피부와 마찬가지로 과다 분비되지만 수분이 부족하여 피부 표면에 당김 현상이 일어나는 피부 유형이다. 여러 가지 외 · 내적 요인과 환경적 요인 등에 의해 나타날 수 있으며, 얼굴 부위 중 이마와 코 부위(T-zone)에 많이 나타난다. 지루성 피부에 비해 저항력이 약해 여드름 발생률이 높은데 이때 치유하는데 시일이 걸린다.

2 피부 타입 식별법 세 가지는 문진법, 촉진법, 견진법이 있다. 문진법은 상담자가 고객과의 상담 및 문진표 작성을 통해 분석하는 방법이며, 촉진법은 피부결, 피부 탄력, 피부 두께 등을 손으로 직접 만져서 식별하는 방법이다. 견진법은 피부결, 피부보습 상태, 피지분비 상태, 피부 두께, 트러블 유무, 예민도 등의 피부 상태를 눈으로 관찰하거나 검사 기구를 이용해 식별하는 방법이다.

3 진동 주파수가 17,000~20,000Hz 이상인 초음파를 이용한 진정 재생관리로서 염증 붓기 등 손상된 조직을 회복시키며 주로 마사지 단계에서 사용한다.

레이저 시술

3

1. 레이저 개요

1) 레이저의 정의

LASER란 Lihgt(빛), Amplification by(증폭), Stimulated(자극된), Emission of(방출), Radiation(방사선)의 약어로 방사(빛의 조사)의 유도방출에 의해 증폭된 빛을 레이저라고 한다.

2) 레이저의 원리

레이저 광선은 인간이 만들어서 얻은 유일한 인공 광선이다. 레이저는 들뜬 원자나 분자를 외부에서 자극시켜 장단이 잘 맞아있는 빛을 방출하게 함으로써 큰 증폭률로 증폭된 빛을 말한다.

유도방출에 이해서 생성된 광자(photon)의 방향, 주파수, 위상은 유도방출을 일으킨 입사 광자와 완전히 일치한다. 따라서 레이저광은 방향성, 집광성, 간섭성이 우수하며 휘도가 매우 높은 특징을 가지고 있다.

유도방출이란 자연방출과 유도방출이 있는데 레이저의 경우는 유도방출을 이용한다.

원자핵 안의 전자는 불연속적인 궤도를 가진다. 여기서 어떤 힘(예, 전기적인 에너지)을 가하게 되면 원자핵 근처를 돌고 있던 전자는 원자의 바깥쪽으로 이동하여 들뜬 상태로 돌게 된다. 이렇게 되면 전자는 다시 돌아가려는 힘이 강하게 되는데 이때 그 궤도 사이에 에너지가 발생한다. 그 에너지는 빛의 모양을 가지고 있다. 이 빛이 레이저이다.

2. 레이저의 특징

1) 직진성 · 지향성(Directivity)

레이저는 직진성이 강하고 오직 하나의 파장을 가지기 때문에 단색으로 이루어진다. 일반적으로 레이저 빔은 가늘고 퍼지지 않는다.

보통의 빛은 렌즈를 사용하여 포커싱이 가능하지만 곧 크게 퍼져 버린다. 그러나 레이저는 광 공진기로 왕복한 빛이기 때문에 멀리까지 갈 수 있는 상태로 정돈되어 퍼지지 않고 직진한다.

2) 단색성(Monochromatic)

레이저는 하나의 파장과 색을 가지고 있는 순수한 빛이다.

보통의 빛, 전구 같은 것은 여러 가지 파장, 즉 여러 가지 색의 빛이 섞여 있다. 비교적 순수한 빛이라고 할 수 있는 네온사인 등의 방전에 의한 빛도 원자의 운동에 의한 약간의 파장 폭을 가지고 있으나 레이저는 양쪽 거울 속에 잘 뛰놀 수 있는 공명 상태의 빛을 방출하므로 거의 단일한 파장을 갖는 순수한 빛을 방출하게 된다.

• 단색성이란 순수한 단일 주파수 즉, 한 개의 주파수에의 접근 여부를 말하는 것이다.

3) 일관성(Coherence)

레이저는 결(파장; wavelength)이 잘 맞아 있는 강력한 빛이다. 일반적으로 빛은 파동의 성질을 가지는데, 이러한 파동은 파장과 주기에 따라서 보강과 상쇄 간섭을 하게 된다. 파장이란 물결로 치면 산과 산, 혹은 골과 골 사이의 길이를 말한다. 특히, 가시광선(눈으로 볼 수 있는 색의 광선) 영역의 파장을 갖는 빛은 파장마다 일정한 색을 가지고 있게 된다. 따라서 단일 파장인 레이저는 한 가지 색을 가지게 되는 것이다. 우리 주위의 보통의 빛은 서로 다른 많은 파장과 파동이 수없이 모여 있다. 그러나 레이저의 파장은 장단에 맞추는 것처럼 많은 파동이 서로 정확하게 잘 겹쳐져서 매우 강력한 밝기를 가지고 있다. 또한 위상이란 물결의 어긋남을 말하는데, 같은 위상이라는 것은 물결의 산과 산, 골과 골의 위치가 일치하고 있는 것으로, 다시 말해서 정확히 겹쳐 있다고 말할 수 있다. 빛의 간섭은 빛의 파장과 위상의 차이에 따라 생기게 되는 현상으로 레이저는 위상이 균일하기 때문에 장애물을 만나면 곧 약해지거나 간섭을 받게 된다. 그러나 일반적인 빛, 예를 들면 햇빛과 같은 일반적인 빛은 주파수와 위상이 매우 다른 여러 가지 파장의 빛이 섞여 있어서 투과나 회절 등의 현상들이 나타나게 된다.

4) 에너지 집중도 및 고휘도성(Brightness)

태양빛을 렌즈에 집중시키면 종이나 나무를 태울 수 있는 정도이지만, 레이저 빛의 경우에는 에너지 밀도가 높기 때문에 철판까지도 절단할 수 있을 정도로 에너지를 집약시킬 수 있다.

3. 레이저의 생성

레이저 생성은 빛의 증폭, 즉 빛을 강하게 만드는 과정인데, 그것은 어떤 물질을 구성하는 원자와 분자를 자극하여, 에너지를 방출시키는 것(빛/전자파 등의 형태로)이라고 할 수 있다.

자연계의 모든 물질에는 각자의 고유한 에너지 준위가 있고 에너지를 받으면 여기(勵起)상태(들뜬 상태)가 되고 반대로 에너지를 빼앗기면(방출되면) 기저상태(바닥상태)가 된다. 원자/분자는 일반적으로 고유의 에너지 준위에서 안정되어 있는데, 이것을 기저상태라 하고 앞서 말했듯이 에너지 준위가 높아지는 여기상태가 되면 매우 불안정한 상태가 되고 다시 기저상태로 안정화 하려는 경향이 커지게 된다. 이때, 받았던 에너지를 다시 내놓게(방출)되는데 이러한 에너지의 방출은 빛/파동의 형태로 나오게 된다.

그러나 이러한 자연방출 빛은 레이저로 사용하기 위해서는 광공진기(光共振器)를 사용한다. 이 광공진기의 레이저 매질에 자극을 주어 연속적으로 여기를 생성하게 되고, 자연방출과 유도방출이 일어난다. 이러한 방출은 초기에 서로 다른 방향을 향해서 일어나는데, 이때, 양쪽에 거울을 이용하여 계속 반사하여 반복하여 유도 방출을 하게 되면 증폭된 에너지를 갖는 단일 파장의 레이저가 생성하게 된다. 이때 한쪽 거울에 투과성 부분을 사용하면 내부를 왕복하고 있는 빛의 일부분이 광공진기 밖으로 방출되고 이것이 레이저 기기가 되는 것이다.

1) 레이저 발진 작용 요소

① 레이저 매질

레이저 발진 작용을 발생시키는 원인이 되는 물질

구분	종류
고체	Ruby · Alexandite · Nd;Yag · Er;Yag · Ho;Yag
액체	Dye(색소)
기체	CO_2 · He–Ne Laser · Argon · Excimer
반도체	Diode · GaAs

② 여기 매체

레이저 발진 작용을 외부적으로 여기 시키는 매체(Pumping source)

구분	종류
방전	HeNe · Argon · Krypton · CO_2
전류	반도체
flashlamp	Nd;Yag · Ruby · Dye
Laser	Argon–dye

③ 광 공진기

매질을 2개의 광 공진기(거울) 사이에 넣고 에너지를 가하면 빛을 내는 것으로, 빛을 반사경에 반복적으로 반사, 왕복시키는 동안 유도방출이 이루어져서 증폭된 강한 빛이 방출된다.

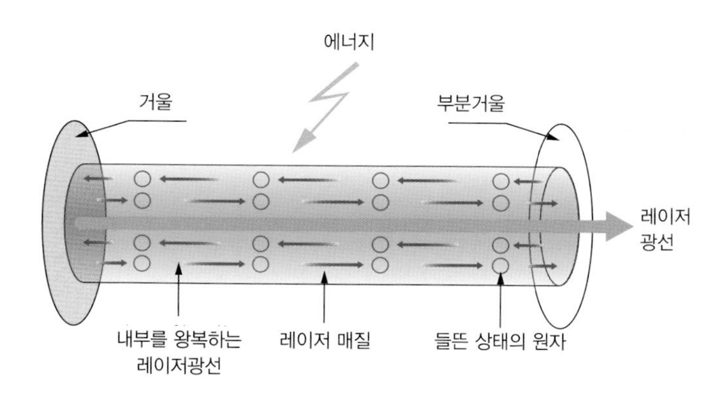

2) 의료용 레이저의 종류 및 파장

레이저의 종류	파장
Argon	488/514
CO_2	10600
HeNe	633
Nd;Yag	1064(1320 · 532)
Er;Yag	2940
Ruby	694
Alexandrite	755
Dye	300～1000
반도체	670～1000

4. Chromophore(발색단)

레이저로 특정한 피부 병변을 치료하기 위해서는 조직 내에 있는 여러 종류의 chromophore에 특정한 레이저 빛이 흡수되는 물리적인 현상이 동반되어야 하는데 피부 조직 내에서 흡수를 일으키는 chromophore의 종류와 특성이 있다.

chromophore가 레이저 빛을 흡수하면 chromophore는 레이저 빛 에너지를 열에너지로 변환(photo-thermal effect)을 시키거나 또는 이차적으로 화학반응을 일으키는데 필요한 열에너지로 변환을 시키게 된다.

따라서, 레이저의 특징적인 파장이 chromophore의 흡수 특성과 정확하게 일치할 대 최대의 레이저 효과를 얻을 수 있게 되는데 피부에서의 chromophore는 크게 세 종류가 있으며 레이저에 의해 나타나는 대부분의 효과는 열적인 반응(thermal reaction)으로 나타나며, 이를 광열 효과(photo-thermal effect)라고 한다.

1) Melanosome(멜라노좀)

멜라노좀은 멜라닌 색소를 합성하는 멜라노사이트 내에 있고 멜라닌을 포함한 달걀 모양의 과립 입자이다. 피부에서의 모든 색소 병변은 이 멜라노좀에 의해 나타나게 되기 때문에 멜라노좀의 특성과 이를 파괴시키는데 필요한 레이저의 특성을 알아볼 필요가 있다.

주변조직에 열 손상을 주지 않으면서 선택적으로 멜라노좀을 파괴하기 위해서는 이들의 열적 특성을 알아야 하는데 이 특성을 나타내는 것이 열이완 시간(TRT; thermal relaxation time)이다.

열이완시간(TRT)란, 레이저에 의해 가열된 색소포(chromophore)의 온도가 약 50% 정도 내려갈 때까지 소요되는 시간이며 보통은 색소포의 크기에 비례한다. 따라서 이 시간보다 레이저의 조사 시간이 짧으면 주위의 조직에 열 손상을 입히지 않게 되어 선택적인 치료가 가능하지만 만일 레이저의 펄스 폭이 멜라노좀의 TRT보다 길게 되면 주변 조직으로 열이 인가되어 열 손상을 입히게 된다. 멜라노좀은 크기가 10^{-6}m 보다 작기 때문에 TRT가 약 10^{-6}초 정도가 된다. Q-switched 레이저가 피부색소침착 치료에 사용되는 이유가 바로 여기에 있는 것이다.

피부색소침착을 치료하기 위해서는 색소포의 열적 특성뿐만 아니라, 흡수 특성 및 색소포의 위치를 알아야만 정확하게 선택적인 치료를 할 수 있게 된다. 열적 특성은 사용할 레이저의 펄스 폭과, 흡수특성은 레이저 파장, 그리고 색소포의 위치는 레이저의 침투 깊이와 깊은 연관성을 가지고 있다.

예를 들면 파장이 500nm 대 정도의 영역의 레이저들을 사용할 경우에는 레이저의 파장이 적당하고 에너지가 크지 않아 침투 깊이가 짧기 때문에 표피층에 침착되어 있는 색소만을 제거할 수 있다.

Q-switched Nd;YAG 레이저(532nm)는 현재 병변 치료에 사용되는 레이저 중 가장 짧은 파장이며, solar lentigines, frrckles 등과 같은 표피색소 치료에 가장 좋은 결과를 보인다. 하지만 copper vapor(511nm)나 Krypton(520~530) 레이저는 펄스 폭이 TRT보다 길기 때문에 열 손상을 입히게 되어 치료 시 표피를 냉각시키는 장비가 필요하다.

파장이 600~700nm 영역의 레이저를 사용할 경우 500nm 영역의 레이저에 비해 침투 깊이가 깊어서 표피색소병변과 진피색소병변을 치료할 수 있다.

그러나 Ruby(694nm) 레이저의 경우에는 멜라닌에 대한 흡수가 강하기 때문에 진피색소치료 후 PIH(post-inflammatory hyper-pigmentation)가 생길 위험성이 높다. 1064nm인 Nd;YAG는 멜라닌에 대한 흡수도는 가장 작지만 침투깊이가 가장 깊기 때문에 특히 진피층에 있는 색소병변을 치료하는데 가장 최적의 레이저다.

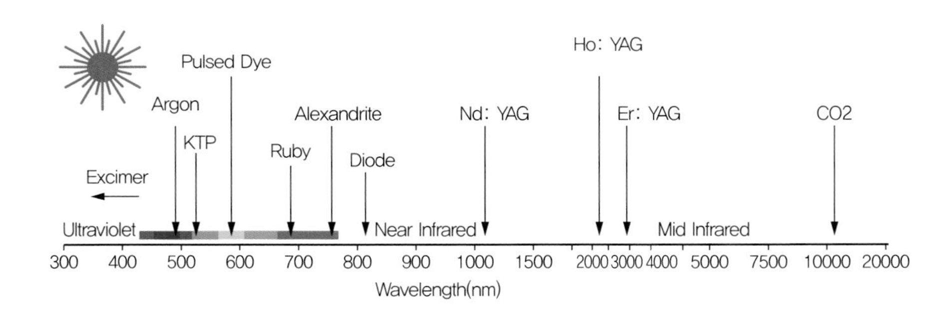

2) Hemogobin(헤모글로빈)

헤모글로빈은 적혈구에서 철을 포함하는 붉은색 단백질로 산소를 운반하는 역할을 한다. 헤모글로빈은 혈관 병변을 치료하는 데 있어서 색소포에 해당된다. 주요 흡수 피크는 418, 542, 577~595nm이다. 혈관치료는 대부분 열을 가해서 혈관을 응고시키거나 크기를 수축시키는 것이 목적이기 때문에 혈관 병변을 치료하는 레이저에서는 색소치료에 사용되는 레이저와는 달리 높은 에너지와 긴 펄스 폭이 요구된다.

즉, 레이저의 펄스 폭과 출력 에너지가 혈관치료의 직경에 따라 가변 될 수 있어야 한다. 높은 에너지를 사용하여 혈관을 치료할 경우에는 표피층의 온도가 급격하게 상승되기 때문에 치료 시 표피층을 충분히 냉각시켜 열 손상으로부터 보호해 주어야 한다. 펄스폭이 가변 되는 롱펄스 레이저가 혈관치료에 사용되는 이유가 여기에 있는 것이다.

혈관에 사용되는 레이저로는 pulsed dye(585~595nm), long pulse frequency doubled Nd;YAG(1064/532nm) 레이저가 있다.

3) Water(물)

물은 조직을 절개하거나 증발에 의해 제거시키는데 있어서 색소포에 해당된다. 조직을 절개 또는 제거하는 원리는 위에서 언급한 혈관이나 색소 치료와 같은 선택적 치료가 아니라 레이저 빛이 물에 강하게 흡수되는 특성을 이용하여 연조직 표면에서의 급속한 열팽창에 의한 조직의 증발 현상을 이용한 것이다.

이 경우에도 레이저의 펄스 폭이 조직의 TRT보다 짧아야 치료 부위 이외의 조직에 열 손상을 가하지 않게 된다. 조직의 TRT는 표피층과 진피 층이 다르지만 대략 600~800us이다. 하지만 Er;YAG레이저는 물에 대한 흡수도가 가장 크기 때문에 침투 깊이가 수 um로 레이저가 조사된 이외의 조직에는 열 손상을 거의 주지 않는다. 그러므로 Er;YAG로 피부 박피를 할 경우에는 주변조직에 열 손상 없이 정교하게 박피를 할 수 있게 된다. 이를 이용하면 피부 표면에 있는 solar lentigines 및 흉터 치료에 아주 탁월하다.

CO_2 레이저는 침투 깊이가 Er;YAG에 비해 약 15배 이상 크기 때문에 출혈을 최소화(열응고)하면서 연조직을 절개할 수 있다는 장점이 있으며 단점으로는 박피 시 주변 조직에 열 손상을 주게 되어 치료 후 색소침착 등의 부작용이 나타난다는 것이다. 따라서 CO_2레이저를 이용하여 박피를 할 경우에는 펄스 폭이 조직의 TRT보다 짧게 하여야만 색소침착 등의 부작용을 줄일 수 있게 된다.

5. 레이저의 치료원리

1) 색소 레이저

색소 치료는 정상적인 피부색 이외의 색소를 파괴시키는 것이 주목적이다. 이러한 색소포는 두 가지가 있는데, 하나는 피부 내부의 멜라닌에 의한 것이고 다른 하나는 외부에서 주입된 색소(Dye)에 의한 것이다. 피부 내부의 멜라닌에 의한 색소 치료로는 3가지 종류의 레이저가 널리 사용되고 있다.

- Q–switched Ruby Laser(694nm)
- Q–switched Alexandrite Laser(755nm)
- Q–switched Nd;YAG Laser(1064 · 532nm)

Lasers	Color	Depth
Q–switched Ruby Laser(694nm)	Blue, Black	Uppper dermis
Q–switched Alexandrite Laser(755nm)	Green, Blue, Black	Uppper dermis
Q–switched Nd;YAG Laser(532nm)	Red, Orange	epidermis
Q–switched Nd;YAG Laser(1064nm)	All Colors	Deep dermis

2) 혈관 레이저

레이저를 이용한 혈관치료에서 주요 흡수체는 Oxyhemoglobin이며 선택적으로 응고를 시켜서 비정상적인 혈관을 제거하는 것이다. 치료 시 표피층의 온도가 급격하게 상승되기 때문에 표피층을 충분히 냉각시켜 열 손상으로부터 보호해 주어야 한다. 이와같이 피부를 냉각시켜주면 통증이나 치료 후 나타나는 자반증 등을 현저히 줄일 수 있다. 혈관을 선택적으로 응고하여 제거하는 레이저로는 3가지 종류의 레이저가 널리 사용되고 있다.

- Copper vapor Laser(578.2nm)
- Dye Laser(575~585nm)
- Long pulsed Nd;YAG Laser(1064nm)

3) 표피 제거 레이저

피부 표면에 나타나는 흉터, 잔주름, 쥐젖, 사마귀, 점등을 치료하는 데 사용하는 레이저로, 표피 제거가 용이한 레이저이다.

표피 성분의 약 70%가 물이기 때문에 물에 흡수가 잘 되는 레이저를 이용하면 표피를 선택적으로 제거할 수 있다. 표피를 제거하는 레이저로는 2가지 종류의 레이저가 널리 사용되고 있다.

- Er;YAG Laser(2940nm)
- CO_2 Laser(10600nm)

6. 레이저의 종류

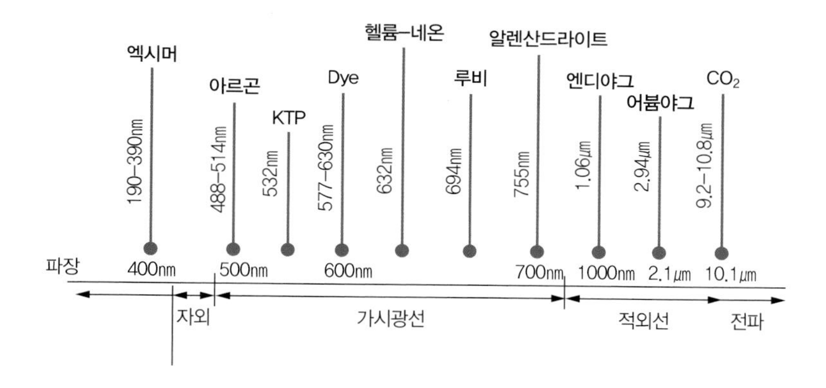

1) CO_2레이저(이산화탄소 레이저)

- 10,600nm－원적외선에 속함 피부병변을 정확히 원하는 깊이만큼 파괴 시킬 수 있기 때문에 정교한 시술을 요하는 다양한 피부질환에 사용
- 점(색소성 모반) 제거에 가장 많이 사용－레이저 박피술
- 사마귀, 한관종, 비립종, 신경섬유종, 티눈 등
- 수분 함량이 많은 피부 조직에 잘 흡수
- 조직 절개, 기화 및 응고
- 반사, 산란이 적어 에너지 집중조사 가능

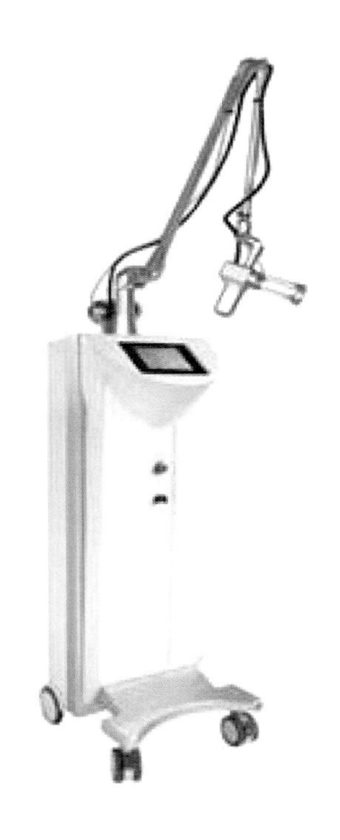

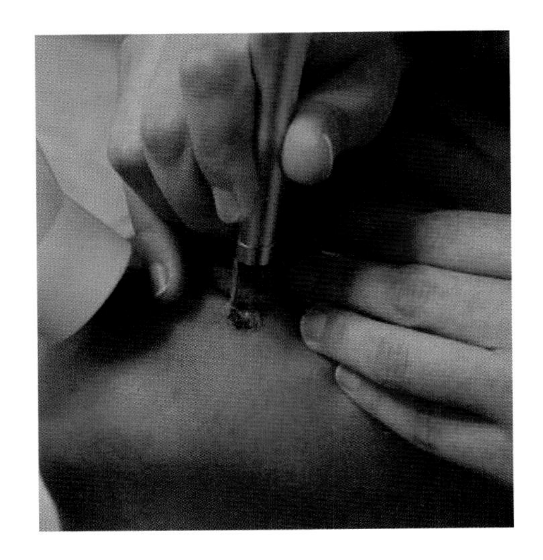

2) Nd-YAG 레이저

- 1,064nm, 532nm : 두 가지 파장을 동시에 선택적으로 사용할 수 있는 첨단 기기
- 레이저의 파장이 4~6mm 색소 부위에만 선택적으로 흡수되어 색소를 파괴시키고, 주변 조직에는 열 손상을 주지 않음
- 1,064mn(문신) : 검은색과 푸른색에 반응(문신, 오타 모반 등 진피병변치료)
- 1,064mn의 긴 펄스를 이용해 기미색소 주변의 혈관세포와 섬유아세포를 자극(미백, 잔주름, 리프팅)
- 532nm(색소) : 붉은색 표피 색소에 반응(주근깨, 잡티, 검버섯)

3) He-Ne 레이저(헬륨 네온 레이저)

- 적색을 나타내는 저출력 레이저
- 832nm 적외선, 632.8nm 헬륨 네온
- 적색을 나타내는 저출력 레이저
- 피부 재생 촉진, 화상, 피부 상처, 궤양, 염증, 흉터 최소화
- 적응증 : 여드름, 탈모, 염증, 대상포진, 관절염의 통증완화, 단순포진, 레이저 시술 후 피부진정, 피부 재생

4) Er-YAG 레이저

- 2940nm
- CO_2(물의 흡수율이 20배 높아서 원하는 깊이를 다 깎을 수 있음)
- 극히 짧은 시간에 조직을 정교하게 탈락
- 잔주름, 여드름 흉터, 색소성 모반

5) 제모 레이저

- 755nm : 알렉산드라이트, 아포지
- 1995년 이후에 개발
- 모발의 검은 색소에 선택적으로 흡수하여 모낭을 파괴해서 털이 나지 않게 함.
- 적응증 : 팔, 다리, 수염, 겨드랑이, 비키니 라인, 구레나룻, 헤어라인 등

6) Ruby 레이저

- 694nm의 색소 전용 레이저
- 적응증 : 기미, 잡티, 오타모반, 문신 등

7) Alexandrite 레이저

- 755nm로 루비 레이저와 유사한 색소 전용 레이저
- 짧은 시간 동안 강력한 에너지를 발생
- 피부조직의 손상 없이 치료가 가능
- 적응증 : 기미, 잡티, 오타모반, 문신 등 모낭을 파괴하는 제모 치료 이용

8) V-beam 레이저

- 595nm
- 황색 : 혈관만 선택적으로 파괴
- 녹색 : 멜라닌만 선택적으로 파괴
- 적응증 : 화농성 여드름, 홍조, 붉음증, 붉은 자국, 기미, 잡티 등

9) 프락셔널 레이저

- 2940nm
- 피부에 미세항 작은 점과 같은 방식으로 레이저를 조사 시 수천 개의 구멍이 발생하는 미세 레이저 박피
- 인트라 셀, 어븀 프락셔널, 매트릭셀 레이저 외
- 적응증 : 여드름 흉터, 모공, 일반 흉터, 주름, 탄력

조직이 증발하여 사라지지 않고 표피 아래 진피층으로 레이저를 전달해 콜라겐 생성을 촉진하고 피부재생을 돕는 작용을 한다. 모공 개선과 색소 제거 흉터 제거와 같이 전반적인 피부 개선 시술에 활용한다.

프락셔널 레이저는 비박피성 프락셔널 레이저와 박피성 프락셔널 레이저 두 가지로 분류되는데 피부를 깎지 않고 피부 속에 열기둥만을 만들어준 레이저이다. 표피를 손상하지 않고 열 손상도 주지 않으면서 진피 온도가 올라가면서 콜라겐 섬유의 변성이 일어나므로 표피를 보호하기 위해 치료 후 진정관리와 2~6주간 반복해서 피료하는 것이 좋다.

박피성 프락셔널 레이저는 CO_2(10,600nm), Er:YAG(2,940nm)의 매질을 이용한 레이저로 높은 수분 흡수율과 증발작용이 강하다,그래서 이산화탄소레이저와 어븀야그레이저는 박피레이저로 창상 유지 기간이 필요하며 홍반과 색소침착 때문에 일상생활에 불편함을 줄 수 있다. 또한, 고출력으로 표피를 한 번에 효과적으로 제거하며 수축시키고 진피의 콜라겐 섬유를 재생시켜 탄력을 증가시켜준다.

10) IPL(Intense Pulsed Light)

- 복합 파장의 빛을 동시에 방출시켜서 여러 가지 피부질환을 동시에 치료하는 장비로 일반 레이저는 병변에만 빛을 조사하지만, IPL은 얼굴 전체에 골고루 조사되어 다양한 증상을 한꺼번에 치료
- 적응증 : 색소(잡티, 주근깨, 표피성 색소), 혈관(모세혈관확장, 안면홍조, 실핏줄 확장), 탄력
- 시술 후 주의사항 : 인공선탠이나 레티놀 화장품 삼가
- PIH(염증 후 색소침착) : IPL 후 생길 수 있으며, 일반적으로 1~2주 후 옅어지거나 사라짐
- 일반적으로 3~4주 간격으로 2~3회 시술 권유

11) 울쎄라 에어

- 에어젯/울쎄라쿼트로 레이저로 콜라겐 리모델링효과 노화 주범의 섬유조직을 끊어 재생
- 에어젯/울쎄라쿼트로 두 가지 레이저로 즉각적 리프팅 효과
- 까다로운 주름개선, 통증 붓기 거의 없음

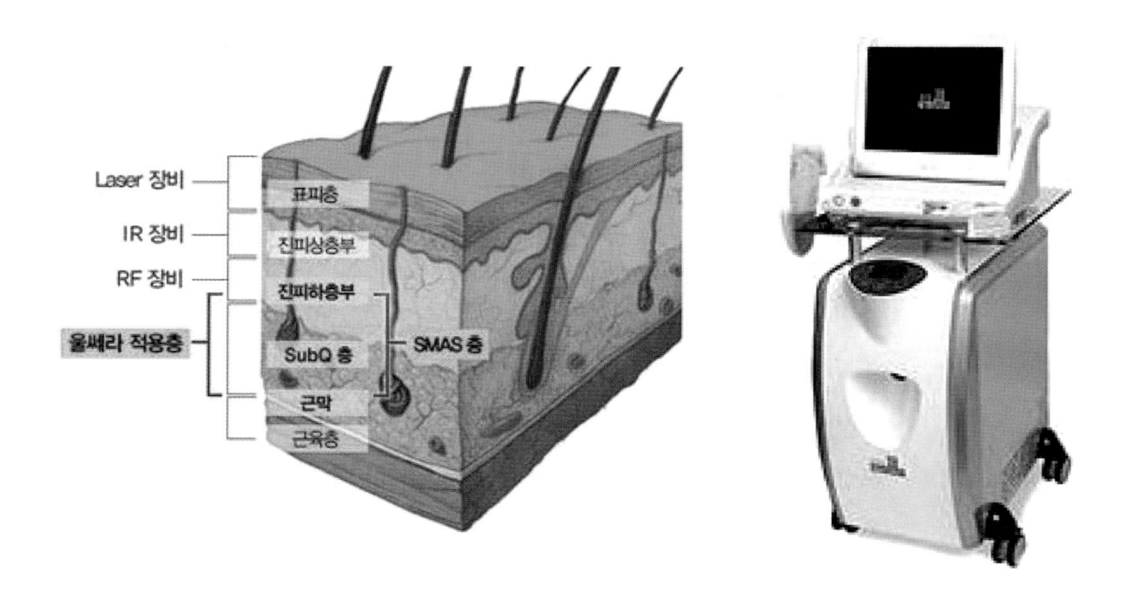

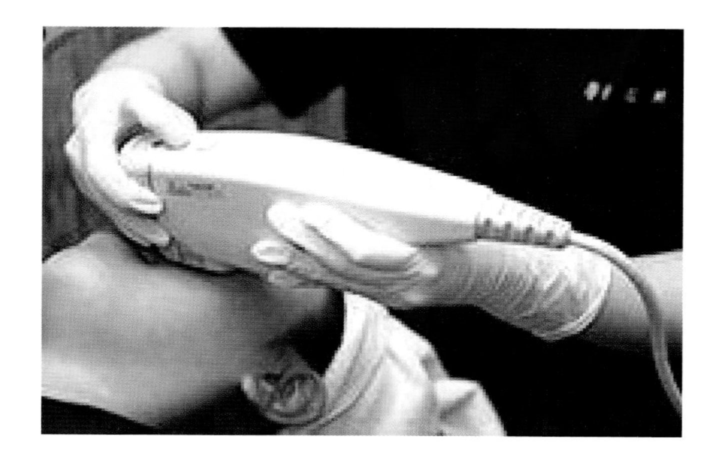

12) 써마지

써마지는 고주파 에너지를 이용하여 피부 깊숙한 곳의 진피층에 강력한 열반응을 주어 피부의 재생과 리프팅효과, 고주파 열이 노화된 콜라겐에 수축을 일으켜 탄력을 회복시키고, 새로운 콜라겐 생성을 유도한다.

- 적용피부 : 탄력, 주름개선, 튼살, 늘어진 바디
- 유사시술 : 울쎄라, 리펌, 타이탄, 폴라리스

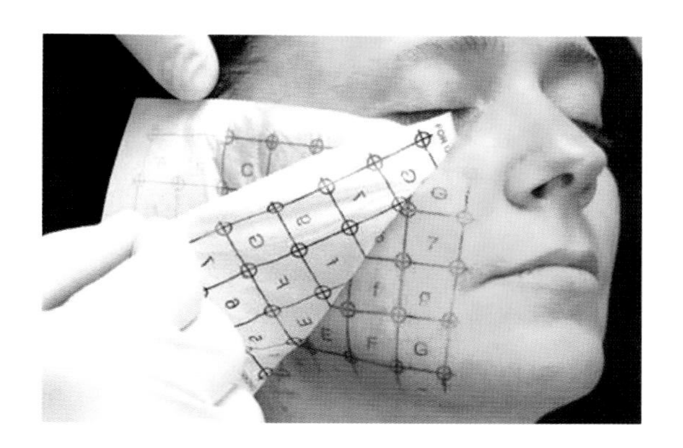

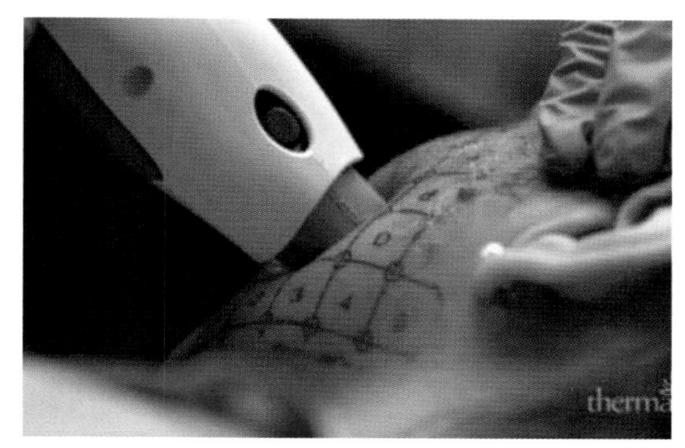

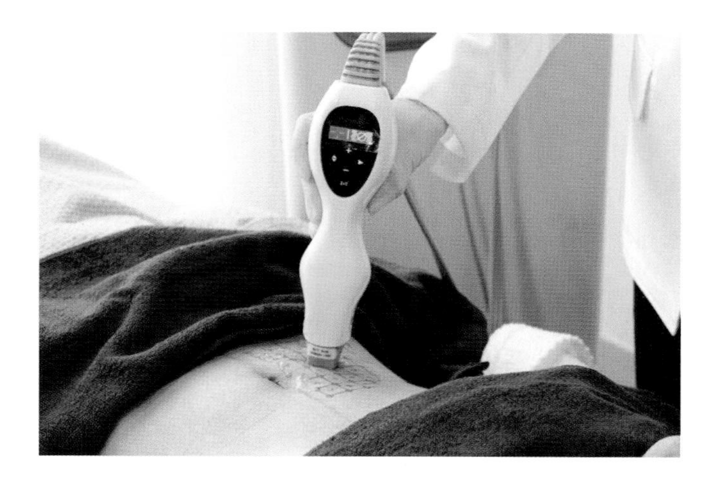

13) 광치료

레이저와 같이 매질을 이용하는 것이 아니라 크세논 섬광 램프에서 발생한 빛을 직접 치료에 이용하는 치료로 단일 파장이 아닌 500~1,200nm의 넓은 파장을 가지고 있다양한 파장의 빛을 동시에 조사하므로 여러 가지 병변을 치료할 수 있고 대표적인 광치료가 IPL. 기미, 주근깨, 잡티, 검버섯, 색소침착, 홍조, 여드름, 탄력, 제모까지 다양하게 활용되지만, 단일 파장으로 하나의 피부 문제에만 접근하는 것이 아니라 복합적인 문제를 동시에 치료하는 특징 때문에 시술 직후에서 효과를 느끼지만, 시간이 지나면서 재발의 우려가 높아진다.

IPL

ipl은 레이저와 달리 열 파장대의 연속적인 빛을 방출하기 때문에 엄밀히 말하면 레이저의 종류는 아니다. 하지만 복합적인 빛을 방출하기 때문에 치료 목적에 따라 필요한 파장의 빛을 선택하여 사용할 수 있어 여러 분야에 쓰일 수 있다. 그러나 큐스위치 엔디야그 레이저 등에 비해 한 번의 치료 효과는 떨어지는 경우가 있어 담당 의사와 상의한 후에 치료방법을 결정하는 것이 좋다.

메디컬의 미용시술

4

1. 보톡스

1) 역사

보툴리눔 독소(Botulinum Toxin, BTX)는 모두를 공포에 떨게 했던 Clostridium botulinum 세균의 독소이며 위험한 식중독을 유발하는 물질이지만, 현재는 보톡스 시술에 사용될 만큼 안전하고 효과적인 약제로 탈바꿈할 수 있었는지 살펴본다면 그 역사는 다음과 같다.

1985년
Clostridium botulinum 병원균의 보툴리눔 독소 생성 최초로 보고

1920년
Clostridium으로 균주를 명명

1949년
보툴리눔 독소가 신경전달을 차단하는 것이 증명 : 원숭이 사시 치료에 적용

1979년
FDA 승인 : 제한적으로 사시 치료를 위해 승인

1981년
인간의 사시 교정에 최초로 사용

1987년
주름제거를 위한 보톡스의 사용 시작

1989년

미국 FDA에 의해 'oculinum'으로 판매허가를 받았지만, Allergan사에 의해 'botulinm+toxin'의 합성어인 BOTOXⓡ라는 이름으로 변경되어 다시 허가를 받게 됨

1990년

성형외과와 피부과 의사들에게 널리 알려져 주름 완화 시술에 본격적으로 사용되기 시작했음

2002년

FDA 보톡스의 미용목적 사용 승인됨(보톡스와 필러의 정석 – 한미의학)

2) 정의 및 종류

보톡스는 소량의 보툴리눔 독소(botulinum toxin)를 주사하여 신경전달물질(아세틸콜린, Acetylcholine)을 차단시키므로써 근육을 마비시키거나 땀샘의 기능을 일시적으로 줄여주는 시술이다.

Botulinum toxin은 Clostridium botulinum을 생산하는 신경독소이다.

톡신 제품명

제품명	제조 국가 & 제조사
Botox(보톡스) – 'original'	미국 – 앨러간사
Dysport(디스포트)	영국 – 입센사
Xeomin(제오민)	독일 – 멀츠사
Botulax(보툴렉스), 나보타, 리즈톡스	국산 – 휴젤파마, 대웅제약, 휴메딕스

3) 적응증

① 많이 시술하는 적응증

양미간, 눈가, 이마주름, 사각턱, 종아리, 승모근, 다한증

② 진보된 응용주름 : 아주 소량으로 시술

눈썹의 올림, 눈밑 주름, 목주름 윗입술, 콧구멍, 얼굴 비대칭, 눈썹 비대칭, 입꼬리, 뾰족턱, 상처와 피부 개선, 피부연화, 흉터 교정, 켈로이드

③ 질환의 적응증

안구한쪽마비, 사시, 경련, 눈꺼풀 마비, 만성두통, 뇌졸중, 대뇌 마비, 긴장성 두통 · 근육, 어깨결림

Intradermal technique(진피내주사법)

더모톡신, 메조보톡스, 스킨 보톡스 등의 이름으로 불린다. 시술 방법이나 효과 설명 방식에 따라 다소 차이가 있지만, 보툴리눔 독소를 진피 내로 소분해서 주사한다는 점과 그 효과는 모공, 여드름, 잔주름, 리프팅 등이라는 점이 공통이다.

4) 부적응증

① 가벼운 형태

- 멍(bruise)
- 주사부위 통증(injection pain)
- 두통(headache)
- 감기 증상(flu-like symptom)
- 알레르기반응(allergic reaction)
- 사무라이 눈썹(quizzical or cocked eyebrow)
- 과도한 보상작용(overcompensation)

② 무거운 형태

- 눈썹 하수(eyebrow ptosis)
- 안검하수(eyelid ptosis)
- 부자연스러운 웃음(unnatural smile)
- 볼 꺼짐(sunken cheek)
- 비대칭 미소(asymmetrical smile)
- 침 흘리기(drooling)
- 부자연스러운 입술 움직임(lip incompetence)

5) 시술 후 주의사항

- 시술 후 4시간 동안은 눕지 않도록 한다.
- 시술 후 시술 부위를 강하게 문지르거나 자극을 주지 않도록 한다.
- 시술 후 일주일은 사우나, 찜질방, 격렬한 운동은 삼가한다.
- 사각턱 시술 후에는 오징어와 껌 같은 딱딱하고 질긴 것은 피한다.
- 시술 후 주사부위에 간헐적인 통증이 있거나 염증이 의심되는 증상이 보이면 병원에 내원하여 처치를 받도록 한다.
- 재시술은 2～4주 정도 후에 효과를 면밀하게 확인한 후 필요하다고 판단되면 실시한다.
- 보톡스 효과의 유지 기간은 일반적으로 6개월 정도이나 재시술 시 유지 기간이 더 길어질 수 있다.

2. 필러

1) 필러 개요

① 필러 개발의 역사

필러의 개발은 처음에는 자가 지방, 즉 직접 인체에서 빼낸 인체 유래성 물질(human-derived material)을 자기 몸에 넣은 것으로 출발했고 곧이어 좀 더 시술이 간단하고 효과가 오래 지속되는 파라핀이나 액상실리콘과 같은 비인체성 고분자(non-human polymer)들을 사용했다. 그런데 거기서 많은 부작용들이 발생하여 오랫동안 필러 시술이 활성화되지 않았고 현재 이러한 고분자 소재들은 저급으로 분류되고 있다. 그러다가 1981년에 최초의 소(cow) 콜라겐 필러가 FDA 승인을 받은 것을 시작으로 인체 유사 물질(human tissue analogue), 즉 우리 몸(피부)의 구성 성분인 콜라겐이나 히알루론산을 이용한 필러들이 활발하게 연구개발되기 시작했다.

② 필러 소재의 변천사

- 1900년대 초반 : 액상 파라핀
- 1940년대 : 액상 실리콘이 사용되었으나, 부작용 등의 문제로 사용이 금지
- 1970년대 후반 : Liposuction의 등장과 함께 Autologous fat이 보정술에서 널리 사용되기 시작
- 1981년 : 소 콜라겐(bovine collagen)이 dermal implant로 미국 FDA 승인
- 1980년대 후반 : 자기 자신의 콜라겐(autologous collagen)을 지방으로부터 분리하여 보정술에 사용하는 방법이 소개되었고, 최근 히아루론산 유도체, autologous dermal implants, allogeneic products, 합성물질, 재조합 인체 콜라겐(recombinant human collagen) 등이 사용되고 있다.

2) 필러 시술의 정의 및 종류

① 정의

인체와 유사한 성분을 피부의 꺼진 부위에 직접 주사하여 채워주는 물질로 원하는 피부 부위에 넣어줄 수 있는 주름 치료방법이다.

② 종류

필러의 종류는 아주 다양한데 크게 히알루론산 필러와 비히알루론산 필러로 나뉠 수 있다. 종류에 따라 시술효과 유지 기간은 6개월에서 2~3년까지이다.

필러 성분에 따른 분류

구분	제품명
히아루론산 필러 (흡수성 필러)	레스틸렌, 쥬비덤, 데오시알, 이브아르, 채움, 밸로테로 등
비히아루론산 필러 (흡수성 필러)	아테콜, 아테필, 아테센스, 아쿠아미드 퍼폼(바이오 알카미드) 등
기타 특수 필러	전스컬트라, 엘란쎄

3) 적응증

① 흉터

여드름 흉터, 수두자국, 손톱자국, 안면 함몰 흉터

② 주름

팔자, 이마, 미간

③ 윤곽술

이마, 다크서클, 애교살, 볼, 코, 입술, 턱

4) 부적응증

- 부기(swelling), 홍반(erythema), 멍(bruise)
- 통증(pain)
- 소양증(itching)
- 변색(discoloration)
- 틴들현상(tyndall effect)
- 여드름(acne)
- 잘못된 위치 주입(malclistribution)
- 부족교정(undercorrection), 과도교정(overcorrection)
- 세균감염(bacterial infection)
- 주사괴사(infection necrosis)

5) 시술 후 주의사항

- 필러 시술은 일반적으로 시술 후 일상생활에 지장이 없다.
- 시술 후 1~2주간은 사우나, 찜질방, 격렬한 운동, 흡연, 음주는 삼가는 것이 좋다.
- 시술 후 시술 부위를 강하게 문지르거나 자극을 주지 않도록 한다.(스컬트라는 시술 후 마사지를 권한다)
- 시술 후 주사부위에 간헐적인 통증이 있거나 염증을 동반한 부기나 홍반이 나타나면 병원에 내원하여 처치를 받도록 한다.
- 추가 보정 시술은 2~4주 후에 가능하다.

스킨 부스터(물광주사)

- 피부의 진피층에 균일하게 히아루론산을 주사하여 피부 속에 수분을 잡아주고 콜라겐 재생을 유도하여 피부를 촉촉하고 탱탱하게 만들어 주는 시술이다. 대표적인 시술로 쥬비덤 볼라이트 제품이 있다.
- 피부 재생을 촉진시켜 주는 시술로 리쥬란 힐러, 필로르가, 엑소좀 등이 있다.

시중에서 행해지고 있는 부스터 종류

리쥬란 힐러	연어 DNA 추출	항염효과, 피부염/아토피에 효과적, 피부재생주사
연어주사	연어 DNA 추출	피부를 건강하게
엑소좀	Stem cell	피부탄력, 모공, 보습
스킨보톡스	보톡스	• 눈가, 이마, 미간 – 표정주름 • 콜라겐 재생 – 탱탱
필로가 135 : 샤넬주사	히아루론산, 아미노산, 비타민 함유	보습, 톤업, 피부결
워터핏 주사	히아루론산	피부건조해소 : 푸석푸석, 건조, 칙칙함
볼빛주사	히아루론산 • FDA 인증 – 미세안면주름 개선효과 • 크로스 링킹 – 유지기간 길다	보습 + 피부결 + 잔주름 개선
물광주사	히아루론산	보습

3. 지방이식

1) 역사

1893년에 독일의사 Dr. Neuber가 환자의 팔에서 떼어낸 지방조직을 얼굴의 결손 부위에 이식한 것을 최초의 필러 시술로 본다.

처음에는 지방 덩어리를 이식한 것이었고, 주사기를 이용한 지방주입은 1911년에 Dr. Bruning이 최초로 시도한 것으로 되어있다.

하지만 지방이식 또는 지방주입은 오랫동안 큰 관심을 끌지 못했고 1976년 Dr. Fischer 등이 cellusuctiotome을 이용한 지방 추출을 시작하면서 다시 주목을 받기 시작했다.

2년 후엔 프랑스의 Dr. Illouz가 캐뉼러와 석션을 이용한 간편한 지방흡입술을 개발했는데 다량의 조직을 쉽게 얻을 수 있는 길을 터놓았다는 점에서 지방이식 역사에서 중요한 이정표로 자리 잡고 있다.

1986년에는 Dr. illouz의 동료였던 Dr. Pierre Fournier가 미세지방이식의 개념을 정립하여 큰 진보를 이루었고, 이듬해에는 Dr. Jeffrey Klein이 튜메슨트(Tumescent)마취의 개념을 도입하여 지방흡입과 지방이식 모두 비약적인 발전을 보게 되었다.

2) 정의

자신의 복부, 엉덩이, 허벅지 등에서 채취한 자기 조직을 지방을 원심분리하여 순수 지방만을 볼륨이 필요한 부위에 이식하는 시술로, 자기 조직을 이용하여 필요한 곳을 채워주는 시술이다.

3) 자가 지방이식과 PRP

자가 지방과 함께 PRP(자가 혈액에서 추출한 고농도 농축된 혈소판 KS)를 이식하여 피부탄력 향상과 볼륨 복원, 피부 톤 개선 등에 효과적인 치료이다.

4) 적응증

- 얼굴 전체, 얼굴 부분(이마, 관자놀이, 앞광대, 팔자주름, 코끝, 눈 밑, 입술 등)
- 가슴, 엉덩이, 히프 업, 함몰 부위, 손등, 발등 등

5) 지방이식 회복과정

① 수술 당일

채취부위 및 이식 부위에 멍이나 부기가 있을 수 있다.

② 수술 후 1일

가벼운 세안은 가능하나 수술 부위에 압박을 주지 않도록 주의해야 한다.

③ 수술 후 2~3일

샤워가 가능하다.

④ 수술 후 7~10일

지방 채취 부위의 실밥을 제거한다.

⑤ 수술 후 한달, 두달

PRP 지방이식 부위의 상태를 검진받는다. 1~2개월 이후 2차 시술이 가능하다.

6) 부적응증

- 부종
- 감염
- 괴사
- 응어리
- 피하출혈 반(멍)
- 미교정
- 과교정

7) 시술 후 주의사항

- 지방 채취 부위는 1~2주 정도 통증이나 멍이 있을 수 있다.
- 수술 후 지방이 생착되기 전인 한달 내외 전까지 이식 부위를 문지르거나 압박하지 않도록 한다.
- 수술 후 2~3주간은 사우나, 찜질방, 목욕탕은 삼가는 것이 좋다.
- 염증 방지를 위해 수술 후 최소 2주간은 금주, 금연하는 것이 좋다.
- 2달간 다이어트 금지

자가 지방이식 VS 필러

구분	시술의 종류	
	자가 지방이식	필러
마취	국소마취 및 수면마취	국소마취
다운타임(시술회복기간)	1 ~ 2일	없음
시술효과 지속기간	1 ~ 2년 이상	6개월 ~ 1년 내외

4. 실리프팅

1) 정의

식약청 허가를 받은 특수 PDO 또는 PLLA 성분을 이용해 피부 세포의 재생을 활성화시키고 콜라겐 생성을 돕는다.

2) 종류

부위별로 실의 종류와 삽입 방법에 따라 리프팅 효과뿐만 아니라 피부 탄력 개선 등 복합적인 시술 효과를 볼 수 있다.

주로 사용되는 리프팅 실 종류로는 울트라 V, 오메가, 블루 로즈, 민트, 실루엣 소프트 등이 있다.

구분	실의 종류				
	모노실	회오리실	코그실	몰딩실	PLLA실
모양	돌기가 없는 가는 실	회오리 모양의 실	가시 모양의 컷팅 실	360도 고정형 돌기가 있는 몰딩실	360도 con 모양의 비고정형 돌기실
특징	가장 기본적인 실로 미세한 실을 진피층 아래 삽입해 콜라겐 생성, 피부 탄력 개선에 좋다.	주사바늘에 회오리 모양의 실로 국소 부위 탄력을 느낄 수 있다.	두껍고 돌기가 많아 리프팅 효과를 느낄 수 있다.	장미 가시처럼 돌기가 360도로 되어 있어 당겨주는 힘이 강하다.	체내에서 분비되는 PLLA성분의 특수한 의료용 실로 안면조각 고정 실로 특허 받음
효과	잔주름 개선, 피부 탄력, 지방 분해	잔주름 개선, 피부 탄력, 지방 분해	V라인 리프팅	V라인 리프팅 효과 우수	리프팅과 볼륨효과 우수
대표실	울트라 브이	회오리실	오메가	블루로즈, 민트	실루엣 소프트 (영국수입)

3) 시술 후 주의사항

- 시술 직후 이물감이 느껴질 수 있고, 시술 부위에 멍. 부기등이 있을 수 있으나, 1주일 이내 사라진다.
- 감염예방을 위해 처방해드린 항생제를 반드시 복용한다.
- 시술 후 1~2주간은 사우나, 찜질방, 격렬한 운동은 삼간다.
- 흡연, 음주는 삼가는 것이 좋다.
- 시술 후 시술 부위를 강하게 문지르거나 자극을 주지 않도록 한다.
- 시술 후 주사부위에 간헐적인 통증이 있거나 염증을 동반한 부기나 홍반이 나타나면 병원에 내원하여 처치를 받도록 한다.

5. 줄기세포 치료

줄기세포는 상대적으로 발생이 덜된 미분화된 세포로 특정 조직 세포로 분화할 수 있는 능력을 지닌 세포를 말한다. 줄기세포 중에서도 배아줄기세포(embryonic stem cell)는 개체를 구성하는 모든 유형의 세포로 분화할 수 있는 능력을 갖고 있는 줄기세포(만능줄기세포, pluripotent stem cell)이다.

다시 말하면, 줄기 세포는 다양한 유형의 세포 형태로 분화할 수 있는 능력이 있는 세포로 인체의 특정 세포나 조직의 기원이 되며 우리 몸의 근육이나 뼈, 뇌, 피부 등 신체기관의 조직으로 분화할 수 있는 능력을 가진 세포를 말한다.

우리 몸에 상처가 나거나 염증이 생겼을 때 염증세포와 혈관내피세포,, 섬유모세포 등이 작용하여 콜라겐과 혈관 등의 진피를 재형성하는 과정이 일어난다. 이때 줄기세포는 여러 가지 성장인자와 사이토카인을 분비하여 진피 재형성 과정에서 중요한 역할을 하게 된다.

신체에 존재하는 200개 세포 유형 중 하나로 자체 성장할 수 있는 능력을 지닌 줄기세포는 당뇨병, 백혈병, 파킨슨병, 심장병, 척수외상을 비롯한 수많은 질환을 치료하는데 유용하게 이용되며, 현재는 골수보다 1000배 이상의 줄기세포를 함유하고 있는 지방 줄기세포가 다양한 치료 영역에서 넓게 사용되고 있다.

줄기세포 치료 시술은 허벅지나 복부 등에서 지방을 체취한 후 원심분리를 통해 줄기세포를 분리 농축하여 줄기세포를 단독으로 사용하거나 지방세포와 혼합하여 사용한다. 주로 여드름 흉터나 피부 재생의 빠른 촉진으로 치유가 필요한 피부병변에 사용되고 있다.

줄기세포 배양이나 성장인자 추출에는 첨단 과학기술에 의한 상당한 수준의 배양 기술과 공정을 필요로 하므로 우리나라가 줄기세포에서는 세계적으로 앞서 나가고 있다. 피부미용 분야에서도 활발하게 연구가 진행되고 실제 임상에서 다양한 제품으로 응용하여 사용되고 있다.

치료법이 개발된 지 얼마 안 되었고 응용 기간이 길지 않아 데이터가 부족하지만 현재까지 부작용이 적고 비교적 만족스러운 효과를 보이고 있어 많은 관심과 기대를 모으고 있다.

피부 질환별 메디컬 치료

5

1. 여드름 피부(Acne skin)

1) 정의

여드름은 모낭 옆에 붙어있는 피지선에서 피지 분비가 많아지고, 동시에 모공 입구의 각질이 증가되어 모공 입구가 좁아지는데, 이때 분비된 피지는 자연스럽게 피부밖으로 배출되지 못하고 모공속에서 정체되면서 모공이 막히고, 박테리아(Vacteria)가 활동하면서 발생하게 된다.

모공 속의 과도한 피지 분비와 더불어 모공 입구의 과각화 현상(Hyperkeratinization)이 촉진되고, 모공 속 피지는 다른 불순물들과 서로 엉켜 코메도(Comedo)를 형성하게 된다. 이때 모낭 내에 서식하는 프로피오니박테리움 아크네스(Propionibacterium acnes) 균은 지방분해효소을 분비하여 피지의 중성지방을 유리 지방산(Free fatty acid)으로 분해한다. 이때 분해된 유리 지방산은 다시 모낭 안을 심하게 자극하여 홍반, 부종, 고름 등 염증을 유발시키는데 이것을 만성 염증성 질환인 여드름이라 한다.

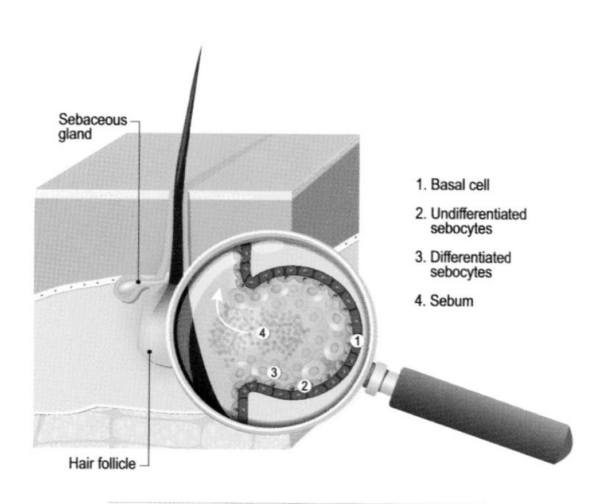

피지선의 해부학적 구조와 여드름 원인균

여드름은 피지선이 많이 분포하고, 피지선이 잘 발달된 부위인 얼굴, 턱, 등, 앞가슴, 두피 등에 주로 나타나는데, 진행 상태에 따라 미세 면포(Micro-Comedo), 폐쇄면포(Closed Comedo, Black Head), 개방면포(Open Comedo, White Head), 구진(Papules), 농포(Pustlule), 결절(Nodule), 낭포(Cyst) 등으로 악화된다. 이때 결절과 낭포 여드름은 치료가 끝난 후에는 모공이 넓고, 피부결이 울퉁불퉁한 귤껍질처럼 되고 움푹 파인 흉터 등이 남게 된다. 여드름은 주로 12~15세의 사춘기에 발생하고, 20세 전후까지 왕성하게 진행되기도 한다. 여드름은 사춘기 청소년 중 85%가 관찰되고, 남자는 15세와 19세 사이에, 여자는 14세와 16세 사이에 발생 빈도가 높으며, 여성보다는 남성이 많은 편이다. 일반적으로 여드름은 치료를 하지 않아도 수년 후에 없어지지만, 적절한 치료를 하지 않을 경우 염증상태는 심각하게 진행되어 염증 부위가 커지고 깊어져 흉터(파인 흉터, 볼록한 흉터)와 색소침착 등 많은 후유증을 남게 한다. 여드름 발생 원인을 잘 파악하여 적시에 적절한 조기 치료로 부작용을 최소한 하는 것이 무엇보다 가장 중요하다. 여드름 치료 시기는 나이, 진행상태, 분포도에 따라 치료방법이 다르므로 여드름의 원인별 선택적 관리가 필요하다.

피지의 구성 물질

- 트리글리세라이드 50%(Triglycerides)
- 유리지방산 10%(Free Fatty Acids)
- 스쿠알렌 12%(Squalene)
- 왁스 에스터 25%(Wax esters)
- 콜레스테롤 1%(Cholesterol)
- 콜레스테롤 에스터 2%(Cholesterol Esters)
- 리놀레익산(Linoleid acid & etc)

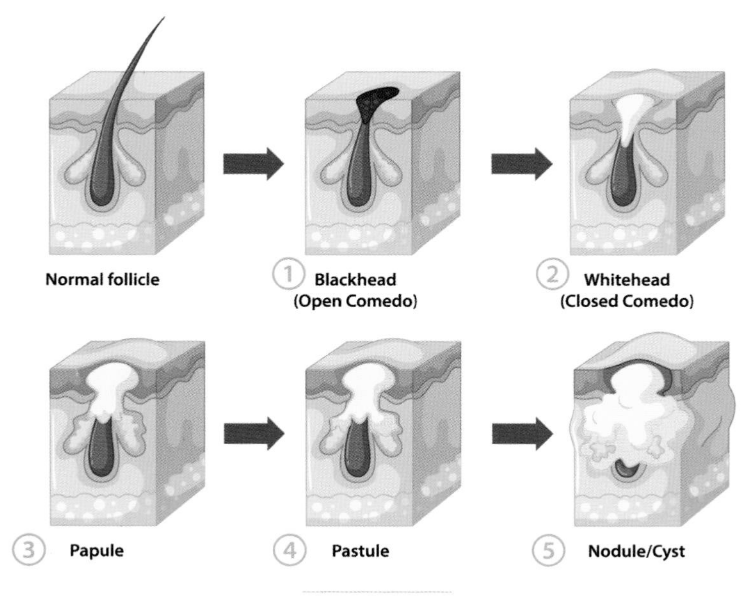

여드름의 진행과정

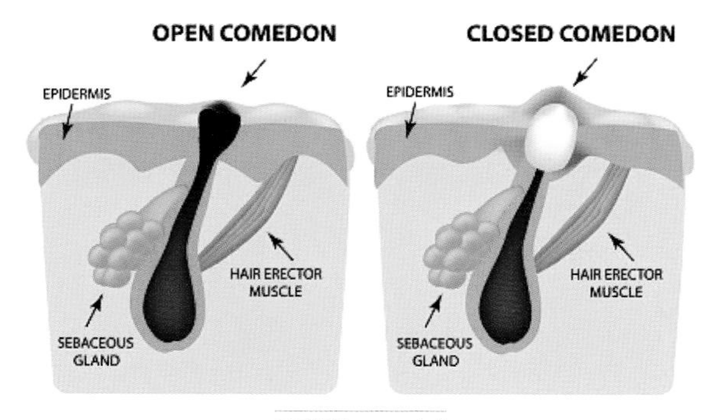

코메도(comedo)

2) 여드름의 원인

여드름 발생 원인은 여러 복합적인 요인에 의해 나타나는 것으로 알려져 있다.

(1) 호르몬의 불균형

여성의 경우 생리 1주일 전쯤에 여드름이 발생하기도 하는데 이때 프로게스테론(progesterone)이라는 황체호르몬의 영향을 받기 때문이다. 또한 사춘기 때 많이 분비되는 남성호르몬의 테스토스테론(Testosterone)은 피지 분비를 증가하여 여드름을 발생시킨다.

(2) 유전

여드름 발생에 가족력이 있는 경우 83%가 여드름이 발생하는 것으로 알려져 있다.

(3) 스트레스

수면 부족, 과로 등의 정신적 · 신체적 스트레스는 안드로겐(Androgen) 호르몬의 분비를 증가시켜 여드름 발생 또는 악화시킬 수 있다.

(4) 생활환경

강한 자외선이나 뜨겁고 습한 환경은 피지선의 활동을 왕성하게 하여 피지 분비량을 증가시킬 수 있다.

(5) 약물

대표적인 부신피질호르몬제인 스테로이드 제제는 관절염, 알레르기성 피부 질환, 피부염 등의 각종 질환에 광범위하게 사용되는 약물인데, 이 약물은 여드름을 유발시킬 뿐만 아니라, 면역기능저하, 당뇨병, 고혈압 등 심각한 부작용이 나타날 수 있다.

(6) 화장품

유분이 많이 함유된 화장품은 면포를 자극하여 여드름을 발생시킬 수 있는데, 현재는 화장품 중 모공 속에 침투해 여드름 덩어리를 형성하는 코메도제닉(Comedo Genic) 제품이 아닌 논코메도제닉(Non-Comedo Genic) 제품을 많이 사용하고 있다.

(7) 강한 마찰

청결하지 않은 손으로 피부를 자극하면 감염을 일으켜 여드름을 발생시킬 수 있다.

(8) 화학약품

산업현장에서 많이 접하는 할로겐(Halogen)과 같은 화학물질은 피부에 접촉 시 피부를 자극하여 여드름을 유발시키고, 지속적인 먼지나 공해 등에 노출된 피부를 청결히 하지 않아 모공이 막히면서 여드름을 발생시킬 수 있다.

3) 여드름 흉터(Acne Scar)

심한 염증성 여드름 피부는 피부조직이 손상되어 여드름 치료가 끝나더라도 반흔이 남게 된다. 이때 여드름 흉터는 다른 흉터에 비해 깊게 패이고 모양도 다양하게 나타나는 것을 볼 수 있다.

- 좁고 뾰족한 흉터(Ice pick scar)
- 넓고 각진 흉터(Boxed scar)
- 넓고 둥근 또는 타원형의 함몰된 흉터(Rolling scar)
- 정상적으로 보이는 피부 내의 진피가 뭉쳐 생긴 흉터(Hypertyophic scar)

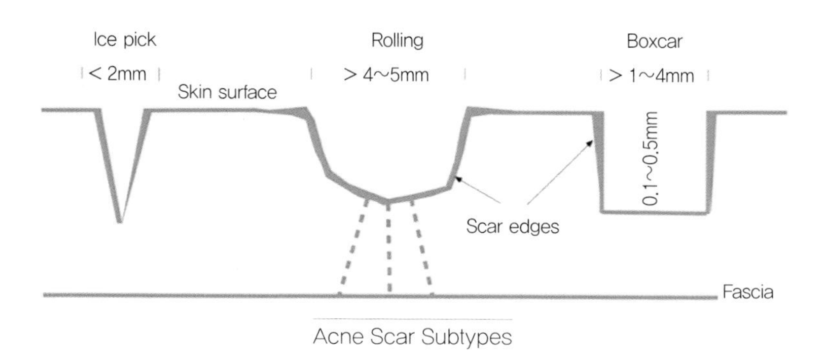

Acne Scar Subtypes

흉터의 종류

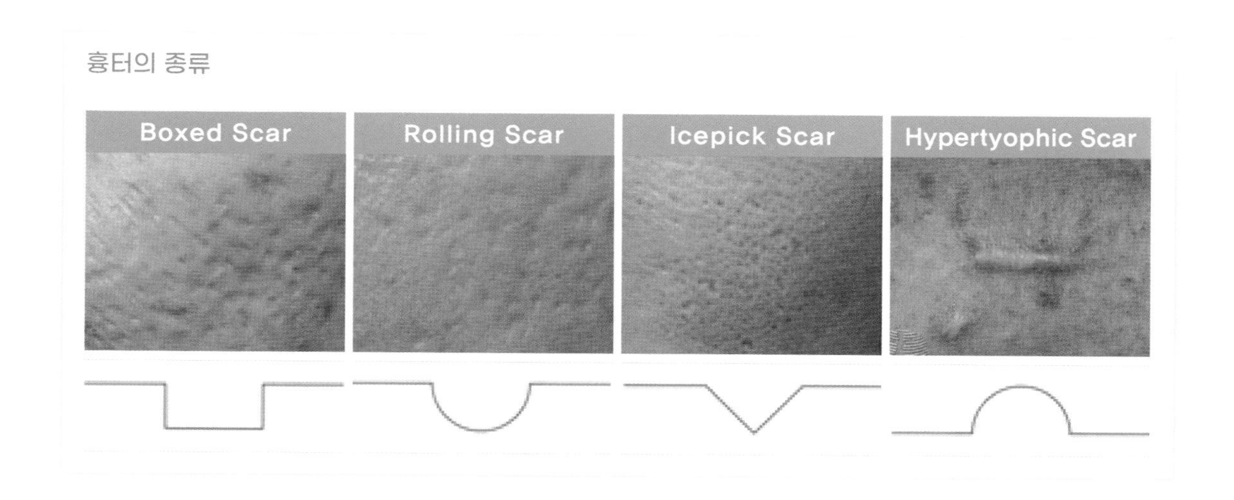

4) 여드름 치료

여드름 치료는 발병 원인 및 시기에 따라 다르지만, 여드름의 진행 악화를 막고, 새로운 여드름 발생을 예방 하는 것이 목적이다. 치료 기간은 증상 정도에 따라 6~12주간 동안 꾸준히 관리하고, 여드름 개선 속도에 따라 치료 방법 등을 변경하는 것이 좋다.

병원의 여드름 치료는 일반적으로 상태의 중증도에 따라 치료방법이 달라지는데 크게 외용약, 복용약, 외과적 치료 등이 있고, 심한 여드름의 경우는 복용약과 연고, 주사제 등과 함께 사용하기도 한다.

(1) 국소치료제

① 벤조일 퍼옥사이드 (Benzoyl peroxide)

여드름 치료에 광범위하게 사용되는 외용제로 항균, 항산화 효과가 있고 사용 후 2주 정도 지나면 모공 속의 박테리아가 98% 정도 감소되는 것으로 되어 있다.

각질과 면포 용해작용이 있어 구진, 농포성 여드름에 주로 사용된다.

② 에리스로마이신(Erythromycin)

박테리아 감염 및 피하 농양, 기타 증상에 치료하는 항생제 중 하나이다. 부작용은 구역질, 복통, 설사, 신경성 식욕부진증, 심실 부정맥 등이 있다.

③ 클린다마이신(Clindamycin)

비타민 A를 변형시켜 만든 국소 도포 항생제로 살균, 항염 효과가 우수하여 농포, 결절성 이상의 여드름 치료에 효과적이고 에리스로마이신과 함께 사용된다. 알코올이 용매제라 피부 건조 현상이 나타난다.

④ 트레티노인(Tretinoin)

각질 탈락을 유도하여 피지 배출이 잘 되도록 하는 외용제이며, 건조, 홍반, 소양증, 화끈거림 증상이 나타날 수 있다.

⑤ 아답팔렌(Adapalene)

Vitamin-A 합성 유도체로 트레티노인과 같은 생물학적인 작용을 가지고 있고, 레티노이드에 비해 건조함이 적다. 부작용으로 각질이 들뜨는 현상과, 홍반, 소양증, 건조, 화끈거림 등이 있다.

⑥ 타자로텐(Tazarotene)

레티노이드 제제로 피지 분비 억제와 염증 반응 억제 효능이 있고, 부작용으로는 홍반, 작열감 등이 있다.

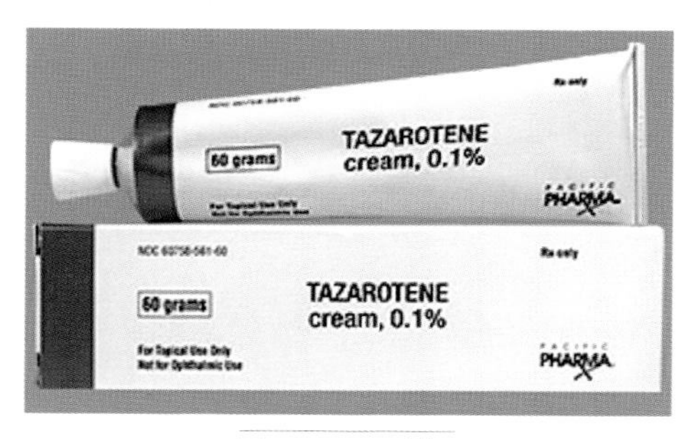

Tazarotane 연고

⑦ 레틴산(Retin acid, Retin-A)

Vitamin-A 파생물로 각질 용해 효과가 있고, 물집, 홍반, 과민성, 광과민성, 부종 등의 부작용이 있다.

⑧ 살리실산(Salicycic acid)

β-hydroxyl acid로 천연적으로 버드나무의 잎과 껍질에서 추출하거나 인공적으로 페놀(phenol)에서 CO_2을 가하여 추출하기도 한다. 지용성 용매제로 모공 속의 피지를 용해시키는 효과와 각질 분해효과가 탁월하여 지성피부의 여드름 치료에 주로 사용되며, 방부제, 항균제, 살균, 소독제로도 사용된다.

⑨ 아젤릭산(Azelaic acid)

정상 피부조직에서 서식하는 곰팡이에 의해 분비되는 천연물질로 가벼운 여드름 병변에 사용하는 국소외용제이다. 염증성, 비염증성 여드름 모두 다 사용하며 각질세포들의 탈락 과정을 정상화시킨다. 항산화작용, 항균작용, 피부색소를 감소시키는 효과가 있어 유색인종의 여드름 치료에 추천되고 경구 항생제나 또는 호르몬 치료와 병행해서 사용한다.

(2) 경구용 치료제

경구용 치료제 중 항생제는 직접적으로 모낭 내 여드름 균(Propionibacterium acnes)을 없애고 염증반응을 줄여서 홍반을 감소시키는데 특히 앞가슴이나 등 부위에 염증성 병변이 있는 경우에 효과가 있다. 경구용 항생제를 장기간 사용하면 설사, 장염 등이 발생할 수 있으며, 임신 중이거나 수유 중인 여성은 의사와 상의한 후 항생제를 사용해야 한다.

① 테트라사이클린(tetracycline)

가장 흔히 처방하는 약으로 P. acnes 박테리아 성장을 억제하고, P. acnes의 지방분해 효소 분비를 저해하여 중성지방이 유리지방산으로 분해되어 염증이 발생되는 기전을 차단하는 염증 완화 효능이 있다. 테트라사이클린은 복용 시 불완전하게 흡수되기 때문에 공복에 섭취하고, 작용시간이 짧아 1일 4회 복용해야 한다. 광과민성(photosensitization), 소화장애, 광독성 피부염, 항문 소양증 등의 가벼운 부작용이 있으며, 뼈와 치아발육에 영향을 미치므로 임산부, 수유부, 12세 이하 어린이는 복용을 금한다.

② 에리스로마이신(erythromycin)

비타민 A를 변형시켜 만든 약제로 항균작용과 테트라사이클린을 사용하지 못하는 경우에 대체 사용 가능하다. 임산부와 소아의 사용에도 비교적 안전하나 위장 관련 부작용이 있다.

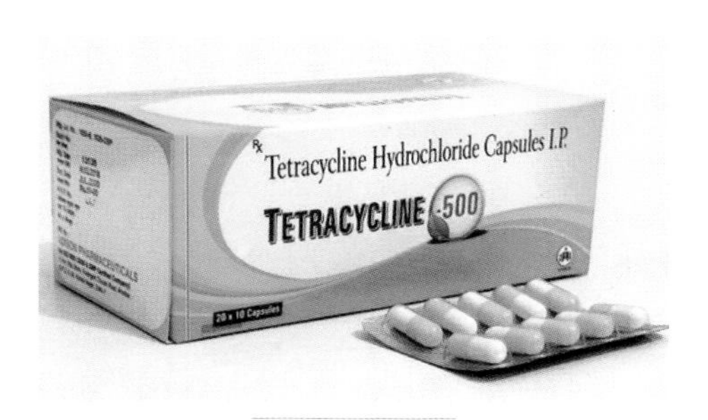

etracycline 캡슐

③ 미노사이클린(Minocycline)

테트라사이클린을 사용하지 못하는 경우에 대체 가능 약으로 테트라사이클린 500mg보다 미노사이클린 100mg의 효과가 탁월하다. 간혹 복용 후 색소침착 부작용으로 나타나기도 하지만 복용을 중단하면 회복되며, P. acnes 박테리아 성장 억제 및 염증을 억제하는 바르는 항생제와 병행하여 많이 사용된다.

④ 독시사이클린(Doxycycline)

테트라사이클린 계열의 항생제로 P. acnes 박테리아 성장 억제 및 염증을 억제한다.
부작용으로 두통, 소화 장애, 색소침착 등이 있으며, 임산부, 수유부, 12세 이하 어린이는 복용을 금한다.

⑤ 이소트레티노인 (Isotretinoin)

비타민 A를 변형시켜서 만든 제1세대 레티노이드 제제로 세균 증식, 염증반응, 피지 조절, 여드름 발생에 관련하는 이상 각화 등 여드름 발생의 대부분의 발생 경로를 차단하는 데 도움을 준다. 부작용으로는 점막 건조증, 입술 건조, 붉음증 등이 있고 임신부, 임신 가능자, 수유부, 신장, 간질환, 고지혈증, 과민증 환자, 우울증 환자, 12세 미만 소아는 사용을 금한다.

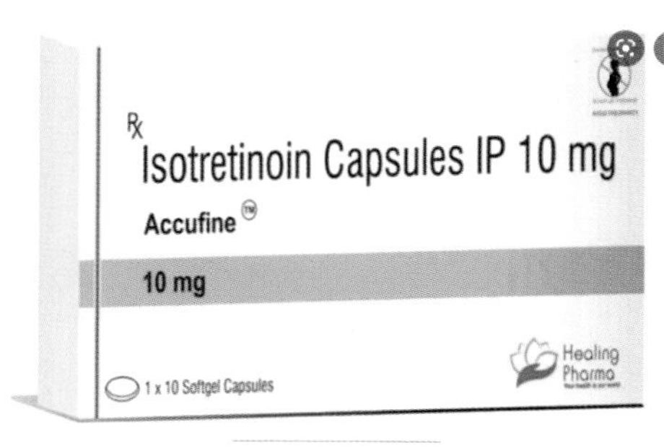

Isotretinoin 캡슐

⑥ 경구피임약(Contraceptive Hormones)

경구피임제는 에스트로겐과 코티손의 복합제로 여성의 난소와 부신피질에서 분비되는 테스토스테론과 성선자극 호르몬의 분비를 감소시키고, 남성호르몬을 억제하여 피지 분비 감소와 여드름 증상을 완화시킨다.

약 3~4개월 복용 후에 25%의 피지감소 효과가 나타나지만, 자궁암이나 유방암 등의 병력이 있는 경우에는 복용을 삼가해야 하며, 과도한 흡연이나 비만, 잦은 두통, 간 또는 신장 질환 시에는 주의를 요하고, 피임약 복용 전에는 의사와 상담하도록 한다.

(3) 외과적 치료

① 주사요법 (Injection Tretment)

심한 화농성 여드름의 경우는 치료가 끝난 후에 흉터로 남을 가능성이 높으므로 스테로이드 주사 요법을 이용하여 흉터 발생을 줄여 준다. 염증성 병변으로 피부가 딱딱해졌을 때는 병변 부위에 식염수나 국소마취제등으로 희석한 트리암시놀론(Triamcinolone)을 직접 주입하여 증상을 완화시킨다. Triamcinolone는 피부나 근육에 오랫동안 남아 있어 지속적인 효과를 나타내는 것이 특징이다. 부작용으로는 일시적으로 피부가 위축되고 함몰 될 수 있지만, 6～12개월 지나면 자연적으로 재생되어 원래의 피부상태로 회복된다.

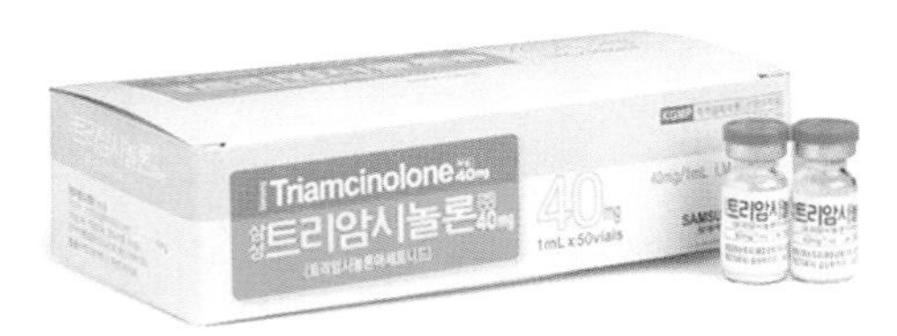

트리암시놀론 주사

② 압출치료 (Comedo Extraction)

비위생적인 손으로 여드름을 만지거나 강한 압으로 짜는 경우에는 모공과 피지선이 무리하게 손상되고 염증 증상이 악화되어 흉터가 남을 수 있다. 그러므로 메디컬 치료에서는 개방 혹은 폐쇄 면포들을 짜는 압출치료를 한다. 압출치료는 얼굴을 깨끗이 클렌징 한 후 스티머(Stemer) 등으로 모공을 넓히고, 코메도(Comedo), 주사바늘(Needle), 면봉 , CO_2레이저 등을 이용하여 여드름을 압출한다.

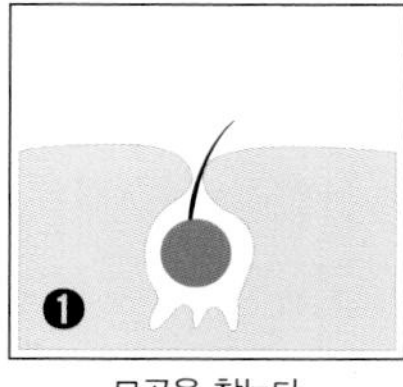

모공을 찾는다.

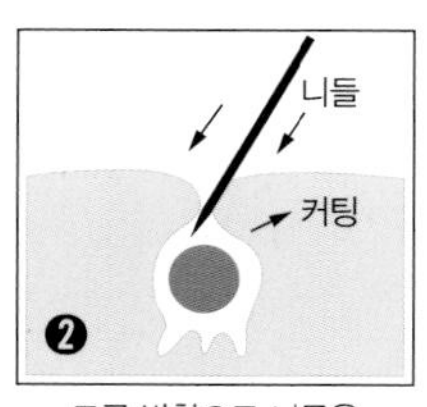

모공 방향으로 니들을 넣어서 커팅한다.

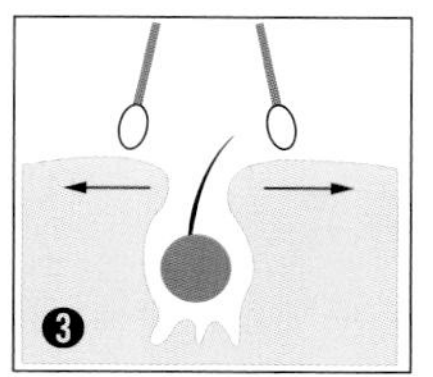

면봉으로 피부와 수평으로 벌려주어 염증이 나올 입구를 확보한다.

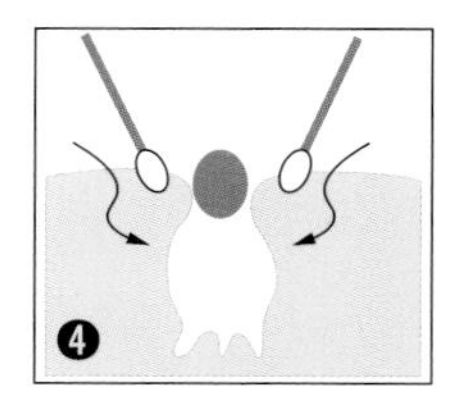

염증을 떠 올리듯 제거한다.

여드름 압출 방법

③ 화학필링 (Chemical Peeling)

피부 상태에 따라 약물을 이용하여 각질층 일부를 제거하는 치료로 화학 박피의 일종이다. 여드름이 얼굴 전체에 넓게 퍼져 있는 경우, 화학 박피술로 모공을 막고 있던 각질과 피지를 제거하여 피지 배출을 원활하게 하여 모공 내 염증을 완화시켜 준다. 다른 시술과 병행이 가능하고 통증이 거의 없다. 또한 시술이 간단하여 시술 후 일상생활에 지장이 없다.

A.H.A 필링(Alpha Hydroxy Acid peeling)

A.H.A는 여러 과일에서 구할 수 있는 천연 추출물로 과일산이라고도 하며, 필링의 강도는 농도(%), 산도(pH), 작용시간에 따라 달라진다. 수용성 각질제거제로 농도 조절이 자유롭고 안전하고 편리하여 가장 널리 사용되고 있으며, 각질 정돈과 잡티 및 탄력과 건조함을 개선해주는 효과가 있어 건성, 노화, 주름개선, 색소침착, 확장된 모공 피부 등에 적합하다.

- 글리콜릭산(Glycolic Acid, G.A)

  사탕수수에서 추출하는 Glycolic Acid는 분자량이 작아 피부 침투율이 높고 콜라겐 합성을 촉진하여 탄력에 효과적이다. 저농도(5~10%)는 각질제거, 피부 보습과 고농도(50~70%)는 세포 간의 결합을 파괴시켜 각질층과 표피 일부를 제거하는 효과가 있다. 노화, 건성, 여드름흉터, 색소침착 피부에 추천한다.

- 말릭산(Malic Acid)

  사과에서 추출하여 사과산이라고도 한다. 단독 사용보다 화장품의 pH 조절, 천연 방부제, 각질제 등으로 함께 사용되며 높은 농도로 사용 시 물집이 생길 수 있는 부작용이 있다.

- 락틱산(Lactic Acid, 젖산)

  발효된 우유에서 추출되는 Lactic Acid은 가벼운 각질 탈락과 피부 톤 및 피부 결을 개선시키고 보습력이 우수하여 미세주름에도 효과적이다.

B.H.A 필링(Beta Hydroxy Acid peeling)

살리실산(Salicylic acid, S.A)이라고 불리는 B.H.A는 각질 연화제로 지질에 친화력이 있어 모공 속까지 침투가 용이하고 모낭 안쪽의 각질과 블랙헤드를 제거해 주는 효과가 있어, 지성 피부, 여드름 피부의 치료에 많이 사용된다. B.H.A 필링는 바르는 횟수에 따라 강도를 조절하게 되는데, 이때 프로스팅(Frosting)현상을 관찰하면서 강도를 정한다.

TCA 필링(Trichloroacetic Acid peeling : 삼염화아세트산 필링)

TCA 필링은 단백질을 응고시키는 작용이 있는 TCA용액을 이용하여 피부를 필링하는 것으로 화학필링의 일종이다. 독성이 없어 다양한 농도로 사용되는 TCA 필링은 피부의 표피뿐만이 아니라 진피 상부까지 작용하여 노화된 각질을 제거하여 피부탄력, 여드름 흉터, 넓어진 모공, 색소침착 피부에 효과적이다.

필링제의 진피 내 침투 속도는 표피의 두께에 따라 개인차가 있으므로 프로스팅(Frosting)이 생기는 것을 관찰하면서 필링이 완성되었음을 알 수 있다

PCA 용액을 이용한 여드름 치료 방법으로는 CROSS 요법(Chemical reconstruction of skin scars)과 도트필링(Dot peeling)이 있다.

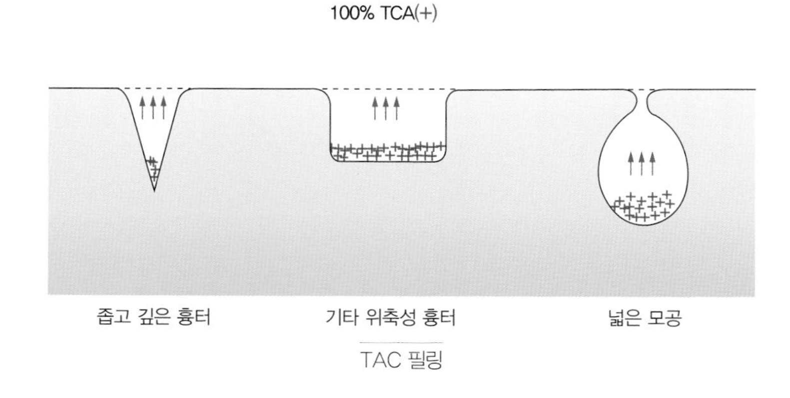

TAC 필링

• 도트 필링(Dot peeling)

흉터 밑바닥에 TCA 용액을 채워 넣어 부분적인 필링과 재생 과정을 통해 살이 차오르게 하여 흉터를 완화 시켜주는 방법으로 여드름 흉터, 수두자국, 상처로 인한 위축성 흉터, 깊은 모공 등 피부의 함몰된 부위를 국소적으로 피부 재생에 사용한다.

• CROSS 요법 (Chemical Reconstruction of Skin Scars)

CROSS 요법은 TCA 농도 80% 이상을 사용하는 화학적 피부 재생술로 주삿바늘을 이용하여 흉터 맨 아래 부분에 직접 용액을 주입하는 방법이다. 진피의 섬유아 세포를 자극하고 콜라겐 엘라스틴 합성을 증가시켜 흉터 바닥에 새살이 차올라 흉터를 메꿔주는 방법으로 여드름 흉터나 확장된 모공 피부에 주로 사용한다.

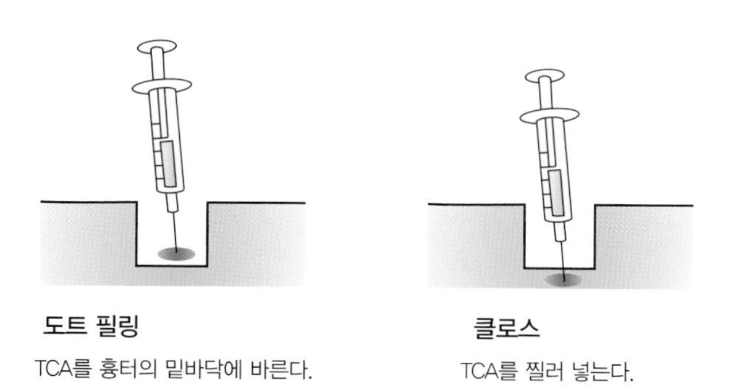

도트필링과 크로스 필링의 차이

해초 필링(Sea Herbal Peeling)

해초는 미네랄(Mineral)과 알긴산(Algilic Acid) 등이 많이 함유하고 있어 보습 및 재생에 도움을 주고 피부의 상처 회복과 항노화 효과에 도움을 준다. 또한 피지선의 피지 분비를 조절하고 피부에 영양을 공급하여 피부결을 고르게 한다. 깊은 바다에서 서식하는 해초에서 추출한 해초가루를 활성 용액과 섞어 마사지를 하면 피부의 죽은 세포와 침착된 세포를 벗겨 피부를 촉촉하고 투명하게 하는 필링 효과를 나타낸다. 해초필링의 강도는 해초가루의 양과 마사지의 압력, 시간에 따라 필링의 깊이와 강도를 조절할 수 있다. 여드름 흉터, 넓은 모공, 색소침착, 노화피부에 적용하며, 시술 후에는 충분한 수분 공급과 재생 화장품을 사용하고, 자외선 차단제를 반드시 바르도록 한다.

해초필링 장면

④ 레이저 박피(Laser peeling)

프락셔널 레이저(Fractional Laser)

프락셔널은 레이저 빔이 여러 개로 잘게 쪼개져서 나오는 것을 의미하는 것으로 미세한 마이크로 레이저 에너지가 표피를 통과하여 진피층 깊은 곳까지 전달시켜 표피와 진피를 동시에 치료해 주는 미세박피이다. 시술 후에 지속적인 치료 없이 빠른 재생과 뛰어난 효과를 기대할 수 있으며, 멜라닌 세포를 파괴하고 진피층의 콜라겐 수축 및 생성으로 피부 탄력과 잔주름 개선, 여드름흉터 및 수술흉터, 넓어진 모공 수축 등의 개선 효과가 있다. 프락셔널 레이저는 태우는 박피성과 안태우는 비박피성 레이져로 나눠는데 박피성 프락셔널 레이저에는 CO_2 레이저(CO_2 Laser), 어븀 야그 레이저(Erbium Yag Laser), 툴륨레이저(TM Laser), 알에프 레이저((RF Laser) 등이 있고, 비박피성 프락셔널 레이저에는 앤디야그레이저 (ND Yag Laser), 다이오드레이저(Diode Laser), 어븀글라스 레이저(Erbium Glass Laser) 등이 있다.

⑤ 재생 레이저

피부 재생 레이저는 진피층의 섬유아세포를 자극하고 콜라겐 생성과 엘라스틴 합성을 촉진하여 피부 재생을 도와 피부 탄력을 증진시킨다.

울쎄라(Ulthera)

초음파의 에너지를 집중적으로 한 방향으로 모아 열을 발생시키는 방식

써마지(Thermage)

고주파 에너지를 쏴주는 방식

벨로디(Belody)

진피의 섬유아세포에 레이저로 자극하는 방식

⑥ PDT 치료(Photo Dynamic Therapy)

빛에 반응하는 물질인 광감작제를 치료 부위에 바르고 침투시킨 뒤 특정 파장의 광선을 조사하여 원하는 세포만을 선택적으로 파괴시키는 광화학 요법이다. 도포 1~2시간 후 특정 파장의 빛을 쏘여 광감작제를 활성화시키면 피지선과 모공 속의 여드름 균을 선택적으로 파괴하고, 피지선 분비를 억제와 동시에 각질을 제거한다. 피지 배출을 원활히 하여 여드름 염증을 완화시키고, 모공 축소, 블랙헤드 제거, 홍조 개선에 효과가 있다.

현재 많이 사용하고 있는 광감각제로는 5-ALA(5-aminolevulinic acid) 및 MAL(methylaminolevulinic acid) 등이 있으며, 그중에서 5-ALA는 광원 (423nm/BLUE)과 상호작용하여 여드름균을 사멸시키는 효과를 가진다.

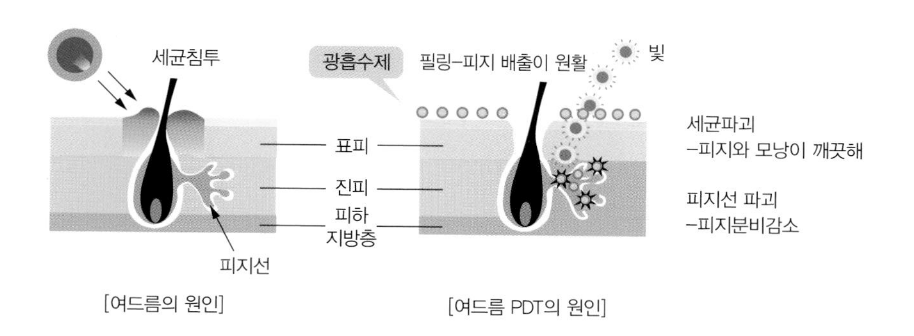

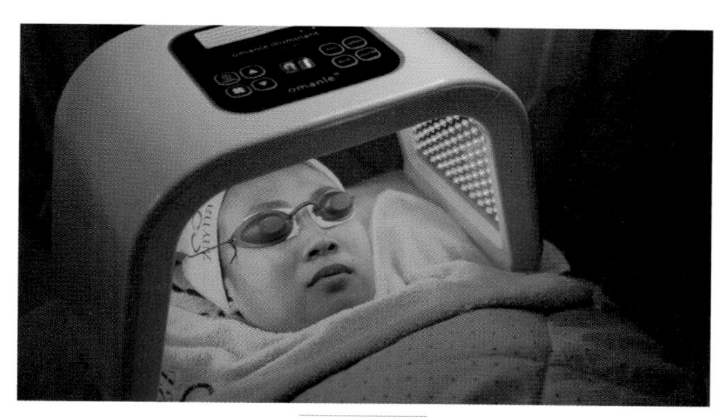

PDT치료 장면

⑦ 필러(filler)

필러는 함몰된 부분을 채워주는 시술로 주름, 여드름 흉터, 얼굴 윤곽 등을 교정하고 개선시키기 위해 외부 물질을 피부에 주입하여 주는 것이며, 주름개선이나 미용 목적으로 다양하게 사용된다. 필러의 주성분으로는 히아루론산(hyaluronic acid), 콜라겐(collagen), 칼슘(Ca), PCL(Polycaprolactone) 등이 있다.

(4) 여드름 제품 성분

① 센텔라 아시아티카(Centella Asiatica, 병풍추출물)

센텔라 아시아티카는 병풀에서 추출한 성분으로 상처 난 피부에 재생 효과가 뛰어나고 피부 보호막을 형성하여 거칠어진 손상 피부를 정상피부로 회복시켜주는 탁월한 효과를 가지고 있다. 또한 혈관의 결합조직을 강화하고, 콜라겐 형성을 증가시키며, 항산화 효능 효과가 우수하다. 일명 호랑이 풀이라고도 하며, 상처치료에 사용되는 마데카솔 연고의 주요성분으로 알려져 있다.

병풀

② 티트리 오일(Teatree Oil)

티트리 나뭇잎과 잔가지에서 추출한 오일로 추출방법은 주로 수증기 증류법을 이용한다. 박테리아 곰팡이균에 의한 염증에 대표적인 성분으로 항균, 항바이러스, 항진균제로 알려져 있다. 또한 면역력을 증가시키고 청량감도 부여한다. 살균과 소독작용이 강하여 민감성 피부에는 주의해야 한다.

③ 폴리페놀(Polyphenol)

천연 식물에서 추출한 대표적인 항산화물질로 활성산소를 억제하고 염증을 예방하는 항염 효과가 있다.

④ 비사보롤(Bisabolol)

카모마일에서 추출한 성분으로 알파 비사보롤 또는 레보메놀로 불리운다

항염증 및 항균 작용으로 여드름 화장품의 원료로 널리 사용되고 있고, 피부 자극을 완화하여 보습, 진정 및 피부 톤을 개선시키는데 도움을 준다.

⑤ 아줄렌(Azulene)

아줄렌은 카모마일에서 추출한 고순도의 성분으로 강력한 항염 및 항알러지 작용과 피부 진정 효과가 뛰어나다. 염증, 알레르기, 상처치유, 여드름 피부 등에도 많이 사용되고, 예민피부, 모세혈관 확장피부 등에 진정 및 보습효과로 널리 활용되고 있다.

카모마일

⑥ 알란토인(Allantoin)

알란토인은 사탕무, 상수리나무 등에서 추출하는 천연 물질로 세포의 활동을 활성화하여 세포 성장을 촉진시키고 피부치유 효과를 빠르게 한다. 뿐만 아니라 피부 염증 치료 및 항염 효과가 우수하고 피부 진정 및 완화 효과로 화장품 원료에 다양하게 사용된다.

⑦ 하마멜리스 추출물(Hamamelis extract)

하마멜리스 추출물, 일명 위치 하젤 (Witch Extract)은 근피(나무껍질)나 잎에서 추출하는 성분으로, 탄닌성분이 많이 함유하고 있다.

항박테리아, 살균, 소독 및 수렴작용이 있어 여드름과 피부염에 효과가 뛰어나고, 여드름 압출 후 상처 완화 및 홍반 감소 작용을 한다. 방부작용이 있어 화장품의 방부제 성분으로 많이 사용된다.

하마멜리스

⑧ 살비아 추출물(Salvia extract)

구 명칭은 세이지 추출물로 수렴 및 여드름 상처 치유 효과와 곰팡이 균에 의한 어루러기, 무좀 등의 항균작용이 우수하다.

살비아

⑨ 유황(Sulfur)

피부의 각질을 용해시켜주고 살균, 살충작용이 있으며, 피부 염증을 완화시켜 준다.

유황

⑩ 캄퍼(Camphor)

캄퍼는 사철나무, 녹나무 등에서 얻어지는 케톤 성분으로 피부의 수렴작용과 피지제거 및 방부 효과가 우수하고, 지성피부, 염증성 여드름 피부 등에 많이 쓰이는 성분이다. 주로 지성피부와 여드름 피부용 화장품의 클렌징 · 토너 · 상처크림 · 마스크 등에 함유하고 있으며, 향료로도 사용되고 있다.

캄퍼

1. 여드름 피부의 메디컬 치료제 중 벤조일 퍼옥사이드에 대해 설명하시오.

2. 여드름 필부의 필링 방법 중 글리콜릭산(Glycolic Acid, G.A)에 대해 설명하시오.

3. B.H.A의 대표적인 살리식산 필링에 대해 설명하시오.

4. PDT치료(광역동치료)를 설명하시오.

5. 도트필링과 크로스요법을 비교하여 설명하시오.

6. 여드름 치료의 주사 요법의 트리암시놀론(Triamcinolone)에 대해 설명하시오.

7. 여드름 피부의 화장품 원료인 센텔라 아시아티카(Centella Asiatica)에 대해 설명하시오.

정답 및 TIP

1 여드름 치료에 광범위하게 사용되는 외용제로 항균, 항산화 효과가 있고 사용 후 2주 정도 지나면 모공 속의 박테리아가 98% 정도 감소되는 것으로 되어 있다. 각질과 면포 용해작용이 있어 구진, 농포성 여드름에 주로 사용된다.

2 사탕수수에서 추출하는 Glycolic Acid는 분자량이 작아 피부 침투율이 높고 콜라겐 합성을 촉진하여 탄력에 효과적이다. 저농도(5~10%)는 각질제거, 피부 보습 효과가 있고, 고농도(50~70%)는 세포 간의 결합을 파괴시켜 각질층과 표피 일부를 제거하는 효과가 있다. 노화, 건성, 여드름흉터, 색소침착 피부에 추천한다.

3 살리실산(Salicylic acid, S.A)이라고 불리는 B.H.A는 각질 연화제로 지질에 친화력이 있어 모공 속까지 침투가 용이하여 모낭 안쪽의 각질과 블랙헤드를 제거해 주는 효과가 있으며, 지성 피부, 여드름 피부의 치료에 많이 사용된다. B.H.A 필링는 바르는 횟수에 따라 강도를 조절하게 되는데, 이때 프로스팅(Frosting) 현상을 관찰하면서 강도를 정한다.

4 PDT 치료(Photo Dynamic Therapy)
빛에 반응하는 물질인 광감작제를 치료 부위에 바르고 침투시킨 뒤 특정 파장의 광선을 조사하여 원하는 세포만을 선택적으로 파괴 시키는 광화학 요법이다. 도포 1~2시간 후 특정 파장의 빛을 쏘여 광감작제를 활성화시키면 피지선과 모공 속의 여드름 균을 선택적으로 파괴하고, 피지선 분비를 억제와 동시에 각질을 제거한다. 피지 배출을 원활히 하여 여드름 염증을 완화시키고, 모공 축소, 블랙헤드 제거, 홍조 개선에 효과가 있다. 현재 많이 사용하고 있는 광감각제로는 5-ALA(5-aminolevulinic acid) 및 MAL(methylaminolevulinic acid) 등이 있으며, 그중에서 5-ALA는 광원 (423nm/BLUE)과 상호작용하여 여드름균을 사멸시키는 효과를 가진다

5 도트 필링(Dot peeling)
흉터 밑바닥에 TCA 용액을 채워 넣어 부분적인 필링과 재생 과정을 통해 살이 차오르게 하여 흉터를 완화시켜주는 방법으로 여드름 흉터, 수두자국, 상처로 인한 위축성 흉터, 깊은 모공 등 피부의 함몰된 부위를 국소적으로 피부를 재생에 사용한다.

CROSS 요법(Chemical Reconstruction of Skin Scars)
CROSS 요법은 TCA 농도 80% 이상을 사용하는 화학적 피부 재생로 흉터 맨아래 부분에 주삿 바늘로 찔러 직접 용액을 주입하는 방법으로 진피의 섬유아 세포를 자극하여 콜라겐 엘라스틴 합성을 증가시켜 흉터 바닥에 새살이 차올라 흉터를 메꿔주는 방법으로 여드름 흉터나 확장된 모공 피부에 주로 사용한다.

6 염증성 병변으로 피부가 딱딱해졌을 때는 병변 부위에 식염수나 국소 마취제 등으로 희석한 트리암시놀론(Triamcinolone)을 직접 주입하여 증상을 완화시킨다. Triamcinolone는 피부나 근육에 오랫동안 남아 있어 지속적인 효과를 나타내는 것이 특징이다. 부작용으로는 일시적으로 피부가 위축되고 함몰될 수 있지만, 6~12개월 지나면 자연적으로 재생되어 원래의 피부 상태로 회복된다.

7 센텔라 아시아티카는 병풀에서 추출한 성분으로 상처 난 피부에 재생 효과가 뛰어나고 피부 보호막을 형성하여 거칠어진 손상 피부를 정상 피부로 회복시켜주는 탁월한 효과를 가지고 있다. 또한 혈관의 결합조직을 강화하고, 콜라겐 형성을 증가시키며, 항산화 효능 효과가 우수하다. 일명 호랑이 풀이라고도 하며, 상처치료에 사용되는 마데카솔 연고의 주요성분으로 알려져 있다.

2. 색소 침착 피부(Pigmentaion Skin)

1) 기미(Chloasma)

(1) 임상적 특징

기미는 다양한 원인으로 인해 표피의 기저층에 위치한 멜라닌 형성 세포(Melanocyte)에서 과도한 멜라닌(Melanin)이라는 색소를 만들어 피부에 침착되는 현상으로 이마, 뺨, 눈 밑, 코 등에 주로 나타난다. 색소침착의 깊이에 따라 색깔이 달라지는데 표피에는 갈색, 진피에는 청회색, 혼합형일 때는 갈회색으로 나타나며, 대부분 혼합 형태로 나타난다. 기미는 경계선이 뚜렷하지 않은 불규칙한 모양으로 흔한 색소침착 질환으로 임신한 여성이나, 경구 피임약 복용하는 여성, 난소질환이 있는 여성에게서 많이 발생한다. 뿐만 아니라 유전적 혹은 체질적인 요인에 의해 발생하기도 하고, 자외선의 노출, 스트레스, 간기능 이상, 흡연 등이 악화인자로 작용한다.

멜라닌 형성과정을 보면 티로시나아제(Tyrosinase) 효소에 의해 티로신(Tyrosin)이 도파(DOPA)로, 도파(DOPA)가 도파퀴논(DOPA-quinone)으로 전환되고 도파크롬(Dopa chrome)을 거쳐 멜라닌이 형성된다. 이 과정에 형성된 멜라닌은 각질형성세포로 이동하여 피부에 착색되게 된다. 이때 만들어진 멜라닌은 짙은 갈색의 유멜라닌(Eumelanin)과 붉은 색의 페오멜라닌(Pheomelanin)으로 나뉜다.

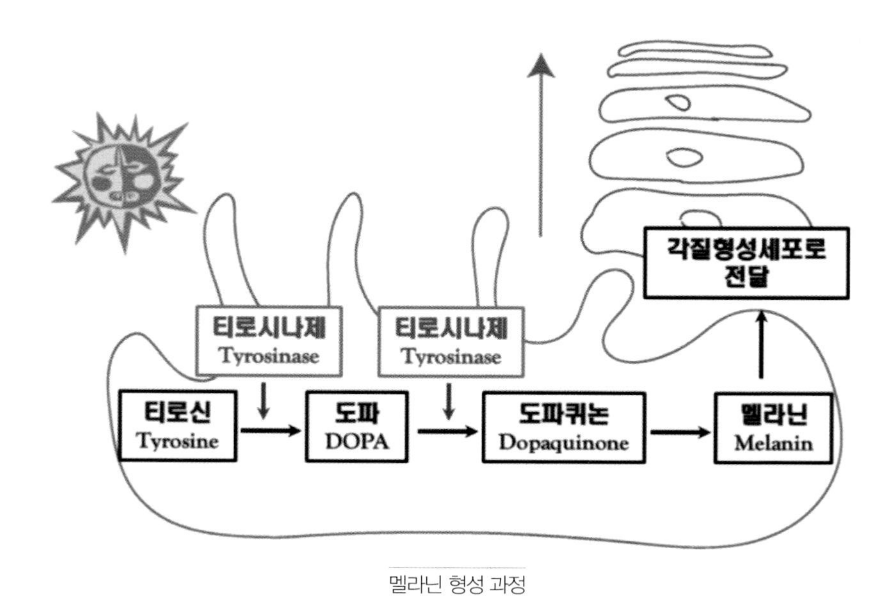

멜라닌 형성 과정

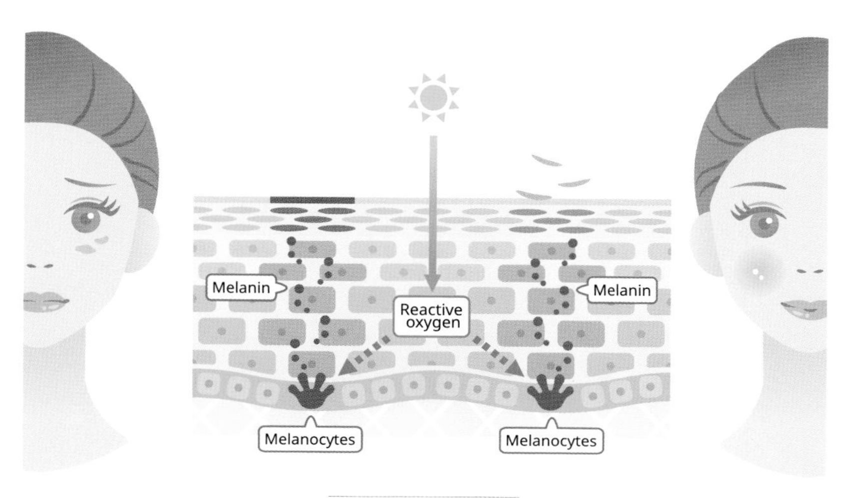

멜라닌 색소의 이동과정

(2) 기미 치료

① 국소치료제

하이드로퀴논(Hydroquinone)

야채, 과일, 곡식, 커피 등 많은 식물에서 천연적으로 발생하는 물질로 탈색 효과가 뛰어나 대표적인 미백 치료제로 널리 사용된다. 피부에 대한 자극이나 알레르기를 유발하는 특성이 있으며 FDA는 안전하고 효과적인 피부 미백제로서 2%를 허용했다. 4% 이상은 처방용이며 장기간 사용하면 다른 세포들에게 영향을 주어 독성을 일으킬 수 있고 백반증과 같은 부작용이 나타날 수 있다.

코직산(Kojic acid)

누룩곰팡이(Aspergillus)와 푸른 곰팡이(Penicillium) 같은 여러 진균에서 추출하는 코직산은 티로시나아제 반응 억제제(tyrosinase inhibitor)로 하이드로퀴논 다음으로 많이 사용되는 미백제이다. 코직산은 1~4% 농도로 사용되며, 하이드로퀴논에 대한 알레르기 반응이 있는 사람에게 대체 가능하지만 피부를 예민하게 하고, 접촉성 피부염을 유발시킬 수 있다. 현재는 단일 성분의 치료제보다는 글리콜릭산(Gllycolic Acid), 하이드로퀴논 등의 여러 가지 성분을 혼합한 미백 치료제품으로 시판되고 있다.

레틴산 (Retinoic acid)

Vitamin A의 유도체로 표피의 각화 과정을 조절하고 색소가 침착된 죽은 세포를 빠르게 제거함으로써 미백에 효과적이다. 부작용으로 홍반과 피부염을 유발하고 타자로텐(tazarotene)이 함유된 레티노이드와 하이드로퀴논, 트레티노인(Tretinoin) 0.05~0.1%와 함께 사용하면 치료 효과를 증진시킬 수 있다.

아젤릭산(Azelaic acid)

비듬 유발균(Pityrosporum ovale)에서 추출하고, 비독성 지방산으로 이상 각화를 호전시키고 티로시나아제 효소 억제, 멜라닌형성 세포의 증식을 억제하는 미백효과가 있다. 아젤레인산 20% 크림으로 처방되며 국소도포제로 광범위하게 사용되고 있다.

② 경구용 치료제

트라넥사민 산(Tranexamic acid)

프로스타글라딘(prostaglandin)의 생성을 억제하는 물질의 미백치료제로 색소 제거에 효과적이다. 지혈제로 개발된 트라넥사민산은 항염증, 항알레르기, 지혈, 편도염, 습진, 두드러기에도 널리 사용된다. 기미치료를 위해서는 하루 500~750mg 복용을 해야 하고, 15세 미만이나 와상 환자, 혈전증 환자, 신장기능에 이상이 있는 사람은 복용을 금지한다. 또한 2개월 이상 복용을 금하고 최소 2개월 이상 휴약기간을 가져야 한다

그 외에도 비타민 C, 비타민 B6 ,아미노산(L-시스테인), 코엔자임 A, 글루타치온 등과 함께 복용하면 높은 효과를 기대할 수 있다.

③ 외과적 치료

레블라이트 레이저(Revlitel Laser)

PTP(Photoacoustic therapy pulse) 기법으로 두 개의 빔이 연속으로 출력되는 고출력 에너지를 이용하는 색소 레이저이다. 짧고 약하게 조사하는 큐 스위치(Q-switch) 방식으로 532nm, 1064nm 2개의 파장이 사용이 가능하다.

레블라이트 레이저

큐스위치 앤디 레이저(Q switch ND YAG Laser)

532nm, 1064nm의 파장으로 색소만 집중적으로 제거하는 레이저로, 532nm는 표피층의 기미, 주근깨, 잡티 검버섯 등을 제거하고, 1064nm 파장은 진피층의 기미, 오타모반, 점 등과 같은 푸르거나 검은 병변을 치료한다.

듀얼 프락셀 레이저(Dual Fraxcel restore Laser)

피부 재생, 흉터 치료에 우수한 1550nm 파장의 프락셀에 색소 제거에 탁월한 1927nm 파장을 추가하여 표피와 진피의 색소를 동시에 치료가 가능한 레이저이다. 미국의 FDA에서 안정성 및 효과를 인정받아 레블라이트 토닝과 함께 기미와 색소 치료에 많이 활용된다.

툴륨레이저

1927nm 파장으로 상피조직에 없이 기미, 잡티 등의 색소성 병변을 치료한다.

IPL(Intense Pulsed Light)

아주 강하고 넓고 다양한 파장으로 복합적인 빛을 이용하여 병변을 치료하는 것으로 레이저가 아닌 광치료이다.

IPL의 파장 범위는 500～1200nm으로 다양한 병변을 치료가 가능하다.

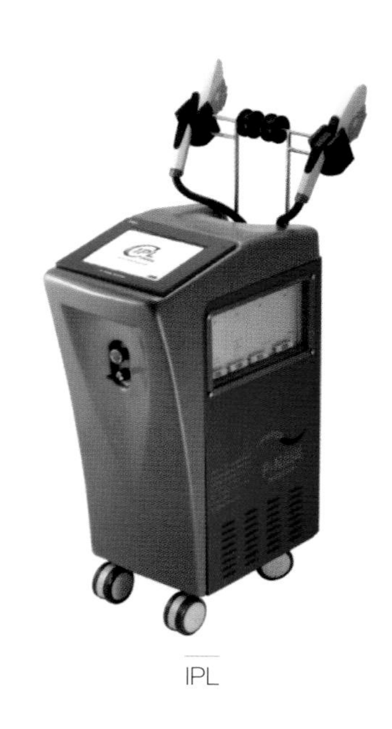

IPL

2) 주근깨(Freckle)

(1) 임상적 특징

지름이 1～3mm 정도의 크기로 주변 정상 피부와는 경계가 뚜렷한 황갈색의 작은 색소성 반점으로 색소가 몰려 있다.

발병 원인은 정확하게 밝혀지지 않았으나 유전적인 원인이 많고 주로 5세 이후 초등학교 연령층에 많이 생기고 사춘기를 지나 어른이 되면 많이 사라진다. 자외선이 약한 겨울에는 연한 황갈색으로 존재하다가 자외선이 강한 여름철에는 짙은 갈색으로 변화하는 것을 볼 수 있는데, 이는 자외선의 양과 밀접한 관련이 있음을 알 수 있다.

주로 햇빛에 노출된 부위인 뺨이나 팔의 윗부분, 앞가슴, 등 위쪽에 발생하고 흑인보다 금발이나 붉은 머리카락을 가진 백인에게 흔하게 나타난다.

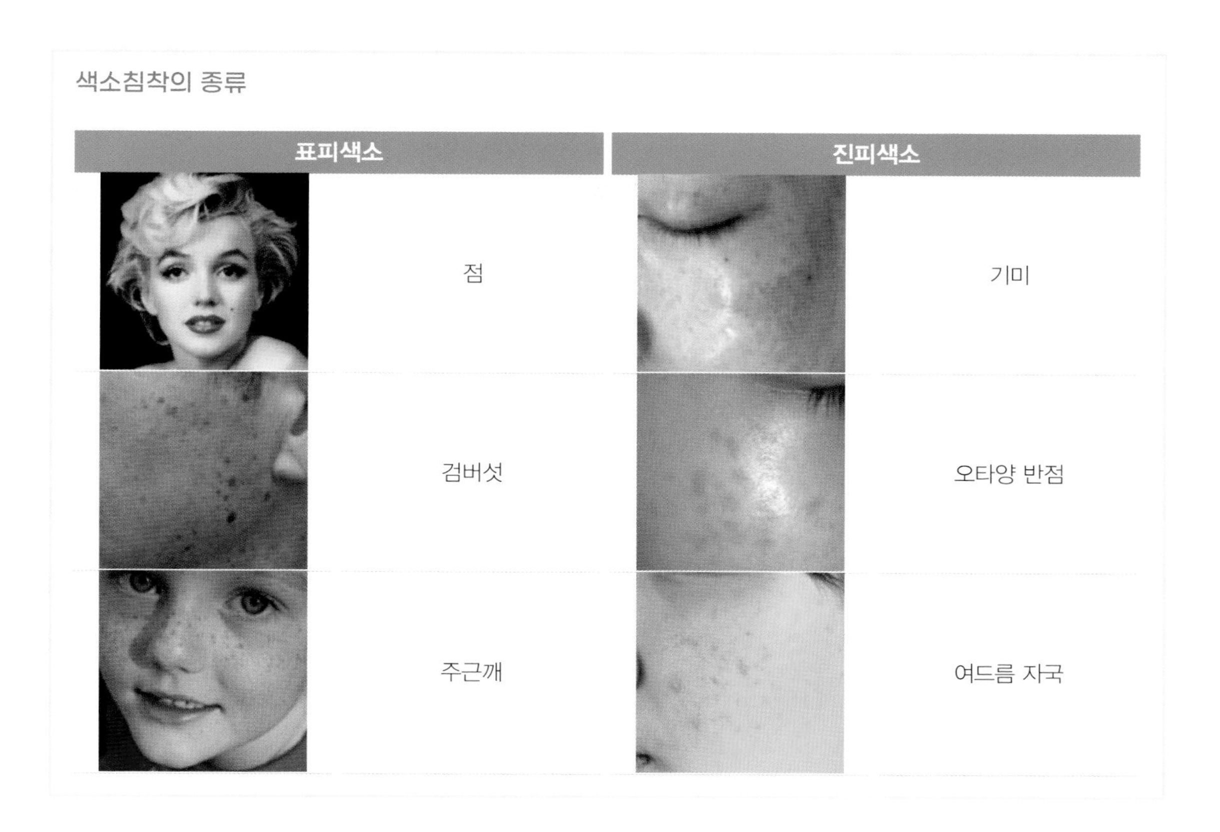

(2) 주근깨의 원인

Melanocortin-1-receptor 유전자의 변이와 연관성 있고, 표피의 멜라닌 형성 세포에서 멜라닌 분비가 증가하면서 발생되고, 자외선과 밀접한 관계가 있다.

(3) 주근깨 치료

p.109~111 기미 치료법 내용과 같다.

3) 검버섯(seborrheic keratosis)

(1) 임상적 특징

검버섯은 주로 노년기 때 생기는 대표적인 피부질환의 색소 반점이다.

노인성 변화라 할 수 있으며, 경계가 뚜렷하고 색이 명확해 육안으로 진단이 쉽고 얼굴, 흉부, 팔, 손등 많이 나타난다.

주로 원인은 노화와 자외선으로 멜라닌 형성 세포의 증식과 각질형성 세포 과다증식으로 색이 진하게 보이기도 하고 피부조직이 튀어나오기도 하는데, 편평한 검버섯을 일광흑자, 튀어나온 검버섯을 지루성 각화증이라고도 한다.

(2) 외과적 치료

① 탄산가스(CO_2) 레이저

10,600nm 파장의 레이저 빔으로 수분에 선택적으로 흡수되어 살아있는 피부조직을 정교하게 파괴시킬 수 있다. 치료의 정확도를 높이기 위해 헬륨 네온(HeNe)의 레이저를 가이드 빔으로 사용한다.

② 맥스지(MAX-G) 레이저

맥스지 레이저는 파장이 길고 피부 깊은 곳까지 일정하게 침투가 가능하여 색소 병변뿐만 아니라 홍조, 모세 혈관 확장, 혈관성 병변도 치료가 가능하다. 5℃ 지속되는 쿨링시스템으로 열 손상으로부터 피부를 보호하여 부작용과 통증을 줄일 수 있는 장점이 있다.

색소질환 치료에 효과가 있는 755nm 파장과 혈관에 효과가 있는 1064nm 파장 두가지를 모두 가지고 레이저이다.

③ 젠틀맥스 레이저

젠틀맥스 레이저는 효율적인 냉각장치가 가동돼 755nm의 높은 파장으로 깊이 침투된다.

그 외에도 루비 레이저, 피코 레이저, 여븀 야그레이저 등이 사용된다.

4) 오타모반(Nevus of ota)

(1) 임상적 특징

얼굴의 삼차신경이 분포하는 눈 주위를 포함한 뺨 주변에 청색의 또는 반점으로 나타나는 질환이다. 병변의 절반은 태어나면서 가지고 있는 경우도 있지만 나머지 절반은 사춘기를 지나면서 나타난다. 소아기를 지나면서 점차 색깔이 진하고 넓어지며 깊이에 따라 표재성의 갈색과 심재성의 청색이 있는데, 회청색, 흑청색 등으로도 나타나기도 하고, 한번 생기면 평생 없어지지 않는다.

(2) 외과적인 치료

오타모반은 색소가 진피층 깊숙이 퍼져 있어 국소도포제나 경구용 치료제 사용에는 효과가 거의 없다. 과거에는 고주파를 이용해 소식자를 고온으로 달구어 피부조직을 제거하는 방식의 전기 소작술이나 피부를 저온으로 냉각시켜 제거하는 냉동요법 등으로 치료하였으나 통증, 흉터와 같은 부작용이 많이 발생하여 최근에는 레이저를 이용한 치료법을 이용한다.

- 큐 스위치 엔디야그(Q-Switch-ND-YAG) 레이저
- 큐 스위치 알렉산드라이트(Q-SwitchAlexandrite)레이저

5) 점(Pigmented neus)

(1) 임상적 특징

점 세포가 모여 있는 위치에 따라 표피점, 진피점, 복합점으로 구분할 수 있으며, 점 세포는 멜라닌 세포와 같다고 알려져 있다. 점은 인체에 무해하며, 유년기에는 표피형, 성인이 되면서 진피형으로 성장기 신체 발육에 비례하여 점도 변화된다.

점은 여러 유형이 있는데 모세혈관이 한곳에 뭉쳐 확장된 것 모반(붉은 점)이 있고, 멜라닌 색소가 밀집되어 생기는 색소성 모반(검은 점)이 있다.

(2) 외과적 치료

점을 제거하는 방법에는 화학요법, 전기로 태워 없애는 방법, 외과적인 수술법 등이 있는데 요즘에는 주로 레이저를 이용하여 제거한다.

- CO_2 레이저
- 엔디야그(Q-Switch-ND-YAG) 레이저
- 어븀야그(Erbum Yag)레이저
- 롱 펄스 알렉산드라이트(Q-Switch Alexandrite)레이저
- 클라리티(Clarity) 레이저 : 강한 지능 냉기 시스템(ICD) 으로 점을 제거

6) 미백관리용 성분

(1) 자외선 차단제(Sunscreen)

자외선(Ultra Violet, UV)으로부터 피부를 보호하는 성분을 함유한 기능적인 제품을 말한다. 자외선 차단제는 함유 성분에 따라 두 종류로 나뉜다.

① 화학적 자외선 차단제

- 자외선을 흡수해 피부에 침투되는 것을 막아주는 방식
- 옥시벤존(Oxybenzone), 아보벤존(Avobenzone) 등 벤젠 계열의 유기화학물질

② 물리적 자외선 차단제

- 자외선을 반사, 산란시키켜 피부에 침투되는 것을 막아주는 방식
- 산화아연(Zinc Oxide), 이산화 티타늄(Titanium Dioxide)

무기화학물질

(2) 알부틴(Arbutin)

알부틴은 진달래과의 식물들에 존재하고, 특히 월귤나무(Bearberry)의 잎과 과실에 풍부하게 함유되어 있는 성분이다. 티로시나아제 활성을 저해하여 멜라닌 생성을 억제하고, 피부에 침착된 색소를 감소시켜 미백 효과에 탁월한 기능성 원료이다.

(3) 비타민C(Ascorbic Acid)

아스코르빈산은 티로시나아제 효소의 활성을 억제하여 미백효과 및 항산화 효과가 탁월하다. 또한, 콜라겐 합성을 촉진하여 주름개선 효과 및 항 노화 기능을 가진다.
비타민 E(Tocoperol)와 같이 사용 시 상승 효과를 준다.

(4) 나이아신마이드(Niacinamide)

나이아신마이드는 수용성 Vitamin B3로 녹색 채소류나 곡류 등에 많이 함유되어 있는 성분으로 식약청의 미백 고시 원료이다. 멜라닌이 멜라노 형성 세포(melanocyte)에서 각질형성 세포keratinocyte) 로 이동을 감소시켜 깨끗한 피부로 유지시켜주고, 피부세포를 활성화시켜 콜라겐 분비를 촉진시키는 효과로 노화 피부를 개선하는 데 도움을 준다.

(5) 유용성 감초 추출물(oil soluble Licorice extract)

감초 추출물의 구성 성분 중 하나인 글라브리딘(Glabridin)은 피부의 면역력 향상과 항염 작용이 뛰어나 여드름 제품에 사용될 뿐만 아니라, 티로시나아제 활성을 억제하여 멜라닌 합성을 차단하는 효과가 있어 미백 화장품에도 많이 사용된다.

감초

(6) 닥나무추출물(Broussonetia kazinoki Extract)

닥나무 뿌리에는 항산화 활성이 강한 플라보노이드, 유기산,탄 닌, 글리코사이드, 페놀류 등 20여 가지 성분이 함유되어 있다. 멜라닌 색소가 침착하는 것을 방지하여 기미, 주근깨 등의 생성을 억제하는 미백 효과, 항산화 효과, 보습효과가 있고, 콜라겐과 엘라스틴을 분해하는 효소들의 발현 및 활성을 방해하여 피부 노화를 예방한다.

(7) 상백피 추출물(Morus Alba Bark Extract)

상백피 추출물은 뽕나무의 근피에서 추출한 성분으로 아스코르빈산, 코직산, 알부틴, 하이드로퀴논, 글루타치온 등의 성분이 함유되어 있고, 비타민 C와 유사한 활성 성분으로 미백효과가 우수하다.

1. 멜라닌의 형성과정에 대해 설명하시오.

2. 색소침착 피부 치료를 위한 국소도포제 중 코직산에 대해 을 설명하시오.

3. 색소의 메디컬 치료 방법 중 내복약 트라넥사민산(Tranexamic acid)에 대해 설명하시오.

4. 검버섯 피부의 임상적 특징에 대해 설명하시오.

5. CO_2레이저에 대해 설명하시오.

6. 미백성분 중 나이아신마이드(Niacinamide)에 대해 설명하시오.

정답 및 TIP

1 멜라닌 형성 과정을 보면 티로시나아제(Tyrosinase) 효소에 의해 티로신(Tyrosin)이 1. 도파(DOPA)로, 도파(DOPA)가 도파퀴논(DOPA-quinone)로 전환되고 도파 크롬(Dopa chrome)을 거쳐 멜라닌이 형성된다. 이 과정에 형성된 멜라닌은 각질형성 세포로 이동하여 피부에 착색되게 된다. 이때 만들어진 멜라닌은 짙은 갈색의 유멜라닌(Eumelanin)과 붉은색의 페오멜라닌(Pheomelanin)으로 나뉜다.

2 티로시나제(tyrosinase)의 활성을 억제함으로써 하이드로퀴논 다음으로 많이 사용되는 미백제이다. 코직산은 1~4%의 농축액으로 하이드로퀴논에 대한 알레르기 반응이 있는 사람에게 대체 가능하지만 피부를 예민하게 하고, 접촉성 피부염을 유발시킬 수 있다. 현재는 단일성분의 치료제보다는 글리콜릭산(Gllycolic Acid), 하이드로퀴논 등의 여러 가지 성분을 혼합한 미백 치료 제품으로 시판되고 있다

3 프로스타글라딘(prostaglandin)의 생성을 억제하는 물질의 미백치료제로 색소 제거에 효과적이다. 지혈제로 개발된 트라넥사민산은 항염증, 항알레르기, 지혈, 편도염, 습진, 두드러기에도 널리 사용된다. 기미치료를 위해서는 하루 500~750mg 복용을 해야 하고, 15세 미만이나 와상 환자, 혈전증 환자, 신장기능에 이상이 있는 사람은 복용을 금지한다. 또한 2개월 이상 복용을 금하고 최소 2개월 이상 휴약기간을 가져야 한다. 그 외에도 비타민 C, 비타민 B6 ,아미노산(L-시스테인), 코엔자임 A, 글루타티온 등을 함께 복용하면 높은 효과를 기대할 수 있다.

4 검버섯은 주로 노년기 때 생기는 대표적인 피부질환의 색소 반점이다. 노인성 변화라 할 수 있으며, 경계가 뚜렷하고 색이 명확해 육안으로 진단이 쉽고 얼굴, 흉부, 팔, 손등 많이 나타난다. 주로 원인은 노화와 자외선으로 멜라닌 형성세포의 증식과 각질형성 세포 과다증식으로 색이 진하게 보이기도 하고 피부조직이 튀어나오기도 하는데, 편평한 검버섯을 일광흑자, 튀어나온 검버섯을 지루성 각화증이라고도 한다.

5 10,600nm 파장의 레이저 빔으로 수분에 선택적으로 흡수되어 살아있는 피부 조직을 정교하게 파괴 시킬 수 있다. 치료의 정확도를 높이기 위해 헬륨-네온의 레이저 빛을 가이드 빔으로 사용한다.

6 나이아신마이드는 수용성 Vitamin B3로 녹색 채소류나 곡류 등에 많이 함유되어 있는 성분으로 식약청의 미백 고시 원료이다. 멜라닌이 멜라노 형성 세포(melanocyte)에서 각질형성 세포keratinocyte) 로 이동을 감소시켜 깨끗한 피부로 유지시켜주고, 피부 세포를 활성화시켜 콜라겐 분비를 촉진시키는 효과로 노화 피부를 개선하는 데 도움을 준다.

3. 노화피부(Aging Skin)

1) 정의

노화는 인간이 나이가 들어감에 따라 조직의 기능적 능력이 전반적으로 퇴행하는 것으로 생물학적 기능과 스트레스에 대한 적응 능력이 감소하는 현상이다. 피부에서 나타나는 노화현상은 진피층의 섬유아세포 재생능력이 저하되어 콜라겐과 엘라스틴의 양이 감소하고 진피의 두께가 얇아지고 탄력이 저하된다. 따라서 표피의 각질형성 세포 분화력도 낮아져 각질층의 죽은 세포들이 쌓이면서 피부가 거칠어지고 주름과 색소들이 나타나게 된다.

피부 노화는 크게 내인성 노화(Intrinsic aging)와 광노화(Photoaging)로 구분한다.

내인성 노화와 광노화의 특징

내인성 노화(Intrinsic aging)	광노화(Photoaging)
진피의 두께가 감소	표피가 두꺼워짐
멜라닌 형성세포수 감소	멜라닌 색소 증가
섬유아세포 수 감소	면역세포수 감소
교원섬유와 탄력섬유의 변형	두껍고 깊은 주름 발생
	피부결이 거칠다

2) 노화의 원인

- 유전기인설
- 에스트로겐(Estrogen)의 감소
- 텔로미어(Telomere)의 불완전한 DNA복제
- 활성산소
- 자외선

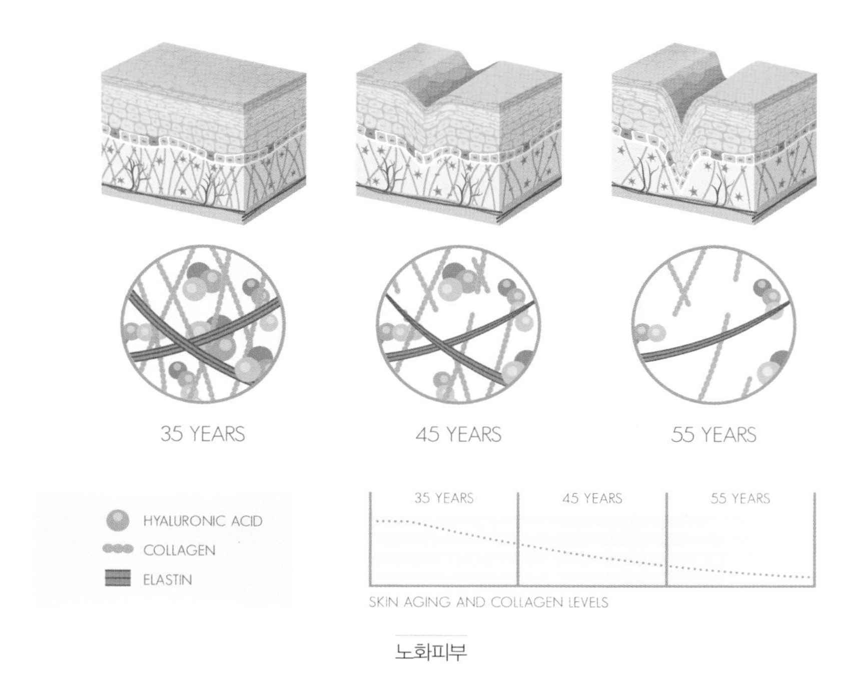

노화피부

3) 노화피부의 특징

- 각질층이 두꺼워진다.
- 피지 분비가 저하된다.
- 천연 보호막 형성이 저하된다.
- 유두층이 완만해진다.
- 수분과 영양 물질의 침투력이 낮다.
- 각화 주기가 느려진다.
- 탄력이 떨어진다.
- 혈액순환이 저하된다.
- 가성 주름과 진성 주름이 생긴다.
- 콜라겐과 엘라스틴의 변형이 온다.
- 색소가 생긴다.
- 섬유아세포의 수가 감소한다.

4) 주름(Wrinkle)

주름은 피부 노화의 전형적인 형태이다. 피부에서 나타나는 현상은 피지 생산과 수분이 감소하고, 진피 속 섬유아세포의 재생력이 저하되며 콜라겐과 엘라스틴의 합성이 둔화되고 교원섬유, 탄력섬유가 변성으로 경화되고 불용성이 된다. 피부 탄력 또한 현저히 저하되고, 피하지방의 감소로 피부가 접히면서 주름이 발생하게 된다.

인체 내의 프리래디칼(Free radical) 증가와 항산화 시스템의 약화, 호르몬 분비의 감소, 광노화 등 내인성, 외인성 다양한 요인에 의해 발생한다.

과도한 얼굴근육의 움직임으로 표정주름이 형성되기도 하고, 피부를 아래쪽으로 당기는 중력에 의해서도 주름이 악화되기도 한다.

5) 노화 및 주름 치료

(1) 국소도포제

① 레티노산((Retinoid acid) 크림

Vitamin A에서 의해 파생된 성분으로 레티노이드(Retinoids)가 산의 형태로 존재하고 있는 것을 레티노산((Retinoid acid)이라고 한다.

레티노산은 각질 용해 효과와 새로운 표피 구성물로 생성시키고, 섬유모 세포의 영양공급 증가로 콜라겐, 엘라스틴의 합성을 촉진시킨다. 또한 피부 노화 작용도 감소시켜 주름살을 예방하고, 광노화에 매우 효과적이다.

레티노산((Retinoid acid)은 트레티노인, 이소트레티노인, 아다팔렌 등과 같은 성분이 있는데 그 중에서 트레티노인은 광노화 치료제로 FDA 승인을 받았다. 대표적인 트레티노인 연고는 레틴A(Retin-A)크림, 스티바 에이(Srieva-A)크림, 레타크닐(Retacnyl) 크림 등이 있다. 부작용으로는 피부가 붉어지거나 벗겨질 수 있다.

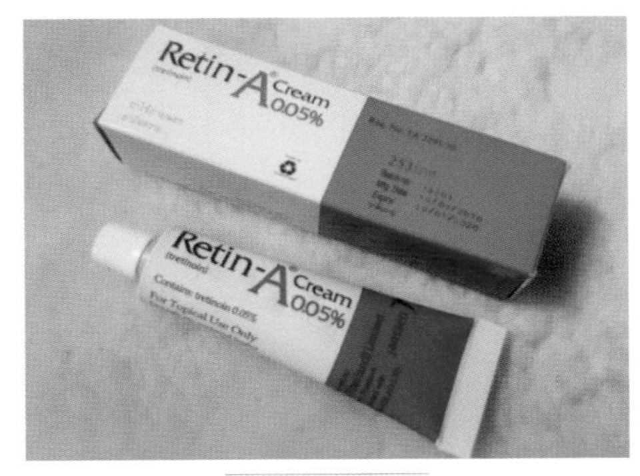

Retin- A Cream

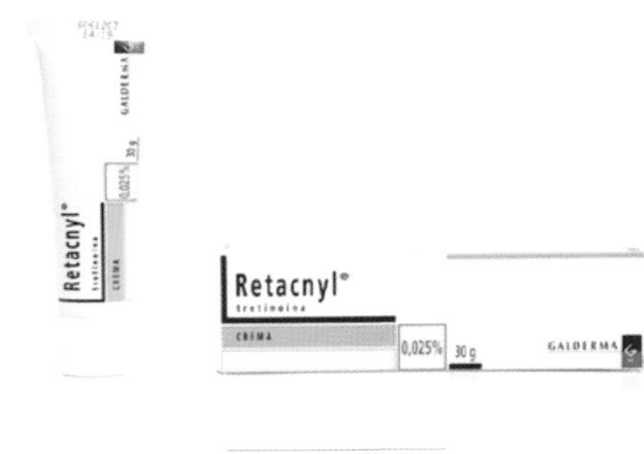

Retacnyl Cream

(2) 주사요법

① 리쥬란 주사(DNA)

리쥬란 주사는 연어에서 추출한 DNA(DeoxyriboNucleic Acid)로 DNA 주사, 연어주사, PDRN (polydeoxyribonucleotide) 주사 등 여러가지 명칭으로 불리운다.

PDRN는 저분자량의 DNA 복합체로 아데노신 수용체에 작용하여 혈관 내피 성장인자를 자극하여 DNA을 합성하고 상처치유를 촉진하는 물질이다. 리쥬란 주사는 피부 장벽을 튼튼히 하고, 잔주름, 탄력증진, 흉터개선, 피부 톤 개선 효과가 있으며, 부작용으로는 통증, 홍조 악화 등이 있다.

리쥬란 주사

② 백옥 주사(Glutathione)

백옥 주사는 글라이신, 시스테인, 클루타메이트 이 세가지의 아미노산으로 결합되어 있는 글루타치온(Glutathione) 성분의 단백질 주사이다. 글루타치온은 각종 독성 물질이나 바이러스의 해독 작용을 돕기 때문에 우리 몸의 면역 효소로 면역력 강화, 중금속 해독, 간 해독, 항산화 작용, 티로시나아제의 활성을 억제하여 피부 미백 효과, 노화 방지에 도움이 되는 것으로 알려져 있다. 부작용으로는 구토, 어지럼증, 오한 등이 있고, 심장이나 신장이 약한 경우에는 심혈관에 부담이 될 우려가 있다고 한다.

미국 톱가수가 이 주사로 피부 톤 개선에 효과가 있다고 해서 가수 이름이 붙여지기도 하였다.

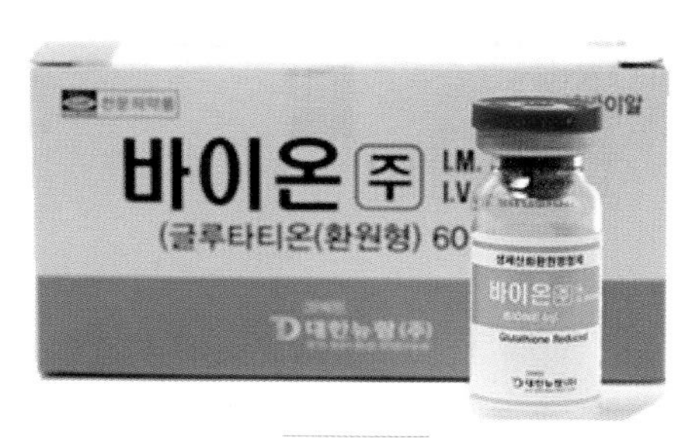

바이온 주사

③ 샤넬주사

샤넬 주사는 히알루론산, 비타민, 아미노산, 코엔자임, 글루타치온, 헥산 등 50여 가지 성분을 혼합한 주사요법이다. 섬유아세포 기능 회복과 피부의 촉촉함, 피부 광택 등 피부에 활력을 주어 피부를 건강하게 하는 스킨 부스터 역할을 한다. 즉각적인 효과가 있지만 지속시간은 짧은 것이 단점이다.

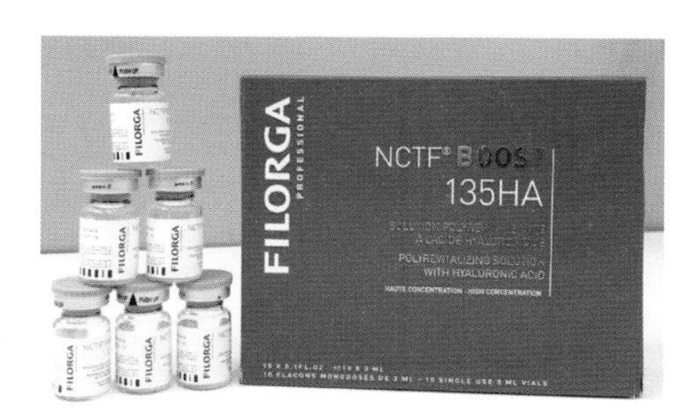

필로르가 주사

④ 마늘 주사(Fursultamine HCL)

마늘주사의 주성분은 푸르설티아민(Fursultiamine)으로 마늘의 알리신(Allicin)과 비타민 B1(티아민, Thiamine)이 결합한 영양 주사제이다

비타민 B1은 당분을 태우고 우리 몸의 피로 물질인 젖산을 다시 에너지원으로 바꿔 주는 작용을 하는 필요한 영양소로 수면 부족, 만성피로, 세포 대사와 에너지 생성, 스트레스로 인한 뇌기능 회복, 근력 저하 등에 효과가 있다.

주사를 맞고 난 다음 목 안에서 마늘 냄새가 난다고 해서 '마늘주사' 라는 별명이 붙여졌으며 혈관통이 있는 단점이 있다.

푸르설타민 주사

⑤ 신데렐사 주사(Thioctic acid)

신데렐라 주사는 알파 리포산(α-lipoic acid) 성분으로 일명 티옥틱산(Thioctic acid)산이라 불리며, Vitamin C와 Vitamin E, 플라보노이드에 비해 강력한 항산화력을 가진 주사제이다.

체내 활성 산소의 증가를 억제하여 인체 노화 및 피부 노화를 방지해 주는 효과가 있으며, 체내의 열 에너지 생산을 촉진하여 체지방 감소에 도움을 준다.

부작용으로는 울렁거림, 소화 불량, 두드러기, 가려움증, 어지럼증, 발한 등이 있다.

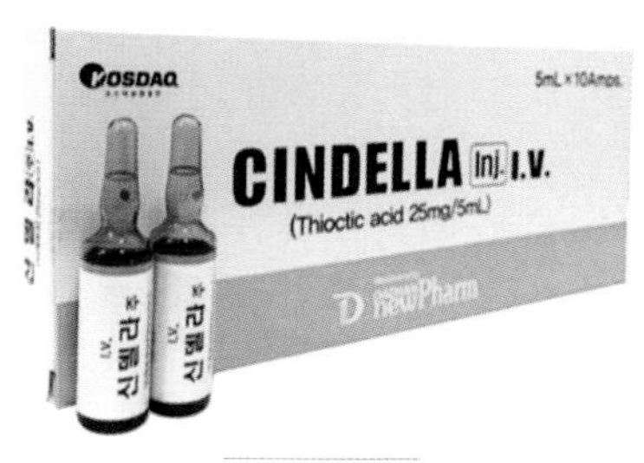

신데렐라 주사

⑥ 태반 주사(Placenta)

태반에는 각종 성장인자(Growth Fctor) 및 아미노산, 펩타이드, 미네랄, 핵산, 지질, 여성 호르몬 등 다양한 성분인 함유되어 있는데 혈액과 호르몬을 제거한 뒤, 단백질을 아미노산으로 분해하여 사용하는 주사요법이다. 피부과 영역뿐만이 아니라 안티에이징 화장품에도 광범위하게 사용되고 있다.

주사 기간은 치료 목적에 따라 다르며 보통은 8주 정도가 소요되며, 1주일에 1~2회씩 처음 4주는 초기요법으로 나머지 4주는 유지요법이 적용된다.

태반주사의 효과로는 활성산소를 예방하여 항노화 작용, 갱년기 장애 개선, 통증 개선, 면역력 증강으로 만성피로 개선, 간 기능 활성화, 피부 미백효과, 피부 보습과 잔주름 개선 등이 있다.

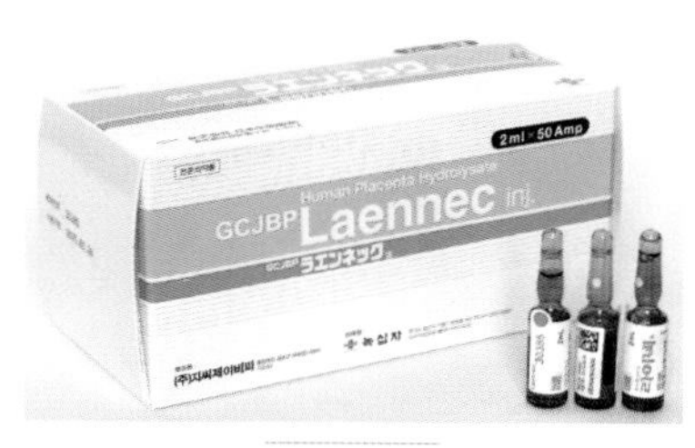

라이넥 주사

⑦ 성장호르몬 주사(Growth hormone)

체내의 성장 호르몬은 20대 이후부터 매 10년마다 약 14%씩 급격히 감소하여 피부 탄력 저하, 체지방증가, 내장비만, 골밀도 감소 등이 나타나게 된다.

신체 성장 저하의 치료로 사용되어 왔던 성장호르몬은 최근 들어 안티에이징(Anti-aging) 요법으로 각광받고 있으며, 적정 농도의 성장호르몬을 투여하게 되면 지방분해 활성화, 불면증 개선, 복부 사이즈 감소, 피로 회복, 근육량 증가 등 뛰어난 치료 효과를 나타낸다.

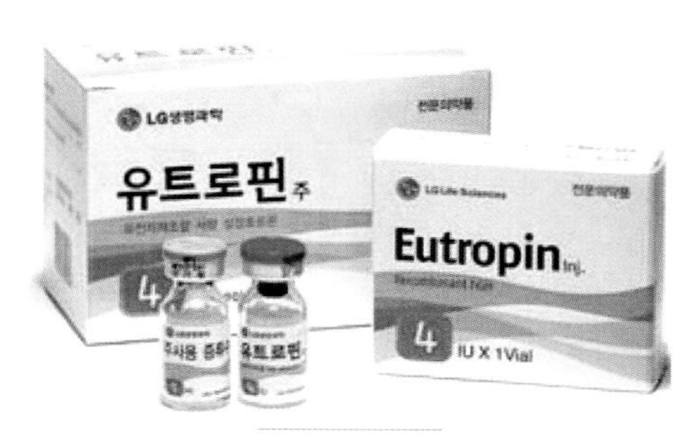

성장호르몬 주사

⑧ 보톡스(Botox)

클로스트리듐 보툴리눔(Clostridium botulinum)이라는 세균에서 추출한 독소를 근육에 주입하여 근육을 선택적으로 마비시킴으로서 주름을 개선하고 근육을 축소하는 효과가 있다. 이마, 눈가나 양미간 사이의 주름, 사각 턱 등을 얼굴의 부분적인 부위를 대상으로 시술하고 다른 치료법과 병행하여 시술할 수 있다.

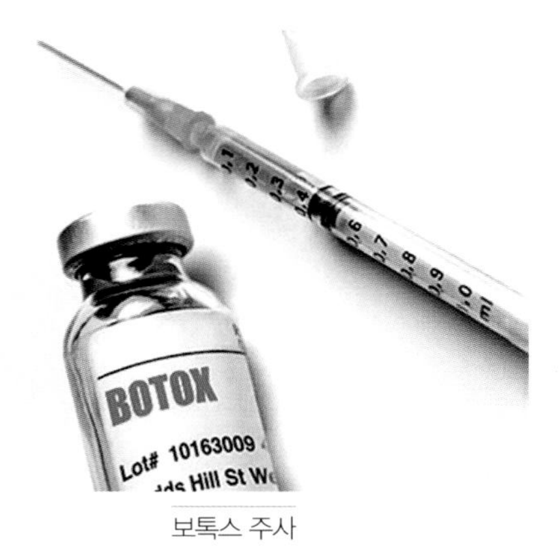

보톡스 주사

(3) 필러

주름이 있거나 함몰된 부분을 채워줌으로써 피부의 입체감과 볼륨감을 주고 원하는 모양을 만들어 주름을 완화시킬 수 있는 시술이다.

필러 성분은 여러 종류가 있는데 그중에 대표적인 성분은 히알루론산(hyalulonic acid)이다. 히알루론산은 진피의 구성 성분으로 피부에 부작용이 거의 없고, 히알루로니다제(Hyaluronidade) 효소을 이용하여 분해, 제거하여 수정 복원이 가능하다

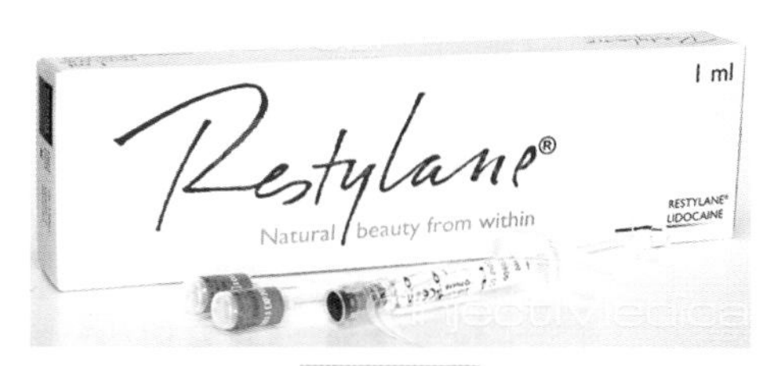

레스틸렌 필러

(4) 박피(Peeling)

각질을 벗겨 얇게 생긴 가성 주름개선 및 콜라겐 생성을 촉진하는 등의 효과로 주름을 완화시킬 수 있다. 화학 박피술로는 AHA, BHA, TCA 등이 쓰이고 피부 상태에 따라 어떤 종류의 약물을 사용할지 정하고 각 성분의 농도(%), 산도(pH), 작용시간에 따라 박피의 강도를 조절하여 시술한다.

(5) 레이저시술

레이저로 피부조직에 열을 가해 미세하게 피부 표면을 깎아 내고 타이트한 피부조직을 유도하고 진피의 콜라겐 합성을 증가시키는 CO_2 레이저나 어븀 레이저 시술을 한다.

현재 레이저의 제조 기술이 향상되면서 부작용은 최소화하고, 효과는 극대화하는 업그레이드된 장비들이 계속 출시되고 있다. 예를 들면 고주파와 초음파가 복합적으로 장착된 기기(V-RO, 브이로 리프팅)와 고주파가 장착된 기기 레이저와 초음파가 장착된 기기 등이 사용되고 있다.

(6) 써마지(Thermage CPT)

비절개 시술로 고주파(RF) 에너지가 진피까지 도달하여 열을 발생시키고 피부 속 콜라겐이 재생될 수 있도록 유도하여 전체적인 탄력과 타이트닝 효과 및 주름을 개선시켜 주는 안티에이징 시술이다.

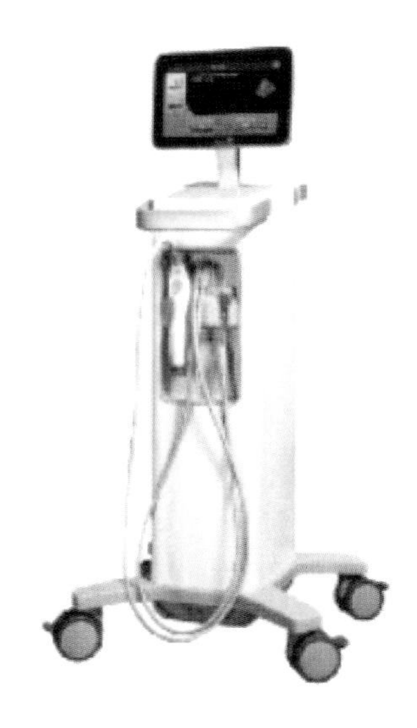

(7) 울쎄라(Ulthera)

비수술적 울쎄라는 고강도 초점식 초음파 에너지를 특정 부위에 집중시켜 열을 발생시키는 방식으로 절개 없이 리프팅 및 탄력 증대를 높일 수 있는 장비이다.

고열을 이용해 조직을 응고시키는 HIFU(High Intensity Focused Ultrasound)를 사용하며, 열 응고점을 만들어 늘어진 조직을 응고시켜 늘어진 피부를 효과적으로 당기고 주름을 개선할 수 있다. 울쎄라는 근막층(SMAS)까지 도달할 수 있는 것이 특징이 있고, 모니터를 이용해 피부 속 구조를 관찰하면서 시술할 수 있는 장점이 있다.

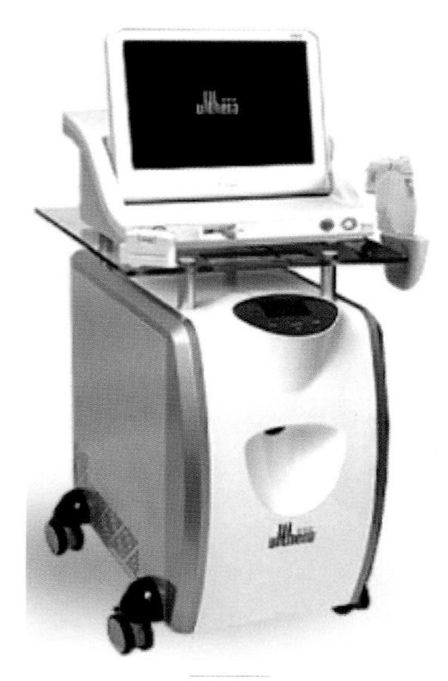

Ulthera

5) 주름개선용 화장품 성분

① 아데노신(Adenosine)

아데노신(Adenosine)은 인체 세포 내의 구성 성분 중 아데닌(Adenine)과 리보스(Ribose) 을 결합한 유기 화합물로 RNA · ATP 등의 많은 조효소의 구성 성분으로 동 · 식물 미생물 등의 세포에 존재하는 아미노산 계열의 단백질 성분이다.

피부에 침투시 안정성과 지속력이 우수하고, 빛이나 열에도 안정성을 보유한다.

또한 콜라겐 합성 촉진, 세포 자생력 증강 및 세포증식에 도움을 주어 세포의 항상성을 유지시켜 주고, 피부 탄력을 강화하여 주름을 개선시키는데 도움을 줄 뿐 만 아니라 항염 기능 및 상처치유 효과도 뛰어나다.

아데노신은 식약처에 고시된 주름개선 기능성 원료이며 화장품에 0.04%를 첨가하면 주름개선 기능성 화장품으로 인정받을 수 있다.

② 아세틸 헥사펩타이드(Acetyl Hexapeptide 또는 Argieline)

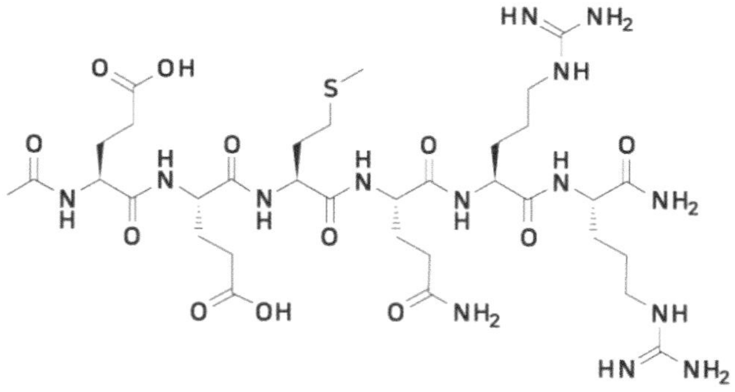

아세틸 헥사펩타이드는 근육이 수축시키는 신경전달물질인 아세티콜린의 분비를 한시적으로 차단하고, 아드레날린(adrenalin), 노르아드레날린(noradrenalin) 등의 카타콜아민(catecholamines)의 분비를 조절하여 얼굴의 표정 등에서 발생되는 주름을 완화시켜준다. 또한 근육을 이완시키고, 콜라겐 구조 변성을 예방하고 엘라스틴의 파괴를 막아, 주름개선 노화 방지, 피부 탄력에 효과적이다.

아세틸 성분으로 인해 피부에 흡수가 더 용이하게 하고 아세틸 헥사펩타이드가 신경전달을 일으키는 보톡스 단백질과 유사한 기능을 한다고 하여 일명 '보톡스 펩타이드' 라고도 한다.

③ 레티놀(Retinol)

레티놀은 비타민 A의 한 종류로 순수비타민이라 하며 생체에서 레티날(retinal) 및 레티노익산(retinoic acid)으로 변환된다. 생체 내에서 세포의 정상적인 분화와 뼈, 이, 머리카락, 손톱 등의 성장 유도에 필수적인 성분의 레티놀은 피부세포의 분화를 촉진하고, 주름에 영향을 주는 콜라겐과 탄력을 관장하는 엘라스틴 등의 생합성을 촉진하여 주름을 감소시키고 탄력을 증대시키는 효능이 있다. 그러나 과도하게 사용할 경우 피부 방어막의 손실로 각질이 빠르게 탈락되고, 따끔거림, 모세혈관 확장, 홍반 등이 발생할 수 있다.

④ 성장인자(Growth factor)

세포 호르몬의 일종으로 성장인자는 세포분열 및 분화에 중요한 역할을 하는 단백질로 세포에 영양을 공급하여 건강한 피부를 만들어주는 물질이다. 성장인자를 피부에 적용 시 탄력성을 향상시켜 주고 피부 재생을 촉진시킨다.

4GF(EGF, FGF, IGF, KGF)란 EGF를 비롯한 FGF, IGF, KGF의 대표적인 성장인자의 종류이며, 4GF 성분이 첨가된 화장품은 수분, 보습은 물론 탄력, 재생크림으로 사용된다. 세포에서 추출한 다양한 성장인자를 활용한 피부 재생 솔루션을 사용하고 있으며, 각종 피부 치료 후에 피부에 직접 적용하여 펩타이드 등 유효성분의 침투로 인하여 미백, 색소침착, 항염, 항산화 작용을 나타내며 피부 재생을 도와준다.

⑤ 항산화제(비타민 C, E, 베타 카로틴)

우리 몸은 대사과정을 통해 만들어지는 부산물 중 하나인 활성산소(reactive oxygen species, ROS)가 끊임없이 발생하게 되고, 나이가 들어감에 따라 더 많은 활성산소가 만들어진다. 활성산소가 많아질수록 피부노화가 촉진되고 주름 형성도 빠르게 진행될 뿐만 아니라, 피부의 면역력이 저하되어 아토피와 같은 피부질환을 일으키기도 한다. 활성산소의 발생 원인은 스트레스, 자외선, 방사선, 흡연, 음주, 염증, 가공식품, 과로, 만성질환 등이 있는데, 이러한 유해산소인 활성산소로부터 세포와 DNA을 지키는 역할을 하는 것이 항산화제이다.

피부에 있어서 항산화제의 대표적인 작용은 주름 개선에 효과적이다. 항산화제로는 비타민 C, 비타민 E(토코페롤), 카로티노이드류(베타카로틴, 라이코펜, 루테인), 플라보노이드류(안토시아닌, 카테킨, 레스베라트롤, 프로 안토시아니딘), 이소플라본류(제니스테인, 다이드제인) 등이 있다.

4. 예민 피부(Senstive Skin)

1) 예민 피부의 정의

예민 피부는 표피의 각화주기가 빠르게 진행되어 각질층이 얇아지고 면역기능이 저하되면서 경미한 자극에도 민감하게 반응하여 피부 병변을 일으키는 피부이다.

표피의 각질층은 정상 피부의 경우 20~25층으로 이루어져 있고, 외부의 유해요소로부터 피부를 보호하는 물리적 방어막 역할을 한다.

각질층의 피부 장벽 기능저하로 각질층이 손상되면 아미노산, 세라마이드, 콜레스테롤 등의 천연보습인자(Natural Moisturerizing Factor, NMF)와 수분 손실 등이 많아져 여러 형태의 피부 반응현상이 나타나게 된다.

각질층이 정신적, 체질적, 환경적 요인 등에 의해 자극을 받아 피부 밖으로 빠르게 탈락되면 각질층이 얇아지고 외부의 자극과 물질의 침투를 막아내지 못한다. 이때 피부는 각질 보호막이 깨지면서 외부에 대한 저항력이 현저히 떨어지고, 예민해지면서 피부의 트러블을 일으키게 된다.

예민 피부의 종류에는 홍반성 피부(Couperosis Skin)와 알레르기성 피부(Allergy Skin) 두가지로 나뉜다. 붉은 홍반성 피부에는 만성적 붉음증(Erythrosis), 홍반(Erythema), 주사(Rosacea), 모세혈관 확장증(Telangiectasia)등이 있고, 알레르기성 피부에 따라 접촉성 피부염(contact dermatitis), 아토피성피부염(Atopic dermatitis)등이 있다.

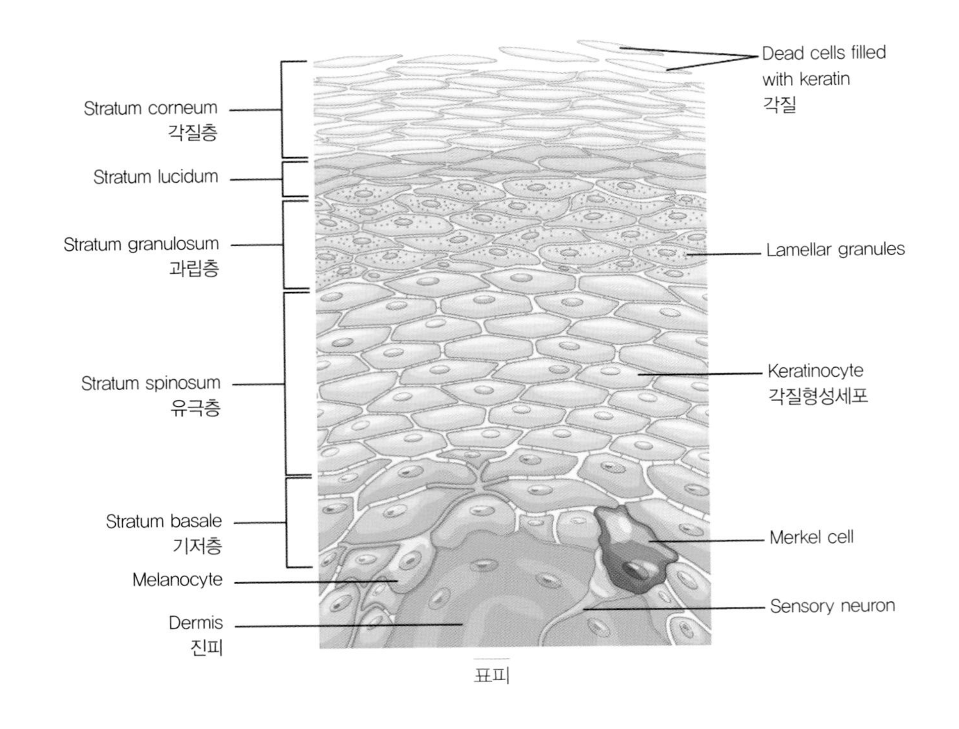

Dead cells filled with keratin
각질
Stratum corneum
각질층
Stratum lucidum
Stratum granulosum
과립층
Lamellar granules
Stratum spinosum
유극층
Keratinocyte
각질형성세포
Stratum basale
기저층
Merkel cell
Melanocyte
Sensory neuron
Dermis
진피

표피

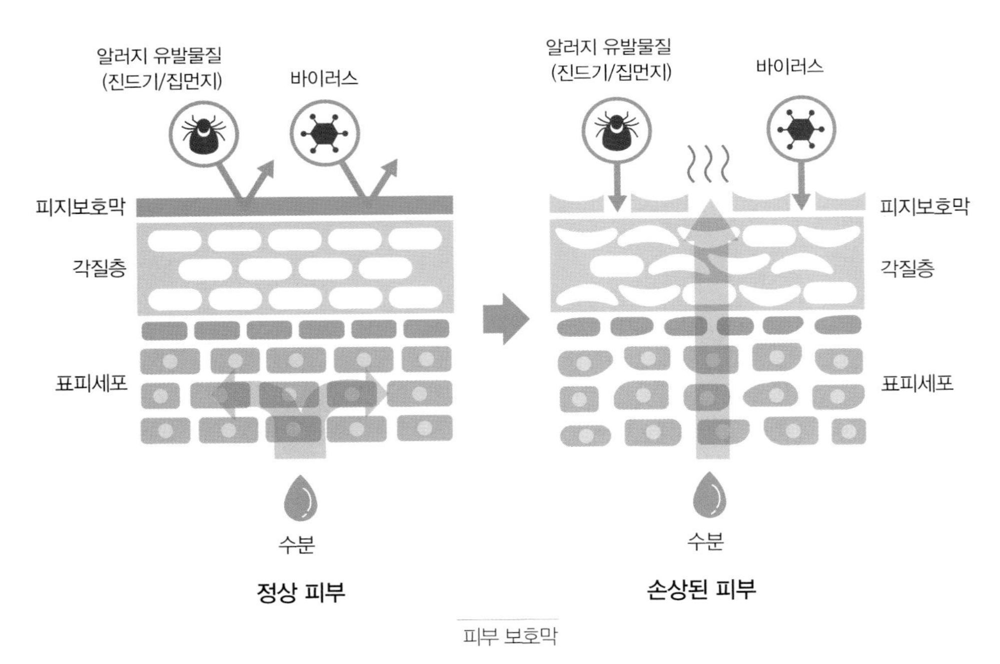

알러지 유발물질
(진드기/집먼지)
바이러스
피지보호막
각질층
표피세포
수분
정상 피부
알러지 유발물질
(진드기/집먼지)
바이러스
피지보호막
각질층
표피세포
수분
손상된 피부

피부 보호막

2) 예민 피부의 원인

예민 피부의 원인은 매우 다양하다.

선천적으로 하얀 피부는 피부가 얇고 면역력이 약하며, 혈관벽의 탄력성이 약해 모세혈관이 눈에 띄는 민감한 피부를 가지는 것이 특징이다.

예민피부의 발생 원인으로는 심리적인 요인, 체질적인 요인, 환경적인 요인으로 나눌 수 있다.

심리적 요인은 스트레스, 과로, 수면 부족, 임신, 폐경 · 갱년기, 호르몬의 변화 등이 있는데 임신 중에는 살이 찌고 혈관 장애로 인해 모세혈관이 얇아지면 피부가 민감해진다. 여성의 대부분은 40~50대가 되면 폐경과 갱년기를 겪게 되면서 노화가 가속되는 것을 경험하게 된다. 이때 피부는 건조해지고 얇아지면서 심한 당김 현상과 홍조, 작열감이 나타나기도 하는데, 이러한 증상은 환절기에 많이 발생하면서 일정기간 지속된다. 갱년기의 불안감이나 우울증 등 심리적인 요인으로 피부 상태가 악화되면서 피부가 갈라지고, 예민성, 과민성, 악건성의 피부로 변하게 된다.

체질적 요인에는 식품, 식생활, 화장품 등이 있다. 지방이 많이 함유된 음식을 섭취할 경우, 지방 및 당대사 조절 호르몬으로 알려진 아디포넥틴(adiponectin)의 유전자가 감소되고 민감성 피부의 주요 증상인 통증이 유발된다.

또한 활성 성분인 높은 기능성 화장품을 일정기간 사용하다 보면 각질이 많이 들뜨는 경우가 있는데, 이때는 각질층의 항상성이 유지되지 못해 피부가 푸석거리고, 당기고, 가려움, 홍조 등 예민 피부의 전형적인 증상이 나타난다. 식품 중에는 새우, 홍합, 호두, 땅콩, 우유, 계란 등의 알러지를 유발하는 식품이 있는데 확인하고 피하는 것이 좋다.

환경적 요인에는 각종 공해, 자외선량의 증가, 생활환경의 변화, 환절기 등이 있다. 피부가 강한 자외선에 오랫동안 노출되면 피부에 열이 발생하고 수분증발량이 높아지면서 피부의 면역력이 저하된다. 자외선이 강한 여름철에 피부를 자극시키지만 추운 겨울철에 사용하는 24~30℃의 난방기 사용도 자외선 못지 않게 피부를 건조하게 하고 자극시킨다. 자외선이나 난방기 등 외부환경에 오랫동안 노출되면 예민피부는 더욱 악화되어, 가려움증, 염증 등의 심한 병변을 일으킬 수 있다.

또한 환절기에는 유 · 수분 함유량이 10% 이하로 급격히 떨어져 유 · 수분의 균형이 깨지게 되는데, 이때 피부는 번들거리지만 푸석거리고 건조하며 예민해진다.

그 외에도 예민 피부를 악화시키는 요인은 강한 각질제거를 자주 사용하거나 잦은 레이저 시술, 사우나, 흡연, 무 절제된 음주, 과도한 운동, 비누 사용 등이 있다.

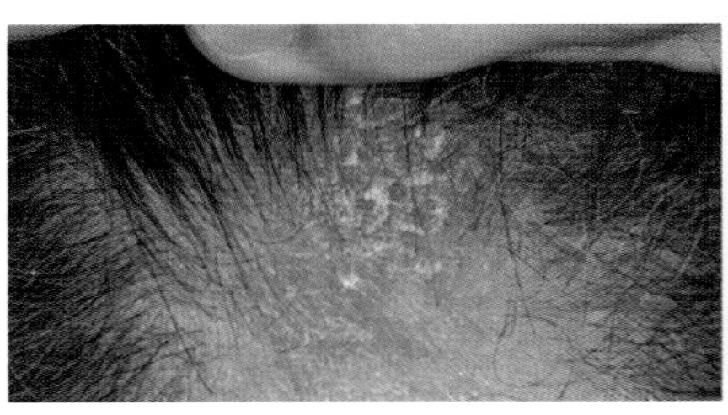
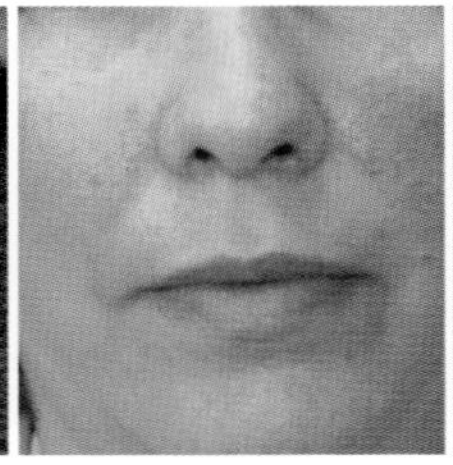
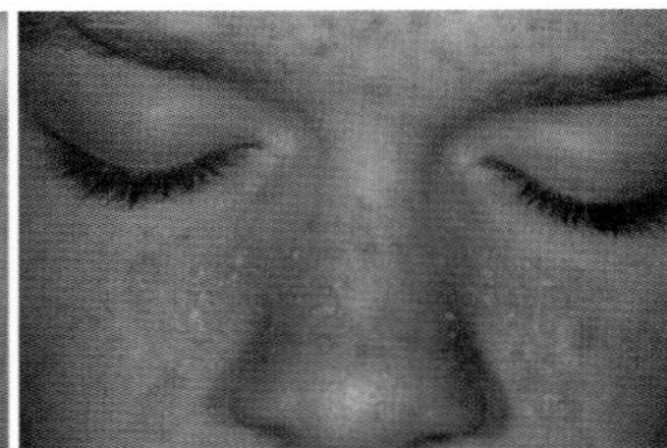

예민 피부

2) 예민 피부의 주요 증상

- 항상 각질이 들떠 있다.
- 피부가 건조하고 당긴다.
- 피부가 가렵고, 얼굴이 쉽게 붉어진다.
- 자주 따갑다.
- 날씨가 더우면 쉽게 붉어진다.
- 화장품을 사용해도 당긴다.
- 외부 온도가 높으면 가렵고 심하게 당긴다.
- 얼굴에 모세혈관이 보인다.
- 갑자기 뾰루지가 나기도 한다.
- 면역력이 약해서 알레르기 증상이 자주 발생한다.
- 피부가 붉어졌던 부위에 색소침착이 보인다.

3) 외과적 치료

외과적 치료의 약물요법은 주로 알레르기성 피부에 해당하는 아토피성 피부염(Atopic dermatitis)과 접촉성 피부염(contact dermatitis)에 적용한다.

(1) 약물 치료제

① 국소면역조절제(국소칼시뉴린억제제)

- 타크로리무스(tacrolimus)
- 피메크로리무스(pimecrolimus)

② 국소스테로이드제제

- 히드로코르티손(hydrocortisone)
- 프로피온산덱사메타손(Propioniate Dexamethasone)
- 길초산초산프레드니솔론(Prednisolonevalerate acetate)

③ 전신 면역억제제

- 사이클로스포린(cyclosporin)
- 아자티오프린(azathioprine, AZA)
- 메토트렉세이트(methotrexate, MTX)
- 마이코페노레이트 모페틸(mycophenolate mofetil, MMF)
- 인터페론 감마(interferongamma, IFN−r)

④ 항히스타민제

- 로라타틴(Loratadine)
- 세티리진 (cetirizine)
- 클로르페니라민(Chlorpheniramine)
- 펙소페나민(fexofenadine)

⑤ 항바이러스제제

- 아시클로버(Aciclovir)
- 리바비린(ribavirin)
- 팜시클로버(Famciclovir)

(2) 광선 치료 (Light Therapy)

광선 치료란 자외선을 이용하여 피부 병변을 치료하는 방법으로 광치료(phototherapy), 또는 광화학 요법(photochemotherapy, PUVA)이라고도 한다.

자외선의 파장은 UVA(320~400nm), UVB(290~320nm), UVC(200~290nm)로 나뉘는데, UVA · UVB 파장을 이용하여 피부질환 치료에 사용되며, 최근에는 UVB 파장을 이용한 광선치료가 가장 많이 사용된다.

광선 치료는 솔라렌(psoralen) 약물을 복용하고 2시간 후 UVA를 조사하는 전신치료와 솔라렌 연고를 환부에 바르고 30분 후에 조사하는 국소 UVA 치료가 있다.

솔라렌은 빛의 파동을 흡수할 수 있는 약물로 인간의 피부를 햇빛에 보다 쉽게 노출시키게 한다.

광선 치료의 적응증으로 알려진 아토피 피부염, 백반증, 건선, 만성습진, 색소성 두드러기, 결절성 소양증, 손발 각화증, 장미색 비강진, 편평태선 등의 다양한 질환에 효과적이다.

부작용으로는 솔라렌 약제로 인한 위장 장애, 구역질, 어지러움 등의 유발과 치료시 자외선을 증량시키는 과정에서 일광 화상, 홍반, 백내장, 피부노화, 흑색종 등이 있으며, 소아, 임산부, 고혈압 환자, 간질환자 등에는 사용할 수 없다.

광선치료기

(3) 레이저 치료

엑시머 레이저(Excimer laser)는 가스용기에 불활성의 기체의 할로겐 등과 혼합하여 넣고 전기자극을 주어 UV 영역의 파장 에너지를 발사하는 레이저이다.

피부질환에 사용되는 엑시머 레이저는 308nm 파장으로 피부 조직 내에서 염증의 활성화로 분비량이 증가되는 사이토카인의 발현량을 줄이고 피부 장벽을 강화시켜 아토피 피부염을 감소시키는 효과가 있다.

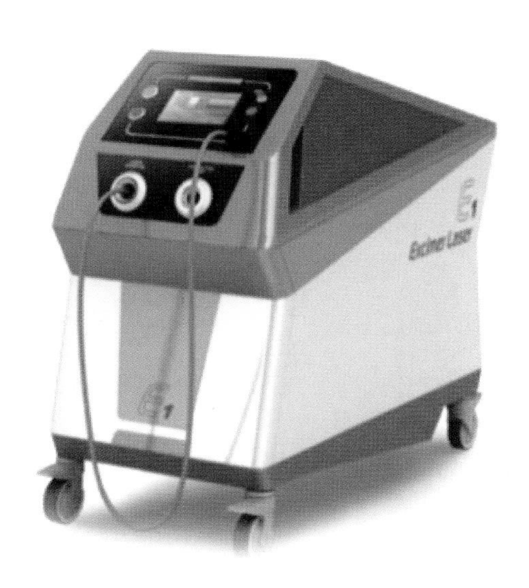

4) 예민 · 아토피용 성분

(1) 세라마이드(Ceramide)

표피의 세포 간 지질 성분 중 40~50%을 차지하는 세라마이드는 친유성 물질로 각질층의 접착제 역할을 한다. 각질층의 수분 증발을 막아주고 손상된 피부 장벽을 정상화시켜주는 기능성 성분으로 피부 보습에 중요한 역할을 담당하며, 아토피 피부염과 같은 병적인 요인의 치료제의 보조 역할을 한다.

(2) 피토스핑고신(Phytosphingosine)

세라마이드 성분의 전구체인 동물의 세포막에 분포되어 있다.

피토스핑고신은 세라마이드 생성 증가로 인해 피부의 지질막 기능을 보강하고 각질층을 복원하여 수분 증발을 예방하고 보습력 유지기능을 증가시킬 뿐만 아니라. 콜라겐 생성을 증가시켜 피부 탄력에 도움을 준다.

여드름 균(propionibacterium acnes)과 화농균(Staphylococcus aureus)에 대한 뛰어난 항균력으로 염증 완화에 도움을 주고, 손상된 피부를 건강한 상태로 복원시켜주는 기능의 보습제로 널리 사용된다.

(3) 카모마일(chamomile)

카모마일은 국화과의 일종으로 항산화 성분이 풍부하여 체내의 활성산소를 제거하여 세포의 변화를 막아 면역력을 강화시킨다. 피부의 상처와 화상에도 효과적이고, 항염과 소독작용이 있어 알레르기, 아토피, 건선, 여드름과 같은 피부질환에도 효과적이다.

피부의 진정 효과뿐만 아니라 감정 장애에도 도움을 주어 허브차로도 많이 이용된다.

(4) 카렌둘라(Calendula)

우리나라에서는 금잔화라고 불리우는 카렌둘라는 손상된 피부의 진정 및 자외선으로 인한 화상, 피부 가려움증, 습진 등을 완화시키는 효과가 있으며, 염증 억제와 새살을 돋게 하는 상처치유 효과와 소염작용에 도움을 주어 여드름 치료에도 효과적이다.

(5) 상황버섯추출물(Phellinus linteus Extracts)

상황버섯 추출물은 활성산소에 대한 보호 능력으로 피부의 산화적 손상을 예방하고 탄력을 증가시키는 강력한 항산화제이다.

피부 면역 강화작용으로 해로운 외부 물질의 성장을 억제하여 피부 과민 반응을 차단하고 축소시켜 민감성 피부를 개선시키고 피부 보습력을 유지시켜 피부를 보호한다.

(6) 비타민 P (Flavonoid)

수용성 비타민의 플라보노이드라는 이름으로 알려져 있고, 모세혈관 강화와 항알레르기, 항염증, 항산화 등의 효과가 있다.

(7) 비타민 K

지용성의 비타민 K는 혈액순환을 개선하고 콜라겐과 함께 혈관 형성을 돕기 때문에 상처를 빠르게 치유한다. 착색 방지 효과가 있어 다크 패치로도 사용되고 안면홍조, 주사, 민감성 피부 및 모세혈관 확장증 제품의 성분으로 사용되고 있다.

1. 노화의 원인과 피부특징을 설명하시오.
2. 리쥬란 주사와 백옥주사를 설명하시오.
3. 주름 개선용 화장품인 아데노신에 대해 설명하시오.
4. 울쎄라(Ulthera) 에 대해 설명하시오.
5. 써마지(Thermage CPT)에 대해 설명하시오.
6. 광선 치료(Light Therapy)에 대해 설명하시오.

정답 및 TIP

1 노화의 원인

- 유전기인설
- 에스트로겐(Estrogen)의 감소
- 텔로미어(Telomere)의 불완전한 DNA 복제
- 활성산소
- 자외선

노화피부의 특징

- 각질층이 두꺼워진다.
- 피지선 분비가 저하된다.
- 천연 보호막 형성이 저하된다.
- 유두층이 완만해진다.
- 수분과 영양 물질의 침투력이 낮다.
- 각화 주기가 느려진다.
- 탄력이 떨어진다.
- 혈액순환이 저하된다.
- 가성 주름과 진성 주름이 생긴다.
- 콜라겐과 엘라스틴의 변형이 온다.
- 색소가 생긴다.
- 섬유아세포의 수가 감소한다.

정답 및 TIP

2 리쥬란 주사(DNA)

리쥬란 주사는 연어에서 추출한 DNA(DeoxyriboNucleic Acid)로 DNA 주사, 연어주사. PDRN(polydeoxyribonucleotide) 주사 등 여러 가지로 불리운다. PDRN는 저분자량의 DNA 복합체로 아데노신 수용체에 작용하여 혈관내피 성장인자를 자극하여 DNA을 합성하고 상처치유를 촉진하는 물질이다. 리쥬란 주사는 피부 장벽을 튼튼히 하고, 잔주름, 탄력 증진, 흉터개선, 피부 톤 개선 효과가 있으며, 부작용으로는 통증, 홍조 악화 등이 있다.

백옥 주사(Glutathione)

백옥주사는 글라이신, 시스테인, 클루타메이트 이 세가지의 아미노산으로 결합되어 있는 글루타치온(Glutathione)이라고 하는 성분의 단백질 주사이다. 글루타치온은 각종 독성 물질이나 바이러스의 해독작용을 돕기 때문에 우리 몸의 면역 효소로 면역력 강화, 중금속 해독, 간 해독 , 항산화작용, 티로시나아제의 활성을 억제하여 피부 미백 효과, 노화 방지에 도움이 되는 것으로 알려져 있다. 부작용으로는 구토, 어지럼증, 오한 등이 있고, 심장이나 신장이 약한 경우, 심혈관에 부담이 될 우려가 있다고 한다. 미국 톱가수가 이 주사로 피부톤 개선에 효과가 있다고 해서 가수 이름이 붙여지기도 하였다.

3 아데노신(Adenosine)은 인체 세포 내의 구성 성분 중 아데닌(Adenine)과 리보스(Ribose)을 결합한 유기화합물로 RNA · ATP 등의 많은 조효소의 구성 성분으로 동 · 식물 미생물 등의 세포에 존재하는 아미노산 계열의 단백질 성분이다. 피부에 침투 시 안정성과 지속력이 우수하고, 빛이나 열에도 안정성을 보유한다. 또한 콜라겐 합성 촉진, 세포 자생력 증강 및 세포증식에 도움을 주어 세포의 항상성을 유지시켜 주고, 피부 탄력을 강화하여 주름을 개선시키는데 도움을 줄 뿐 만 아니라 항염 기능 및 상처치유 효과가 뛰어나다. 아데노신은 식약처에 고시된 주름개선 기능성 원료이며 화장품에 0.04%를 첨가하면 주름개선 기능성 화장품으로 인정받을 수 있다.

4 비수술적 울쎄라는 고강도 초첨식 초음파 에너지를 특정 부위에 집중시켜 열을 발생시키는 방식으로 절개 없이 리프팅 및 탄력 증대를 높일 수 있는 장비이다. 고열을 이용해 조직을 응고시키는 HIFU(High Intensity Focused Ultrasound)를 사용하며, 열 응고점을 만들어 늘어진 조직을 응고시켜늘어진 피부를 효과적으로 당기고 주름을 개선할 수 있다. 울쎄라는 근막층(SMAS)까지 도달할 수 있는 것이 특징이 있고, 모니터를 이용해 피부 속 구조를 관찰하면서 시술할 수 있는 장점이 있다.

5 비절재 시술로 고주파(RF) 에너지가 진피까지 도달하여 열을 발생시키고 피부 속 콜라겐이 재생될 수 있도록 유도하여 전체적인 탄력과 타이트닝 효과 및 주름을 개선시켜 주는 안티에이징 시술이다.

6 광선 치료란 자외선을 이용하여 피부 병변을 치료하는 방법으로 광치료(phototherapy) 또는 광화학 요법(photochemotherapy, PUVA) 이라고도 한다. 자외선의 파장은 UVA(320 ~ 400nm), UVB(290 ~ 320nm), UVC(200 ~ 290nm)로 나뉘는데, UVA · UVB 파장을 이용하여 피부질환 치료에 사용되며. 최근에는 UVB 파장을 이용한 광선치료가 가장 많이 사용된다. 광선치료는 독성 약물인 솔라렌(psoralen)을 복용하고 2시간 후 UVA를 조사하는 전신치료와 psoralen 연고를 환부에 바르고 30분 후에 조사하는 국소 UVA 치료가 있다. 솔라렌은 빛의 파동을 흡수할 수 있는 약물로 인간의 피부를 햇빛에 보다 쉽게 노출시키게 한다. 광선치료의 적응증으로 알려진 아토피 피부염, 백반증, 건선, 만성습진, 색소성 두드러기, 결절성 소양증, 손발 각화증, 장미색 비강진, 편평태선 등의 다양한 질환에 효과적이다. 부작용으로는 솔라렌 약제로 인한 위장 장애, 구역질, 어지러움 등의 유발과 치료시 자외선을 증량시키는 과정에서 일광 화상, 홍반, 백내장, 피부노화, 흑색종 등이 있으며. 소아, 임산부, 고혈압 환자, 간질환자 등에는 사용할 수 없다.

메디컬 비만관리

6

1. 비만의 정의

1) 비만(Obesity)의 정의

비만이란 체내에 과도한 양의 체지방이 축적된 상태로 섭취한 영양분에 비해 사용된 에너지 소비가 적어 여분의 에너지가 체지방의 형태로 저장되는 상태를 말한다. 비만은 수명 단축, 대사증후군, 심혈관 질환, 당뇨병, 고혈압, 불임증, 골관절염, 기타 성인병 등 많은 질병 발생률을 증가시키므로 예방과 치료가 필요한 만성질환이다.

과거에는 비만을 단순한 증상으로 이해했지만 오늘 날의 비만은 전 세계적으로 해결해야 할 중요한 과제로 1996년 세계보건기구(WHO)는 비만을 장기 치료가 필요한 질병으로 규정하고 있다. 따라서 전문적으로 비만을 치료하는 병원들이 많아지고 약물요법과 외과적 수술, 시술들도 다양하게 진행되고 있다.

비만을 측정하는 방법으로는 체질량지수 측정(BMI), 소량의 피부를 잡아 그 두께를 측정하는 방법, 허리둘레를 측정하는 방법, 인체에 해롭지 않은 전류를 보내 신체에 축적된 다양한 부분의 지방 축적 수준을 측정하는 생리전기저항의 임피던스(Bioelectrical Impedance Analysis; BIA) 측정 방법 등이 있다. 이 뿐만 아니라 내장지방 측정을 위해 영상화하는 방법으로 컴퓨터 단층촬영(Computed Tomography, CT), 초음파(Ultrasonic), 자기공명영상(Magnetic Resonance

Imainge, MRI), 양전자 방출 단층촬영(Positron Emission Tomography, PET) 등이 체지방을 평가하는 데 사용된다.

비만은 각 개인의 체질과 에너지 대사 속도가 다르고, 생화학적 개별성과 사회적인 요인들이 다양하게 복합되어 있음을 고려해야 한다. 따라서 비만 치료의 접근 방식이 모두에게 일반적이지는 않기 때문에 비만의 원인을 크게 내 · 외적으로 나누어서 살펴보아야 한다.

(1) 비만 진단법

BMI 지수표

분류	아시아 기준	유럽 미국 기준
저체중	〈 18.5	〈 18.5
정상	18.5～22.9	18.5～24.9
과체중	23.0 이상	25.0 이상
위험체중	23.0～24.9	25.0～29.9
1단계 비만	25.0～29.9	30.0～34.0
2단계 비만	30.0～34.9	35.0～39.9
고도비만	35.0 이상	40.0 이상

① 체질량지수(Body Mass Index, BMI)

비만을 나타내는 가장 일반적인 지표로 체질량지수가 25를 넘으면 비만으로 진단한다.

② 허리둘레 기준

동양인의 경우 남자 90cm 이상, 여자 85cm 이상인 경우 복부비만으로 진단한다.

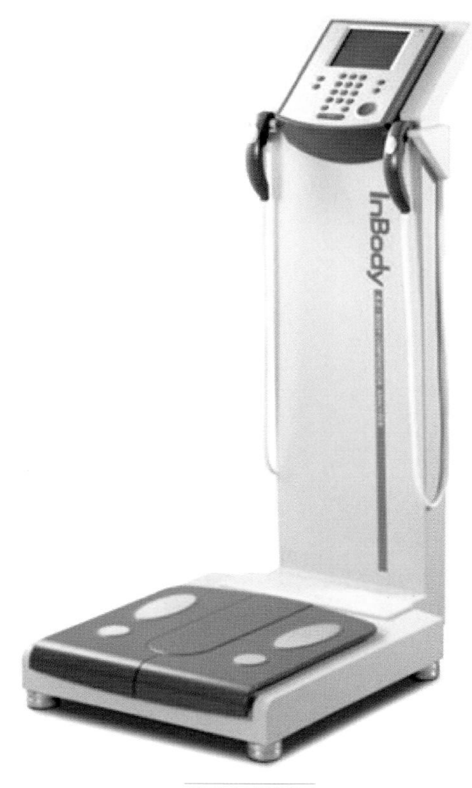

체지방 분석기기

③ 내장지방 기준

내장지방과 피하지방의 비율이 0.4 이상인 경우를 내장지방형 비만으로 진단한다.

④ 생체전기저항 측정법(Bioelectrical Impedance Analysis, BIA)

체지방률이 여성 30% 이상, 남성 35% 이상일 때 비만으로 진단하고, 일반적으로 '인바디' 기기로 알려져 있다.

2. 비만의 원인

1) 에너지 불균형

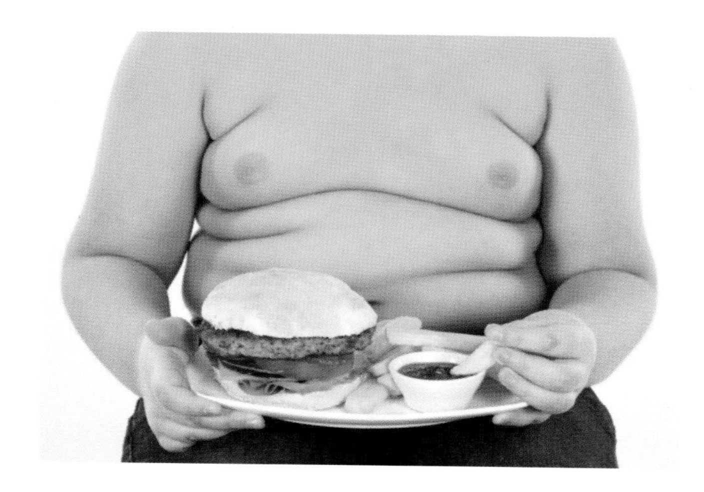

지나친 양의 많은 음식물 섭취는 과도한 지방 축척을 초래하고 대사의 이상 증세를 발생시켜 성인병의 원인이 되고 있다. 과식형, 폭식형, 편식형, 야식형, 간식형, 과음형 등 다양한 형태의 에너지 불균형 비만이 있다.

2) 유전적 요인

부모 한쪽이 비만이면 자식들 중 50%가 비만이 되고, 양쪽이 비만이면 자식들 중 80%가 비만이 된다는 연구 결과가 보고 있다. 비만의 유전자로 렙틴(Leptin) 호르몬에 대한 유전정보를 가지고 있다. 이러한 결과는 비만이 가족성이나 한 가정의 식생활과 밀접한 관련이 있으면서도 유전적인 요인이 크게 작용하는 것을 알 수 있다.

3) 환경적 요인

경제 성장과 과학 기술의 발전됨에 따라 모든 전자 장비 기기들이 자동화되면서 현대인들은 자동차, 에스컬레이터, 리모컨, 세탁기 등 움직임이 적은 편리한 환경에 살고 있다. 신체활동이 감소할수록 에너지 소비가 감소하고 이는 기초 대사량을 저하시켜 체지방을 축적시킨다.

4) 심리적 요인

만성적인 스트레스는 섭식장애를 일으켜 식욕을 증가시키고 내장지방을 늘려 비만을 일으키게 한다.

5) 내분비 불균형

에너지 균형을 조절하는 호르몬은 신경에 밀접하게 관여하는데, 비만과 관련있는 대표적인 호르몬은 렙틴(leptin), 아디포넥틴(adiponectin) 그리고 위장관에서 분비하는 '장 호르몬(gut hormone)'등이 있다. 렙틴은 지방세포에서 합성되며 식욕을 억제하고, 아디포넥틴은 지방을 연소시켜 지방량을 감소시킨다.

6) 약물 부작용

향정신성 약물, 항히스타민제, 항전간제, 스테로이드 제제, 부신피질 호르몬제, 피임제, 혈당저하제 등의 부작용으로 인해 몸이 붓는 비만의 나타날 수 있다.

3. 비만 치료

1) 비 약물요법

(1) 운동요법

운동은 근 · 골격계의 기능 향상으로 체지방 감소, 면역기능 강화, 피로물질 감소, 스트레스 해소 등의 기능으로 정상적인 체중을 유지하는데 도움이 준다.

비만 정도에 따라 운동의 종류, 강도, 빈도 및 1회당 시간 등을 유산소 운동과 근력운동으로 나눠 처방되어야 하며, 최소 주 3회 이상, 매회 1시간 이상의 규칙적인 운동으로 식이요법과 병행해야 더욱 효과적이다.

(2) 식이요법

비만을 위한 일반적인 식이요법은 총 칼로리(kcal) 섭취를 줄이고, 저염식으로 3대 영양소를 골고루 섭취하며, 섬유질, 야채 등을 충분히 섭취하도록 한다.

영양소가 없는 알코올은 칼로리가 높고, 단백질 저장과 지방 산화를 막아 체지방 감소를 방해하므로 금주하도록 한다.

(3) 행동수정요법

행동수정요법은 자기 감시, 자극 조절, 보상의 3단계로 자신을 통제하는 방법을 스스로 습득하고 행동 습관을 수정해 나가는 방법이다.

비만의 재발 방지하는 가장 효과적인 요법으로 살이 찌기 쉬운 행동부터 바꿔 나아간다. 자주 움직이고 야식과 폭식은 피하고, 일정한 양으로 정해진 시간에 천천히 식사하고, 화가 날 때 먹지 않는 등 사소한 것부터 행동을 수정하는 것이 좋다.

2) 약물요법

현재 병원에서 처방되고 있는 비만 치료제 중 작용기 전에 따라 지방 흡수 억제제, 식욕억제제, 대사촉진제 등이 있다.

약물에 의존하여 단기간의 체중 감량 효과만 평가하기 보다는 환자 스스로 식사조절 및 운동을 지속해야 그 효과가 유지됨을 주지시켜야 한다. 환자로 하여금 약물치료가 환상적인 치료법으로 생각하지 않도록 주의해야 하며, 비만을 질환으로 인식하도록 한다. 약물 치료와 행동수정요법이 비만 해결을 위해 병행된다면 비만 치료에 더 효과적인 결과를 기대할 수 있다.

모든 비만치료제 대부분은 뇌에 직접 작용하고 일부 성분은 의존성과 내성의 위험이 높아 향정신성 의약품으로 분류되기도 한다. 최근에는 당뇨병 치료제 중 하나가 체중 감소 효과가 있다고 알려져 비만치료제로 새롭게 출시되었다.

부작용을 최소화시키기 위해 약물 부작용 등을 충분히 숙지하고 전문의와 상의 후 의사의 처방에 따라야 한다.

약물 치료제는 지방 흡수 억제제, 식욕억제제, 에너지 대사 촉진제가 있다.

(1) 지방흡수억제제

① 오르리 스타트(Orlistat)

오르리 스타트(Orlistat) 성분은 췌장에서 분비되는 지방분해 효소의 리파아제(Lipase)를 억제시켜 중성지방이 지방산으로 분해하여 장관 내로 흡수되는 것을 차단함으로써 체중 감량 효과를 나타낸다.

'제니칼'이라는 상표명으로 세계적으로 가장 많이 사용되는 비만 치료제로 FDA 허가를 받아, 스위스의 ROCH 제약회사가 개발하였다. 우리나라에서는 같은 성분으로 리피다운, 락슈미, 올리엣, 제로엑스 등의 약명으로 시판되고 있다.

복용 후 배변 시에 지방이 둥둥 떠서 배출되는 특징이 있고, 장기 복용 시 지용성 비타민과 베타카로틴의 흡수가 감소되므로 지용성 비타민의 보충이 필요하다.

일반적인 부작용은 잦은방귀, 복부 팽만감, 대변 실금, 대변량 증가 등이 나타날 수 있다.

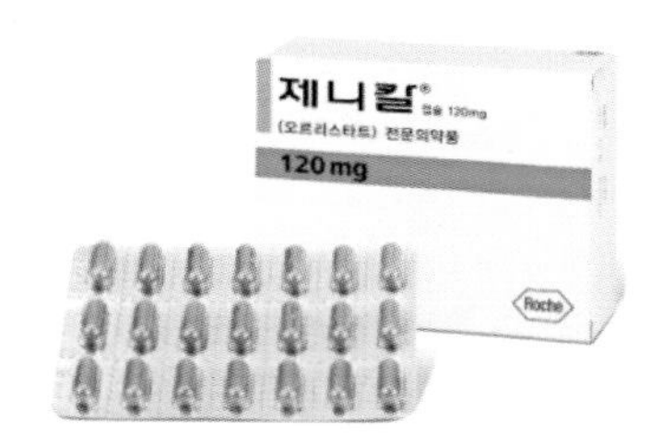

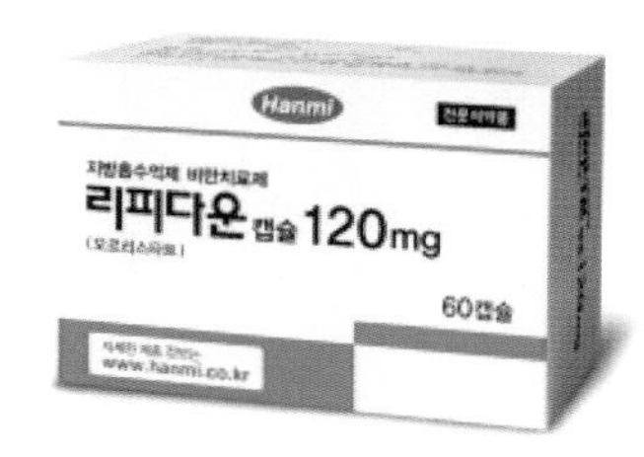

(2) 식욕억제제

① 로카세린(Loacserin)

로카세린은 시상하부의 식욕 억제 중추(POMC)를 활성화하는 세로토닌 수용체에 작용하여 음식을 적게 먹어도 포만감 쉽게 느끼게 한다. 향정신성 의약품으로 3개월 미만의 단기요법으로 복용한다. 제품명으로는 벡빅이 대표적이고, 부작용으로는 기억력 · 주의력 장애. 저혈당, 구토, 현기증, 두통 등이 나타날 수 있다.

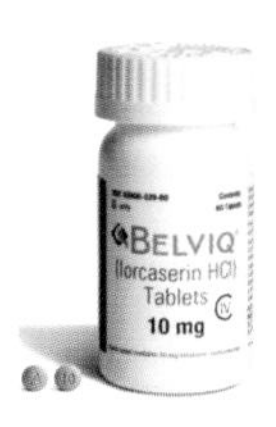

② 플루옥세틴 (Fluoxetine)

세로토닌 재흡수 억제제 계열로 공황장애, 강박장애, 불안장애 등에 사용하는 항우울제로 프로작이란 이름으로 널리 알려져 있고, 같은 성분으로 프로핀, 플루닥 등이 있다.

부작용으로는 불안, 신경과민, 소화불량, 두근거림, 불면증, 세로토닌 증후군 등이 나타난다.

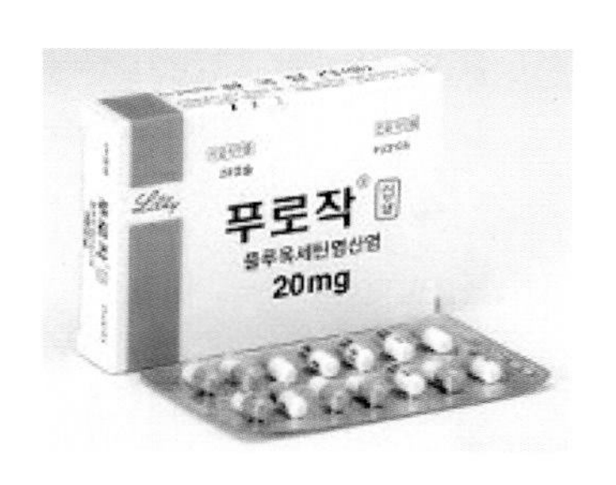

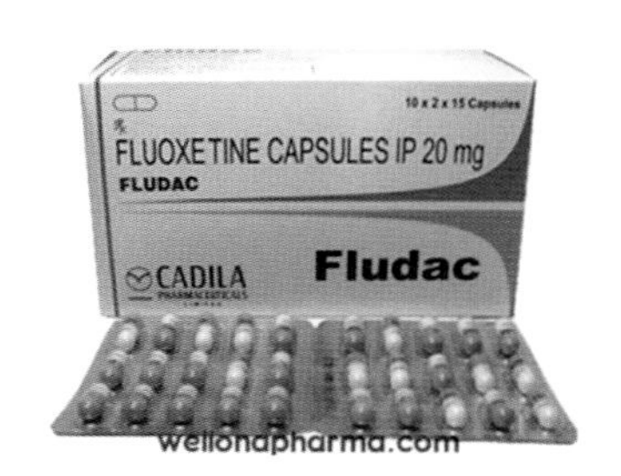

③ 펜디메트라진(phendimetrazine)

펜디메트라진은 신경말단에서 노르에프네프린과 도파민 분리를 촉진하여 식욕을 억제시키는 약물로의존성이 높은 향정신성 약물로 분류되어 있다. 약물의 중독과 남용이 높고, 약의 내성이 쉽게 생겨서 용량을 계속 늘려야만 식욕 억제 효과를 볼 수 있고, 약을 중단했을 때는 식욕이 항진되게 된다. 제품명은 푸링, 펜디펜, 펜디라진, 펜슬림 등이 있고, 향정신성 의약품으로 3개월 미만의 단기요법으로 복용한다.

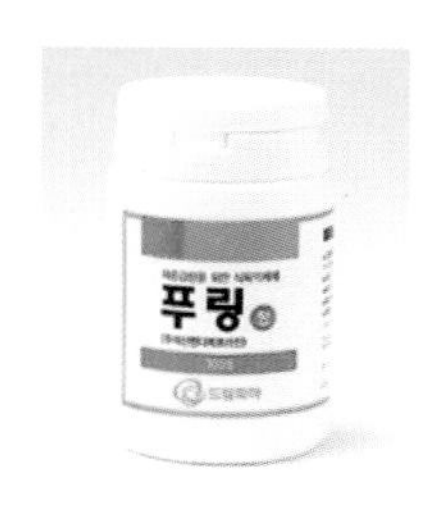

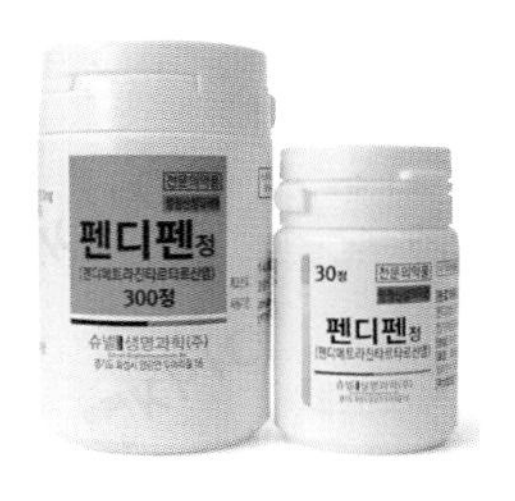

④ 펜터민(phentermine),

펜터민은 에페네프린 분비를 촉진하여 식욕을 억제시키고 펜플루라민과 복합한 제제로 사용되어 왔다. 그러나 치명적인 부작용을 초래하게 되어 유럽과 미국, 일본에서 펜터민과 펜디메트라진 성분의 비만치료제 시판을 규제하고 있고, 우리나라의 많은 제약회사에서 제조하고 병원에서 처방되고 있다. 다른 식욕억제제와 병용하지 않고 단독으로 투여하고 있다. 의존성이나 내성을 유발할 수 있어 향정신성 의약품으로 분류되어 3개월 미만의 단기요법으로 복용한다. 제품명으로는 디에타민, 펜키니, 아디펙스,푸리민 등이 있다.

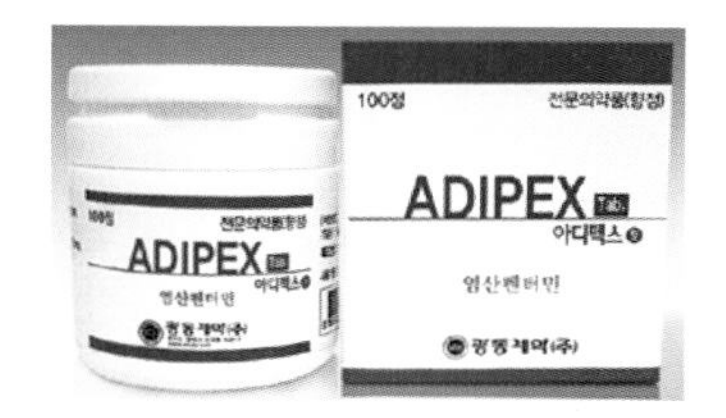

⑤ 펜터민(phentermine)과 토피라메이트(Topiramate) 혼합약물

펜터민 성분에 항전간제 치료제 성분인 토피라메이트를 혼합한 약물이다. 식욕억제제로 제품명은 큐시미아(Qsymia) 등이 있으며, 흔한 부작용은 손발 저림, 어지럼증, 불면증, 입 마름 등이 있다.

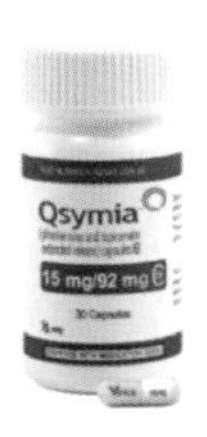

⑥ 날트렉손(Naltrexone)과 부프로피온(Bupropion) 혼합 약물

알코올 중독 치료제인 날트렉손과 우울증 치료제인 부프로피온이 복합된 약물이다. 비만치료제 효과의 부프로피온은 도파민과 노르아드레날린 재흡수를 억제해 식욕을 억제하고, 이때 부프로피온의 식욕억제 효과를 더 증가시키는 것이 날트렉손성분이다.

비 향정신성 의약품으로 1년 이상 복용하는 장기요법 가능한 약품이다.

부작용으로는 복용 시 우울감이나 자살 충동, 혈압 · 맥박 상승이 나타날 수 있고, 임신부 · 수유부 및 16세 이하 환자는 복용할 수 없다.

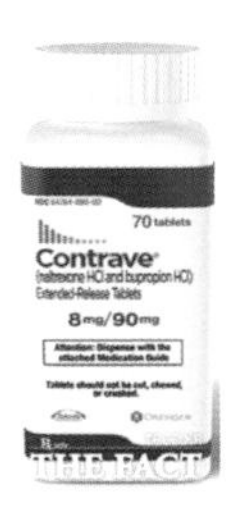

⑦ 마진돌(Mazindol)

각성제인 암페타민(Amphetamine)과 유사한 약리학적 효과로, 아드레날린의 농도를 증가시키고, 심박수와 혈압을 높여 식욕을 억제시키는 비만 치료제이다. FDA 승인 약물로 향정신성 의약품으로 분류되었으며, 3개월 미만의 단기요법으로 복용한다. 부작용으로는 다량 복용 시 과호흡, 심장박동, 발작, 혼돈형상, 환각, 구토, 떨림 등이 나타날 수 있다. 제품명으로는 사노렉스, 로세, 마자놀 등이 있다.

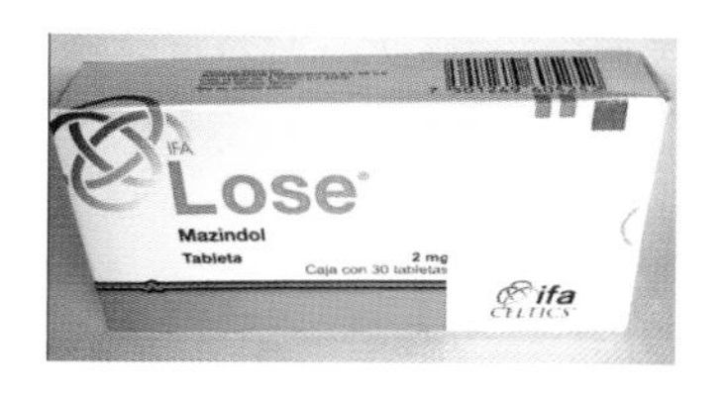

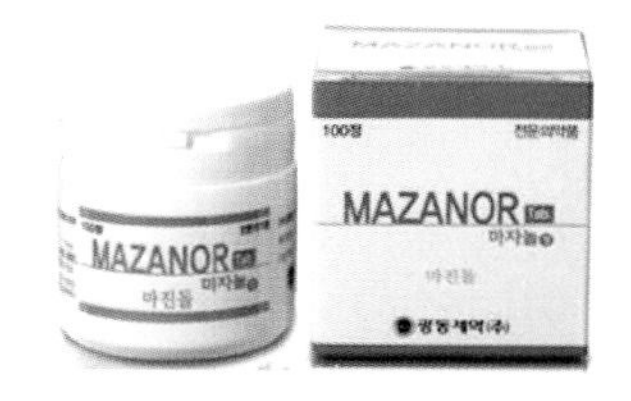

⑧ 리라글루 티드(Liraglutide)

리라글루 티드는 당뇨, 비만 및 만성 체중 관리를 치료하는데 사용되는 항당뇨병 약물로 빅토자(Victoza) 삭센다(SAXENDA) 등의 상품명으로 판매되고 있는 주사제이다.

2010년 2형 당뇨치료제로 개발되었고, 당뇨치료 효과 임상시험 단계에서 혈당조절뿐만 아니라 체중감량 효과가 지속적으로 나타나면서 미국 FDA에서 비만치료제로 승인받았다. 리라글루 티드는 GLP-1(glucagon like peptide-1)의 유도체로 인슐린 분비를 자극하며, 위에서 음식물이 머무는 시간을 늘려 식욕을 억제시키고 심박수를 증가시켜 체중 감소 효과를 나타낸다. 부작용으로 불면증, 불안, 우울감, 저혈당, 구역질, 복통, 자살사고 등이 있다.

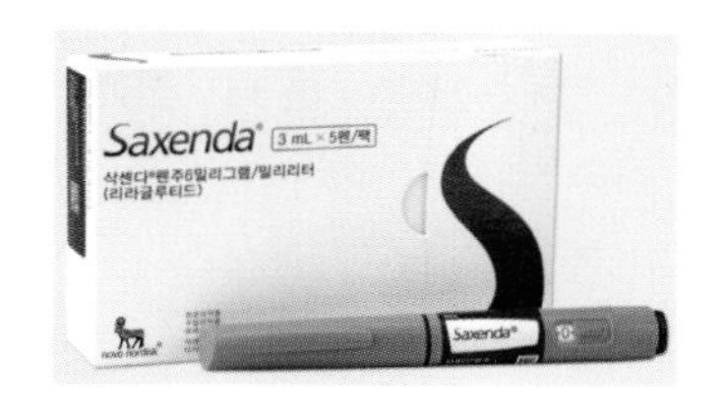

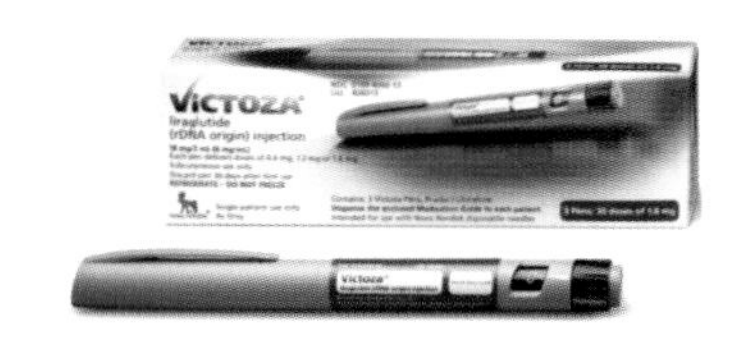

⑨ 세마글루타이드(Semaglutide)

세마글루타이드는 호르몬의 일종인 글루카곤과 유사한 펩타이드-1를 모방하는 기전으로 음식물을 먹으면 위 · 소장에서 분비되는 GLP-1 호르몬의 작용제로 식욕을 억제시키는 피하주사제이다. 세마글루타이드는 위고비(Wegovy)라는 제품명으로 2021년 6월 FDA 승인을 받아 사용 중에 있다. 부작용으로는 췌장의 염증, 담낭 문제, 현기증, 불안, 두통 등이 발생할 수 있다.

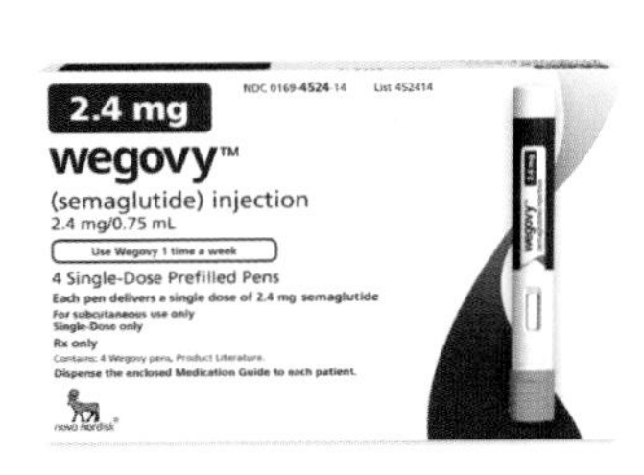

⑩ 펜플루라민(Fenfluramin)

리덕틸이나 마진돌과 마찬가지로 뇌의 섭식중추에 작용하여 식욕을 억제하는 작용을 하며, 세로토닌계 약물로 뉴런의 말단에서 세로토닌 방출의 촉진과 재흡수를 억제하는 원리로 식욕을 억제시킨다. 그러나 FDA에서 안정성이 입증되지 않았으며, 최근 심혈관계에 부작용을 일으킬 수 있다는 보고로 사용하지 않고 있다.

⑪ 페닐프로판올아민(Phenylpropanolamine)

코막힘, 콧물 증상에 작용하는 감기약의 한 성분인 식욕억제제이다. 뇌의 섭식중추에 작용하여 식욕을 줄이는 효과가 있어 미국에서는 체중 감량용으로 사용되었으나, 식욕억제제로 고용량 사용 시 출혈성 뇌졸중과 같은 심각한 부작용으로 FDA에서 발매 중지가 요구되었고, 국내에서도 2001년 사용 금지 조치되었다.

(3) 에너지 대사 촉진제

① 에페드라(Ephedra, 에페드린)

에페드라는 마황으로 카페인과 함께 사용될 때 체중 감소 효과를 나타낸다. 교감신경의 말단을 자극하여 노르에피네프린의 분비를 증가시키며, 중추신경계의 각성효과를 내어 말초의 열 생성 작용을 하고, 지방의 연소를 도와 칼로리 소비를 증가시켜 체중 감소의 역할을 한다.

부작용으로 심장이나 혈관이 흥분될 경우는 심장 근육 경색, 중증 부정맥 등 사망과 연관성이 높다. 운동선수들의 도핑검사의 금지약물이다.

에페드라

3) 수술 요법

수술요법은 고도 비만일수록 고혈압, 당뇨 등 대사성 질환의 발생률이 높아지므로 합병증을 치료하기 위한 목적으로 시행한다. 위의 일부분을 절개하여 위의 크기를 작게 만드는 위소매절제술, 음식물 섭취를 제한시킬 수 있는 위밴드(랩밴드) 삽입술, 음식의 통로를 우회시켜 영양소의 흡수를 제한시키는 루와이 위우회술 등이 있고, 비만 치료의 최후의 수단으로 의사의 판단하에 수술요법을 선택하여 실시한다. 비만 대사수술은 국내외 적으로 보험 적용 기준이 있다.

비만 대사 수술은 비만은 물론, 혈당, 지질, 혈압과 같은 대사질환이 호전되지만 모든 수술에는 부작용과 합병증이 발생한다. 부작용으로는 복통, 단백질 · 비타민 · 무기질 등 영양소 결핍과 수술 후 해부학적 변화로 인한 위 · 식도 역류증과 위 · 십이지장 궤양 등이 있다.

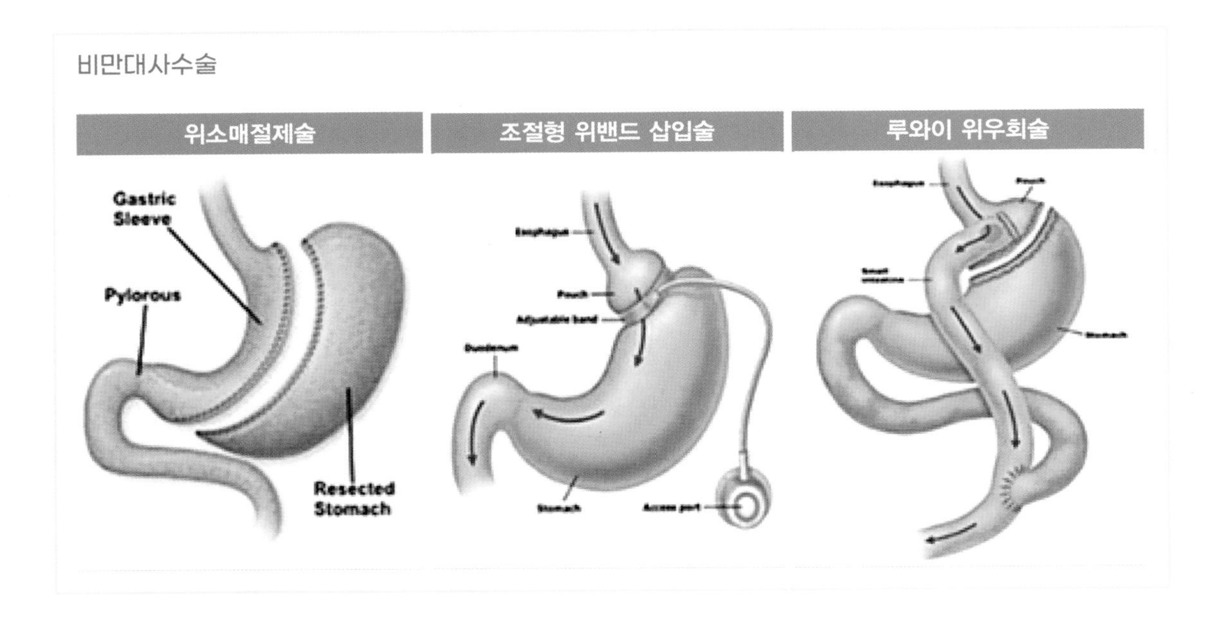

4) 비수술 요법

(1) 지방 흡인술(Liposuction)

국소적으로 과다하게 축적되어 있는 지방을 초음파, 음압, 동력 등을 이용해 흡입하고 제거하여 균형 잡히고 아름다운 몸매로 교정하는 시술 방법이다. 불균등한 지방 흡입 또는 얇은 지방층의 과도한 흡입으로 피부 표면이 울퉁불퉁한 것이 흔한 합병증 중의 하나이다. 부작용과 후유증에는 바본 현상, 피부 괴사, 출혈, 천공, 혈청종, 지방 색전, 감염 등이 있다.

① 레이저 지방 흡인술(Laser Assisted liposuction, LAL)

마취 수액을 지방층에 투여한 후 저출력 레이저를 일정 시간 외부에서 조사하여 지방을 흡입하는 방식이다. 지방 흡입 방식은 외부 레이저 조사방식(Low -level laser assisted liposuction)과 내부 레이저 지방 용해술(Laser Assisted lipolysis)로 내부 레이저 조사 후 지방 흡입을 하는 방식의 레이저 보조 지방 흡입 LAL(laser assisted liposuction)이 있다.

② 워터젯 지방 흡인술(Power Water Assisted Liposuction, PWAL)

흡입기 팁에서 고압의 물을 분사하면서 지방을 흡입하는 방식으로, 조직의 손상을 적게 하면서 지방 흡입을 쉽게 할 수 있지만 수술 결과에 대한 데이터는 많이 부족한 실정이다.

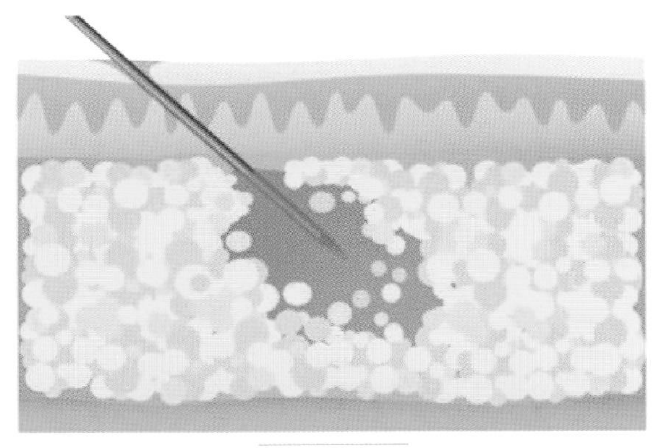

워터젯 지방흡입

③ 음압 지방 흡인술(Suction-assisted lipoplasty, SAL)

진공 펌프로 음압을 유발하여 캐뉼러(cannula)를 통해 지방을 흡입하여 제거하는 방법이다. 흡인 구경에 따라 마이크로(Microcannula)와 마크로(Macrocannula) 방식으로 나뉜다. 12G 즉, 외경 2.7mm 이하의 카눌라를 마이크로 카눌라로 분류하고, 얼굴, 팔뚝 등 세밀한 부위에 주로 사용된다.

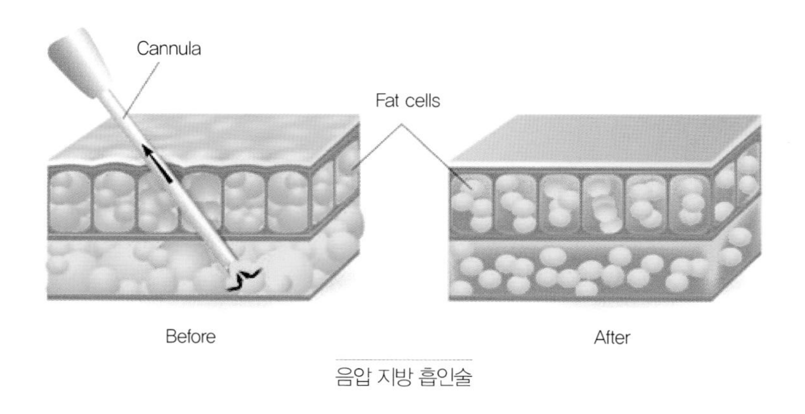

음압 지방 흡인술

④ 동력 지방 흡인술(Power-assisted lipoplasty, PAL)

가장 많이 사용되고 있는 방식으로 전기의 힘 또는 압축된 공기압을 이용하여 캐뉼러가 모터에 의해 자동으로 움직이게 함으로써 지방이 쉽게 떨어져 나오도록 하는 방식이다. 복부, 허벅지 등 지방 축척이 많은 부위나 흡입으로 잘 파괴되지 않은 군살 부위를 수술하는데 효과적이다. 음압 지방 흡인술과 원리가 동일하고 시술자가 보다 쉽게 지방을 흡인할 수 있다.

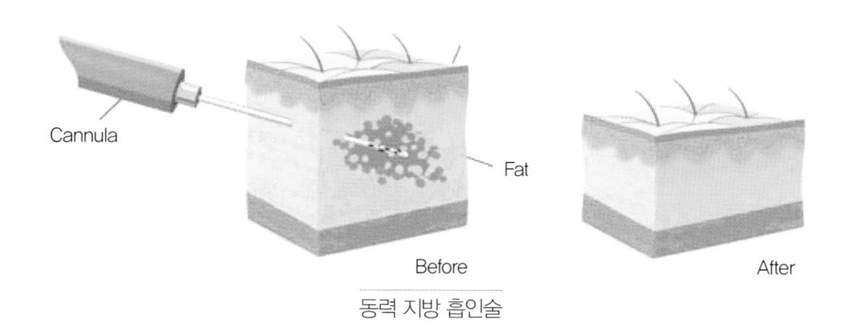

동력 지방 흡인술

⑤ 초음파 지방 흡인술(Ultrasound-assisted lipoplasty, UAL)

지방층에 수액을 투여한 후, 고속으로 진동하는 초음파 에너지의 열을 이용해 지방세포를 액화시킨 후 지방을 흡인하는 방법이다.

다량의 지방세포 제거가 용이하고 단단한 지방세포가 많은 등, 허벅지 부위에 주로 사용되나, 시술 시 열로 인한 화상이 발생할 수 있는 단점이 있다.

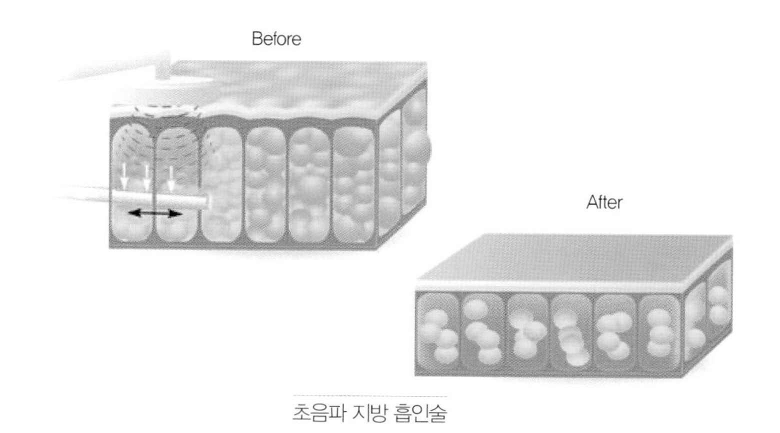

초음파 지방 흡인술

(2) 주사요법

① 메조테라피(Meso therapy)

주사기를 이용하여 원하는 부위에 약물을 주입하는 요법으로 피하 지방층의 미세혈류의 장애 개선, 수분 정체 및 부종, 림프 흡수 증가를 통해 지방분해를 촉진시킨다. 치료 목적에 따라 지방분해 특성 물질, 미세 순환시키는 약물, 지방 대사를 증가시키는 약물 등을 복합해서 주사한다.

② 카복시테라피(Carboxy therapy)

지방이 많고 단단하여 순환이 잘 안되는 부위에 인체에 무해한 이산화탄소를 주입하고 그 가스 압력에 의해 셀룰라이트 부위의 지방 조직을 느슨하게 하여 지방 세포 분해를 촉진하는 국소비만 치료요법이다.

혈액 내의 산소가 조직으로 이동되어 피부 및 피하 조직으로 산소 공급이 증가되어 피부 탄력도 개선된다.

③ LLD(Lipolytic lymph drainage) 주사

LLD는 히알루로니다제(Hyaluronidase)라는 효소 성분의 주사제로 지방을 분해하고 림프부종의 원인인 히알루론산을 분해하고 지방 세포로 확산되어 지방이 림프관으로 유입을 돕는 작용을 한다.

④ HPL(Hypotonic Pharmacological Lipo-dissolution) 주사

지방 용해를 촉진시키는 여러 가지 용해액을 지방층에 직접 주입하는 시술이다.

삼투압이 낮은 이 혼합 용액은 지방세포를 파괴하고 용해하여 림프관으로 흡수되거나 소변으로 배출되게 한다.

시술시간은 30분 정도로 약 3-5회 때부터 효과가 나타나며, 레이저나 고주파 시술을 병행하여 남아 있는 지방세포를 분해하면 더욱 효과적이다.

⑤ PPC (Phosphatidylcholine, 포스파티딜콜린) 주사

PPC는 콩의 레시틴 단백질에서 추출한 물질로 지방세포 간의 결합을 끊어주고 지방을 용해하는 작용으로 지방을 분해하는 주사제로 셀룰라이트 제거 및 피부 탄력 효과가 우수하다. 살을 빼고자 하는 부위에 직접 주사하여 지방세포의 크기를 축소, 분해하여 체형을 교정해 주는 국소비만 치료이다. 국내에서는 2014년 임상적 근거 부족과 부작용으로 인해 법적 금지되고 허가가 취소되었다.

⑥ GPC (α-Glyceryl-Phophoryl-Choline)주사

콩에서 추출된 GPC(Glyceryl Phosphoryl Choline)는 지방이 과다 축적된 부위에 주사하여 지방을 용해, 제거하고 셀룰라이트를 파괴하여 바디라인을 교정하는 지방분해 주사로 PPC 주사와 유사한 물질이다.

(3) 고주파 지방파괴술

지방이 많이 축적된 부분에 고주파의 열에너지를 이용해 지방을 분해하는 시술이다.

표피는 급속 냉각시켜 열로 인한 손상을 받지 않도록 하고 진피와 피하지방층의 온도를 순간적으로 39~45℃까지 도달하게 하여 지방세포를 파괴하는 비만치료법이다. 파괴된 지방세포는 혈관과 림프관을 통해 체외로 배출되며, 진피층의 콜라겐과 탄력섬유를 활성화시켜 탄력 증가의 효과도 있다.

(4) 초음파 에너지를 이용한 체외충격파 시술

초음파 에너지를 이용한 체외 충격파 VDF(Vertical Dynamic Focus) 방식으로 주변 조직들의 손상 없이 지방세포만을 선택적으로 파괴하는 시술이다. 분해된 지방세포는 땀과 소변의 형태로 자연스럽게 체외로 배출되고, 통증이 없어 마취가 필요 없으며, 시술 후 회복 기간이 짧아 일상생활이 가능하다.

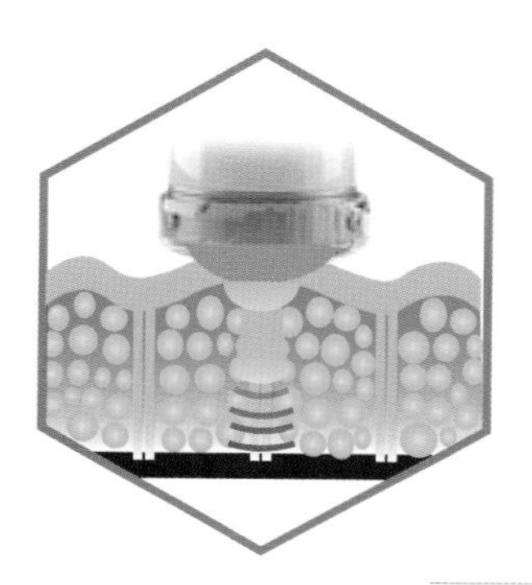

초음파 열에너지 분사방식

(5) 냉각 지방 분해술

지방 냉동 분해술은 온도에 민감한 지방세포에 선택적으로 냉각 에너지를 전달하여 표피의 손상 없이 자연적으로 지방세포를 파괴하고 림프관을 통해 죽은 지방세포를 배출하는 시술이다.

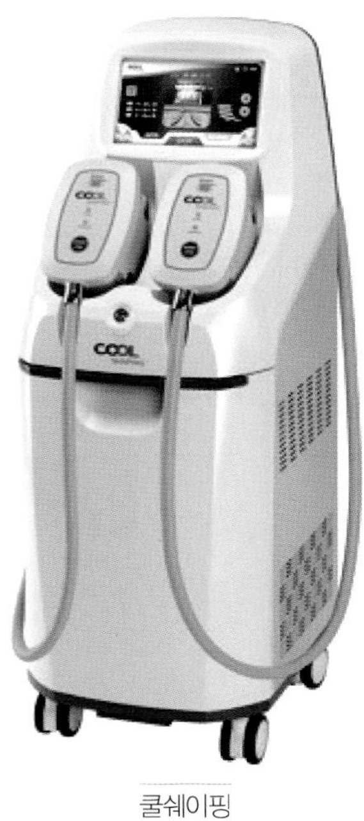

쿨쉐이핑

5) 체형관리 기기

(1) 엔더몰로지(Endermology)

엔더몰로지는 진공 음압과 롤러의 양압이 피부 조직을 당기고, 피부의 결합 조직에 자극을 주는 음압마사지기이다. 기기가 연속적으로 물리적인 당김, 압박과 같은 인위적인 자극을 줌으로써 조직이 구조적으로 변화하여 지방 및 셀룰라이트를 효과적으로 파괴한다. 롤러의 감압으로 느슨해진 조직에 정체 물질 등을 제거하여 탄탄한 구조로 재구성하고, 지속적인 근육과 근막을 자극함으로써 신경을 자극 이완시켜 리프팅 및 탄력을 강화 시켜준다. 재활 치료용으로 개발되었으나, 최근에는 비만으로 인한 셀룰라이트 관리에 주로 사용된다.

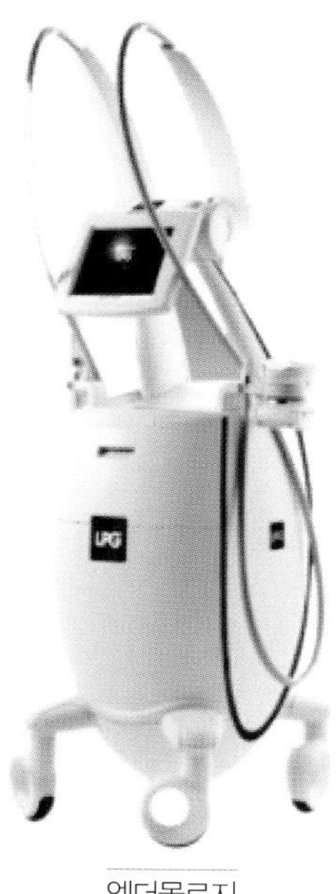

엔더몰로지

(2) 고주파

고주파는 인체의 피부나 조직에 0.4～0.5MHz의 안정된 레벨의 생체 열에너지 전환하여 심부열을 발생시킨다. 생체열은 우리 체온보다 높은 42～45℃ 정도 열을 발생하게 되는데, 지방조직의 결합을 느슨하게 하고 지방조직 사이의 수분을 연소시켜 지방세포의 파괴와 배출을 가속화하고, 비만관리에 효과적이다. 뿐만 아니라 림프순환을 촉진하여 노폐물을 제거하고, 세포의 신진대사를 활성화로 세포 재생과 피부 탄력을 증진시킨다.

(3) 중주파기

중주파는 1,000～10,000Hz의 교류 전류를 이용한 기기로 근육과 운동신경에 직접 자극한다. 피부의 전기저항이 낮아 감각이 부드럽고 피부 통증이나 자극, 불쾌감이 없으며 특정한 부위나 깊고 넓은 부위 등를 효과적으로 관리가 가능하다.

지방 대사를 활성화시키고 지방 분해를 촉진시킬 뿐만 아니라 혈관의 수축, 확장을 촉진시켜 혈액순환 및 림프액 흐름에 영향을 주어 불필요한 조직액과 노폐물을 배출시켜 부종관리에 효과적이다.

(4) 저주파기

저주파는 경피 신경전기 자극기(Transcutaneous electrical nerve stimulation, TENS)라고도 하는데, 1,000Hz 이하의 전류를 이용하여 근육의 수축과 이완을 통해 에너지를 발산시키고 근육량을 증가시키는 전기 근육 자극 요법이다.

통증 완화를 위해 물리치료에 주로 쓰이는 저주파는 혈액순환 촉진시키고 근육운동에도 도움이 된다는 점을 활용해 피부 미용과 근육 강화 등으로 사용되기도 한다. 하지만 피부 표면에 전기 자극이 가해지다 보니 전기 통증과 불쾌감이 동반되는 단점이 있다.

1. 비만의 치료 약물 중 지방 흡수억제제에 대해 설명하시오.

2. 비만의 치료 약물 중 식욕억제제 종류를 쓰시오.

3. 동력 지방 흡인술(Power-assisted lipoplasty, PAL)에 대해 쓰시오.

4. HPL(Hypotonic Pharmacological Lipo-dissolution) 주사에 대해 설명하시오.

5. LLD (Lipolytic lymph drainage) 주사에 대해 설명하시오.

6. 고주파 지방파괴술에 대해 설명하시오.

7. 레이저 지방 흡인술 LAL(Laser Assisted liposuction) 에 대해 쓰시오.

8. 체형관리 기기인 '엔더몰로지(Endermology)를 설명하시오.

정답 및 TIP

1 오르리스타트(Orlistat) 성분은 췌장에서 분비되는 지방분해 효소의 리파아제(Lipase)를 억제시켜 중성지방이 지방산으로 분해해 장관 내로 흡수되는 것을 차단함으로써 체중 감량 효과를 나타낸다. '제니칼' 이라는 상표명으로 세계적으로 가장 많이 사용되는 비만 치료제로 FDA 허가를 받아, 스위스의 ROCH 제약회사가 개발하였다. 우리나라에서는 같은 성분으로 리피다운, 락슈미, 올리엣, 제로엑스 등의 약명으로 시판되고 있다. 복용 후 배변 시에 지방이 둥둥 떠서 배출되는 특징이 있고, 장기 복용 시 지용성 비타민과 베타카로틴의 흡수가 감소되므로 지용성 비타민의 보충이 필요하다. 일반적인 부작용은 잦은방귀, 복부 팽만감, 대변 실금, 대변량 증가 등이 나타날 수 있다.

2
- 로카세린(Loacserin)
- 플루옥세틴(Fluoxetine)
- 펜디메트라진(phendimetrazine),
- 펜터민(phentermine),
- 펜터민(phentermine)과 토피라메이트(Topiramate) 혼합 약물
- 날트렉손(Naltrexone)과 부프로피온(Bupropion) 혼합 약물
- 마진돌(Mazindol)
- 리라글루 티드(Liraglutide)
- 세마 글루타이드(Semaglutide)

3 가장 많이 사용되고 있는 방식으로 전기의 힘 또는 압축된 공기압을 이용하여 캐뉼러가 모터에 의해 자동으로 움직이게 함으로써 지방이 쉽게 떨어져 나오도록 하는 방식이다. 복부, 허벅지 등 지방 축척이 많은 부위나 흡입으로 잘 파괴되지 않은 군살 부위를 수술하는데 효과적이다. 음압 지방 흡인술과 원리가 동일하고 시술자가 보다 쉽게 지방을 흡인할 수 있다.

4 지방 용해를 촉진시키는 여러 가지 용해액을 지방층에 직접 주입하는 시술이다. 삼투압이 낮은 이 혼합 용액은 지방세포를 파괴하고 용해하여 림프관으로 흡수되거나 소변으로 배출되게 한다. 시술시간은 30분 정도로 약 3~5회 때부터 효과가 나타나며, 레이저나 고주파 시술을 병행하여 남아 있는 지방세포를 분해하면 더욱 효과적이다.

5 LLD는 히알루로니다제(Hyaluronidase)라는 효소 성분의 주사제로 지방을 분해하고 림프부종의 원인인 히알루론산을 분해하여 지방세포로 확산되어 지방이 림프관으로 유입을 돕는 작용을 한다.

6 지방이 많이 축적된 부분에 고주파의 열에너지를 이용해 지방을 분해하는 시술이다. 표피는 급속 냉각시켜 열로 인한 손상을 받지 않도록 하고 진피와 피하지방층의 온도를 순간적으로 39~45℃까지 도달하게 하여 지방세포를 파괴하는 비만치료법이다. 파괴된 지방세포는 혈관과 림프관을 통해 체외로 배출되며, 진피층의 콜라겐과 탄력섬유를 활성화시켜 탄력 증가의 효과도 있다.

7 마취 수액을 지방층에 투여한 후 저출력 레이저를 일정시간 외부에서 조사하여 지방을 흡입하는 방식이다. 지방 흡입 방식은 외부 레이저 조사방식(Low -level laser assisted liposuction)과 내부 레이저 지방용해술(Laser Assisted lipolysis)로 내부 레이저 조사 후 지방흡입을 하는 방식의 레이저 보조 지방흡입 LAL(laser assisted liposuction)이 있다.

8 엔더몰로지는 진공 음압과 롤러의 양압이 피부 조직을 당기고. 피부의 결합 조직에 자극을 주는 음압 마사지기이다. 기기가 연속적으로 물리적인 당김, 압박과 같은 인위적인 자극을 줌으로써 조직이 구조적으로 변화하여 지방 및 셀룰라이트를 효과적으로 파괴한다. 롤러의 감압으로 느슨해진 조직에 정체 물질 등을 제거하여 탄탄한 구조로 재구성하고, 지속적인 근육과 근막을 자극함으로써 신경을 자극 이완시켜 리프팅 및 탄력을 강화 시켜준다. 재활 치료용으로 개발되었으나, 최근에는 비만으로 인한 셀룰라이트 관리에 주로 사용된다.

메디컬 탈모 케어

7

1. 탈모 정의

케라틴 단백질로 이루어진 모발은 일정한 수명과 주기로 탈락 및 성장을 반복하는데 정상적으로 모발이 존재해야 할 부위에 모발이 빠져 없어진 상태를 탈모라 한다.

털은 일정한 성장 기간이 지나면 성장이 정지되고 퇴행기를 지나 휴지기에 탈모하여 다시 털이 나는 성장 주기를 반복하는데, 하루에 약 50~70개 정도의 모발이 빠지는 것은 정상 범주 내로, 그 이상 빠질 경우 그 원인을 찾아 치료하는 것이 중요하다.

성장기의 털이 갑자기 휴지기에 들어가 모발이 많이 빠지는 경우가 있는데, 그 원인으로는 임신, 정신적 스트레스, 발열성 질병 등이 있다. 이때 원인을 제거하면 모발 성장이 성장적으로 다시 시작된다.

원인과 증상에 따라 원형 탈모, 지루성 탈모, 신경성 탈모, 비만성 탈모, 접촉성 피부염 탈모, 내분비계에 의한 탈모, 모낭충에 의한 탈모, 결발성 탈모 등으로 나타난다.

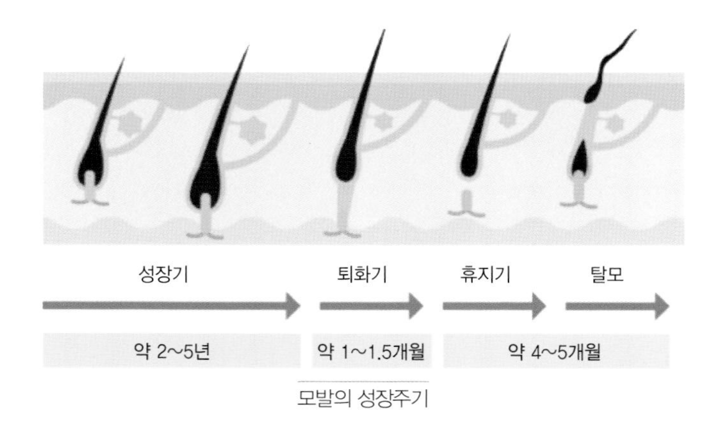

모발의 성장주기

2. 탈모의 원인

- 유전적
- 스트레스
- 호르몬 불균형
- 자가 면역 질환
- 영양결핍
- 갱년기 장애
- 출산
- 수술, 약물 부작용
- 과다한 샴푸 사용
- 다이어트
- 과로
- 잦은 염색과 펌

3. 탈모의 유형

1) 남성형 탈모

남성 탈모는 중 · 장년의 남성에게 나타나며 유전과 남성 호르몬인 안드로겐에 의해 모발이 빠지는 대표적 탈모 질환으로 안드로겐성 탈모증이라고도 한다. 앞머리와 정수리 부위의 탈모와 모발의 왜소화가 특징이며, 나이가 들수록 진행한다.

모낭 속의 5알파-리덕타아제(5 alpa-reductase)효소는 안드로겐 호르몬의 영향을 받아 테스토스테론을 디하이드로테스토스테론(DHT: Dihydro Testosterone)이라는 호르몬으로 변화시키는데, 이때 목표부위에서 안드로겐 수용체와 결합하여 모낭세포의 단백질 합성을 지연시키므로 모낭의 성장기가 단축하게 된다. 이때 모발은 점차 가늘어지고 휴지기에 들어서면서 남성형 탈모증이 발생한다.

탈모의 종류가 다양해지면서 남성형 탈모증의 형태, 증상에 따른 용어도 점차 세분화되고 전문적 용어로 구분되고 있다.

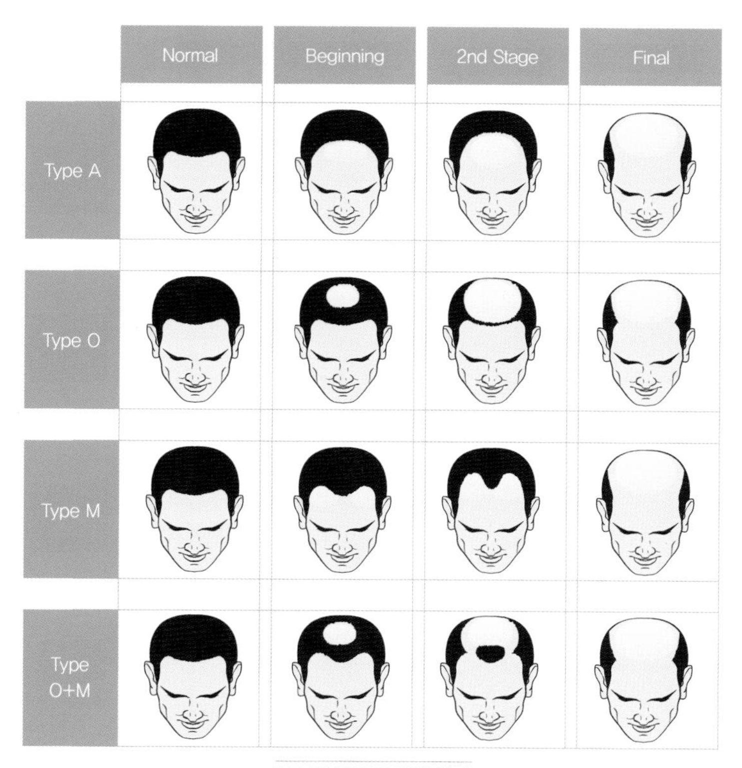

남성형 탈모의 진행 단계

2) 여성형 탈모

여성의 탈모 원인은 남성의 탈모와 달리 원인이 다양하여 전문적인 진료와 검사로 탈모 원인을 정확히 분석하여 치료하는 것이 빠른 효과를 기대할 수 있다.

여성의 탈모는 호르몬 변화, 무리한 다이어트, 폐경으로 인한 호르몬 밸런스 이상, 스트레스, 갱년기 우울증, 다낭성 난소 증후군, 빈혈, 아연 결핍, 갑상선 질환, 지루성피부염, 임신과 출산 등의 다양한 원인이 있으므로 정확한 원인을 알고 꾸준한 관리를 한다면 호전될 수 있는 가능성도 있다.

여성 탈모의 증상을 확인하는 방법으로는 임상증상과 모발관찰, 모발 직경의 감소, 생장기 모발의 비율감소, 휴지기 모발의 비율 증가로 알 수 있다.

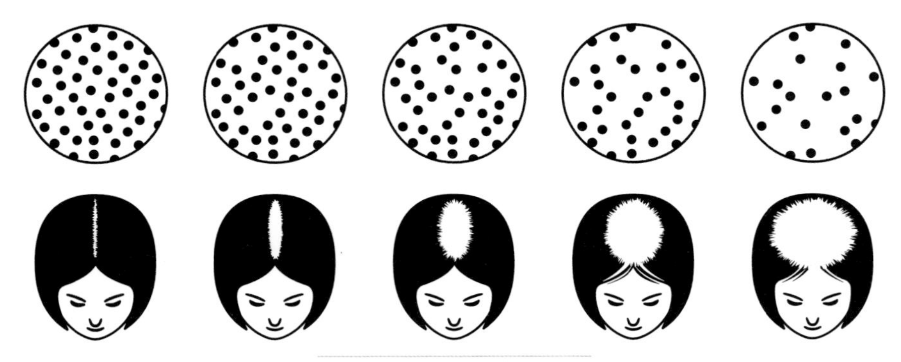

여성 탈모의 진행정도에 따른 분류

3) 원형탈모증

원형탈모증은 전체 인구의 2% 정도 발생하는 비교적 흔한 탈모질환으로 모낭을 침범하는 염증성질환이다. 원인은 면역의 이상으로 스트레스가 주원인으로 보고 있다.

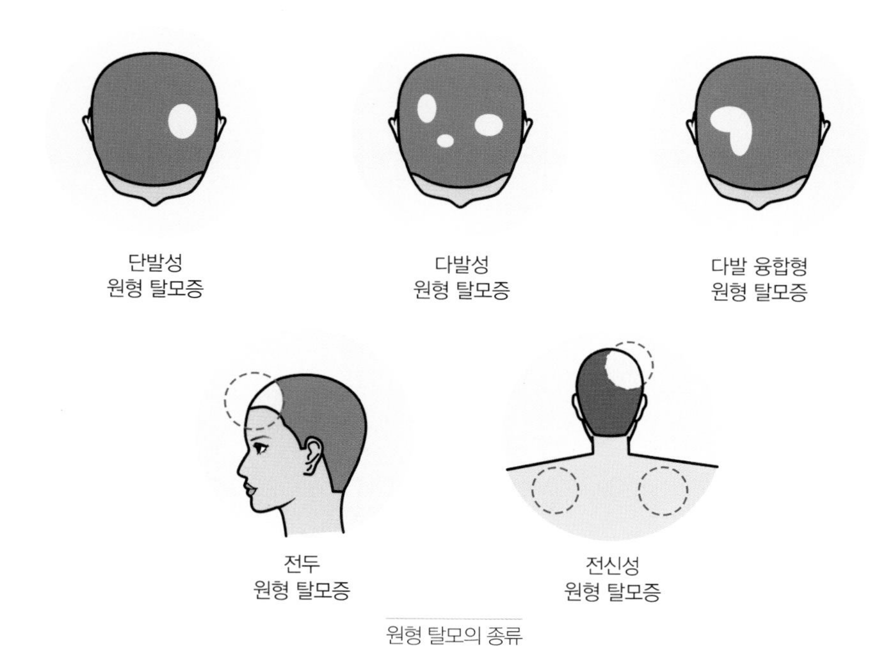

원형 탈모의 종류

원형의 탈모반을 특징으로 하며, 두발이나 우리 몸의 모든 털을 침범할 수 있는 비흉터성 자가면역성 탈모 질환입니다. 원형 탈모는 그 침범 정도나 모양에 따라 구분된다. 두발 전부가 빠진 경우를 전두 탈모증, 전신의 털이 다 빠진 경우 전신 탈모증이라 한다.

4. 탈모 치료법

1) 약물치료

(1) 복용약

① 피나스테리드(Finasteride)

피나스테리드는 탈모를 유발하는 디하이드로테스토스테론(DHT)의 생성에 관여하는 효소인 TypeII 5-알파 환원효소의 활동을 억제하여 탈모를 예방하고 모발 성장을 증진하는 작용을 하며, 주사제로도 사용되고 있다.

국내에서 '프로스카','프로페시아' 등의 제품명으로 판매되는 되고 있는 성분으로 1992년 전립선 비대증 치료를 위해 도입되었고, 1997년 탈모 치료제로 승인되었다.

부작용으로는 전립선암 유발, 성 기능 장애, 우울감, 불안, 가슴 비대 등이 있다.

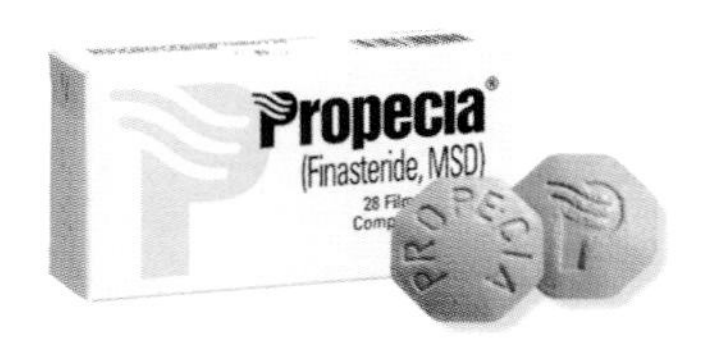

② 두타스테리드(Dutasteride)

두타스테리드는 남성호르몬인 디히드로테스토스테론(dihydrotestosterone, DHT)을 감소시키는 약물이다. DHT는 전립선을 커지게 하고 모낭을 축소시켜 양성 전립선비대증과 남성형 탈모를 일으키는 호르몬으로, 테스토스테론이 5-알파 환원효소(5-alpha reductase)에 의해 DHT로 전환된다. 두타스테리드는 이 5-알파 환원효소를 억제함으로써 DHT의 생성을 감소시켜 남성형 탈모증 치료에 사용되고, 주사제로도 시판되고 있다. 임신 또는 임신 가능성 있는 경우 기형아 유발될 수 있으므로 사용하지 말아야 한다.

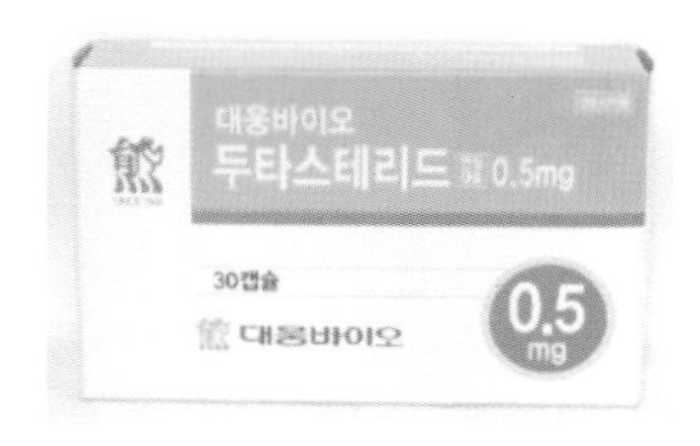

③ 판토가(Pantogar)

판토가는 약용 효모, 아미노산, 단백질, 케라틴, 비타민 B 복합제의 주성분으로 경구용 여성형 탈모 치료제이다. 판토가에 함유된 성분은 세포의 물질대사를 통해 모발의 성장을 촉진시키고, 건강하고 탄력성 있는 모발로 만들어 탈모를 예방한다.
부작용으로는 구토, 위통, 위장관 불쾌감, 빈맥, 소양증, 두드러기 등이 있다.

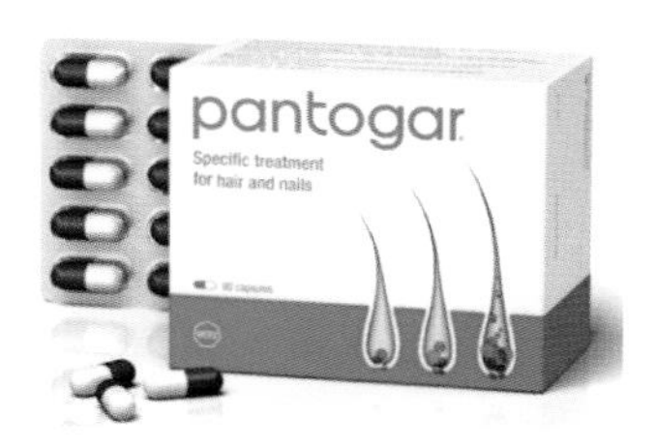

(2) 외용약

① 미녹시딜(Minoxidil)

미놀시딜은 1979년 미국 화이자에서 고혈압 치료제로 FDA 승인을 받은 주사제이다. 그러나 임상시험 중 피실험자에게서 다모증이 나타나는 것을 보고 착안해 1988년 FDA 승인을 받아 탈모치료제로 상용화되었다. 모낭 내 혈관의 혈액순환을 증가시켜서 모발 성장을 촉진시키는 원리이며, 모발 성장을 촉진시키는 기전은 아직 명확히 밝혀지지는 않았다. 국내에서는 마이녹실, 나놀시딜, 케어모 등의 다양하 제품명으로 알려져 있다. 부작용으로는 두피 건조증, 가려움, 홍반 등이 있다.

② 엘 크라넬 알파액(Ell-cranell alpha solution)

두피에 바르는 외용제로 주성분은 17-알파 에스트라디올(α- Estradiol)의 여성 호르몬 유도체이다. DHT가 생기는 것을 막아서 탈모를 치료하는 원리로 여성 탈모의 경우 프로페시아의 사용이 어렵고, 미녹시딜 사용 시에도 모발이 뻣뻣해지거나 두피 자극 증상이 있는 경우, 엘 크라넬 알파액을 이용하여 여성 탈모 치료에 사용할 수 있다.

부작용은 피부 발적, 유방통, 월경불순, 소양증, 두통 등이 있다.

③ 라티쎄(Latisse solution)

라티쎄는 비마토프로스트(Bimatoprost)가 주성분으로 녹내장 · 안구 고혈압 치료제로 사용되었으나 속눈썹이 자라는 효과를 발견하여 2008년 속눈썹증모제로 FDA 승인되어 많이 사용되고 있다.

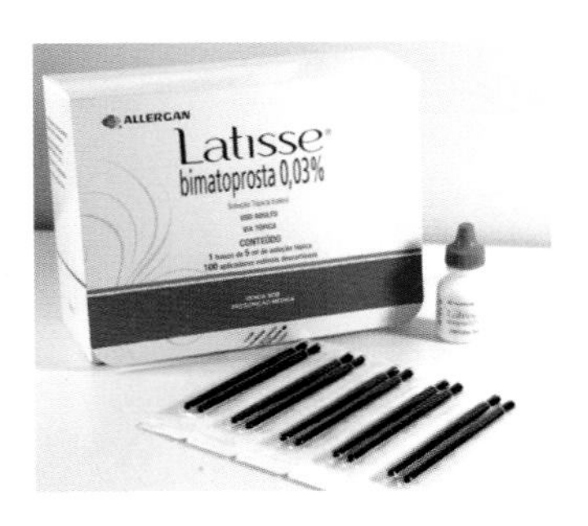

(3) 주사요법

① 트리암시놀론(Triamcinolone) 주사

주성분은 트리암시놀롤 아세토니드(Triamcinolone Acetonide)로 스트레스가 원인이 되어 발생하는 원형 탈모에 사용되는 약물이다. 저 농도로 희석된 약물을 병변에 고루 주사하며, 모발 성장을 방해하는 국소 자가면역 과정(local autoimmune process)을 억제하여 모발 성장을 유도할 수 있다. 대표적인 부작용으로는 모세혈관 침투로 인한 피부 지방괴사로 피부 함몰이며, 모낭염, 다모증, 좌창양 발진, 피부 위축 및 모세 혈관 확장 등이 발생할 수 있다.

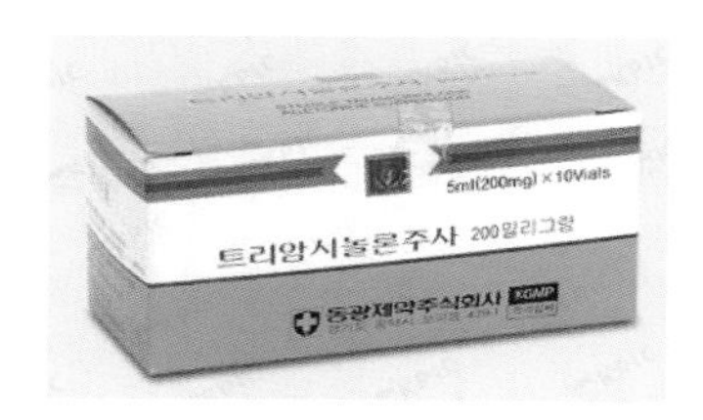

② 두타스테리드(Dutasteride) 주사

③ 피나스테리드(Finasteride) 주사

④ 메조페시아(Mesopecia) 주사

메조테라피를 두피치료에 적용한 '메조페시아'는 메조테라피와 대표적 탈모 약제인 프로페시아의 합성어로 모낭의 생장을 도와주고 두피 혈류를 개선시키는 약물을 메조건을 이용하여 직접 모낭 내로 주입하는 탈모 치료법이다.

메조건은 특수한 주사 기구로 주사액의 양, 주사 깊이, 주사 속도까지 조절하여 약물을 진피층에 주사 할 수 있다.

부작용이 거의 없고, 시술이 짧고 시술 후 빠른 효과가 나타나며, 모발이식 후 이식 모발의 생착을 높이는 효과도 있어 수술 후 치료로도 사용되고 있다. 모근이 살아 있는 단계에서 좋은 효과를 볼 수 있기 때문에 탈모 예방으로도 좋다.

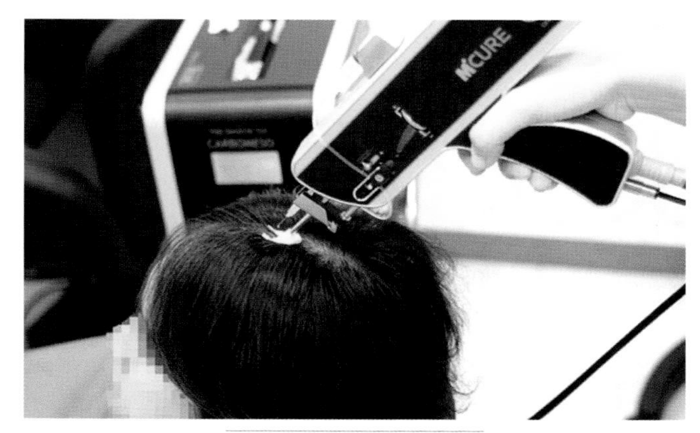

메조건을 이용한 두피치료 장면

⑤ PRP(Platelet Rich Plasma) 주사

PRP란 혈액 속의 혈소판에 농축되어 있는 성분으로 싸이토카인(Cytocain), PDGF, EGF, TGF-β1, VEGF, IGF, FGF-2 등의 여러 성장인자가 다량 함유되어 있는데, 이를 PRP(자가혈 피부재생술)이라고 한다. 흔히 줄기세포 주사 또는 피주사라고 불린다.

모발 재생에 관여하는 성장인자인 IGF-1. VEGF, bFGF를 두피에 직접 주사하여 모발 세포의 분화와 혈관을 촉진시켜 발모 효과가 나타나는 데 도움을 준다.

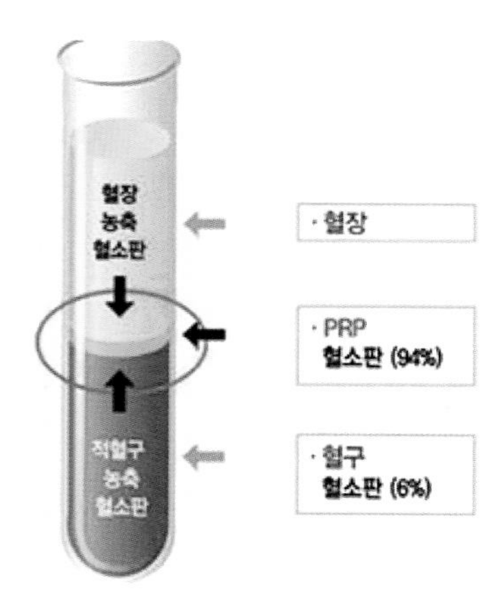

혈소판의 성장인자 및 역할

혈소판에 함유된 성장인자	성장인자의 역할
EGF	상피세포 성장촉진, 신생혈관 재생, 상처 치유 촉진
PDGF	세포 증식과 재생, 신생혈관 재생, 콜라겐 합성
FGF-2	손상된 조직 복구, 콜라겐 합성
TGF-β1	상피세포, 혈관 내피세포 증식 촉진, 상처 치유 촉진
VEGF(A and C)	혈관 내피세포 증식 촉진

2) 전자기장 (Pulsed Electro magnetic field. PEMF)치료

두피에 미세한 전자기파를 흘려보내어 모낭 주위의 혈류량를 증가시키고 산소와 영양공급이 활발히 하여, 모발 세포의 성장 및 세포 분화를 촉진하여 탈모를 완화시킨다.

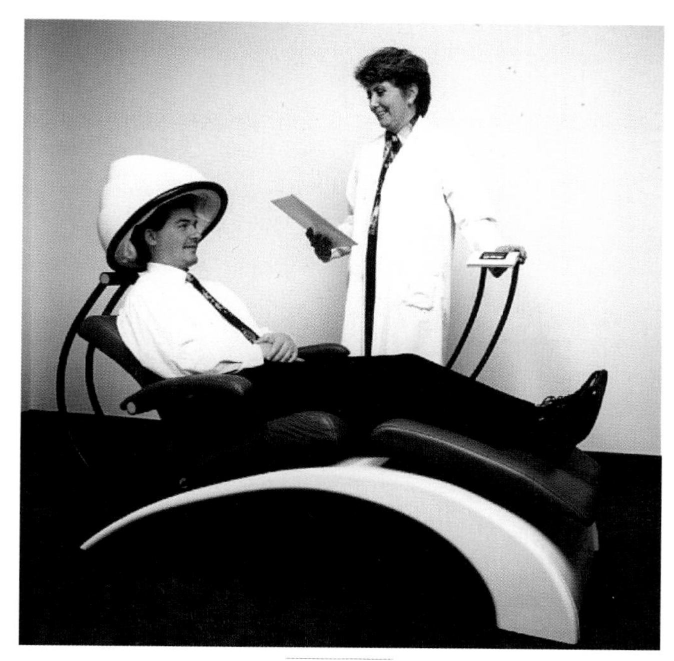

전자기장기기

3) 두피 스케일링 (Scalp Scaling)

두피에 쌓여있는 오래된 각질과 노폐물 등을 효과적으로 깨끗이 제거하고 모근을 건강하게 하는 영양성분들을 침투시켜 모근 성장을 빠르게 하고 두피를 건강하게 하는 기본적인 관리이다.

4) 모발이식(Hair Implant)

모발이식은 새로운 모발을 만드는 것이 아니라 기존에 있는 자기 모발을 다른 부위로 옮기는 방법으로 모발 재배치 수술이다.

일반적으로 탈모 안전 부위인 후두부의 머리카락을 탈모가 있는 부위에 옮겨 심는데, 이때 피부 절개 없이 모낭 채취기를 이용하여 모낭을 채취하는 비절개 방식과 피부를 절개하여 모낭을 채취하는 절개방식이 있다.

모발 이식하는 방법에는 식모기 이용하기도 하고 레이저로 피부에 구멍을 내어 한 가닥씩 심기도 한다.

모발이식은 두피뿐만 아니라 숱이 적은 수염이나 눈썹, 회음부, 사고나 화상으로 인한 흉터 등에도 가능하다.

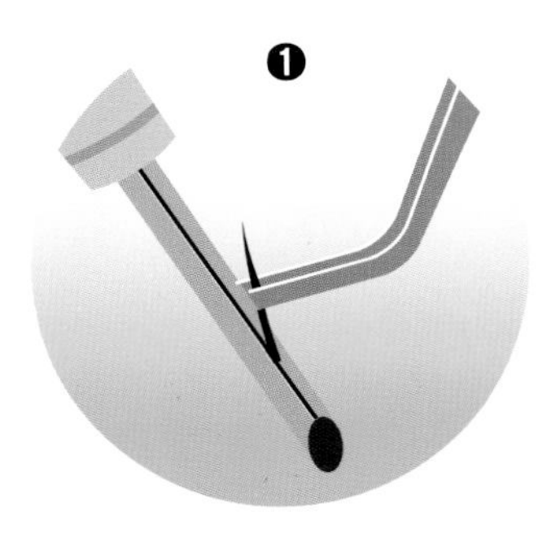

이식모낭 끼워넣기

이식 부위에
식모기로 모낭 이식

1. 탈모의 원인에 대해 쓰시오.

2. 남성형 탈모와 여성형 탈모의 특징을 비교 설명하시오.

3. 탈모치료의 복용약의 종류와 특징을 설명하시오.

4. 탈모의 치료 약물 중 외용약 미녹시딜에 대해 설명하시오.

5. 탈모의 치료요법 중 주사요법 트리암시놀론(Triamcinolone) 주사와 메조페시아 주사에 대해 설명하시오.

6. PRP(Platelet Rich Plasma) 주사에 대해 설명하시오.

정답 및 TIP

1

- 유전적
- 호르몬 불균형
- 영양결핍
- 출산
- 과다한 샴푸사용
- 과로
- 스트레스
- 자가 면역 질환
- 갱년기 장애
- 수술, 약물 부작용
- 다이어트
- 잦은 염색과 펌

2 남성형 탈모

남성 탈모는 중 · 장년의 남성에게 나타나며 유전과 남성 호르몬인 안드로겐에 의해 모발이 빠지는 대표적 탈모 질환으로 안드로겐성 탈모증이라고도 한다. 앞머리와 정수리 부위의 탈모와 모발의 왜소화가 특징이며, 나이가 들수록 진행한다. 모낭 속의 5알파-리덕타아제(5 alpa-reductase)효소는 안드로겐 호르몬의 영향을 받아 테스토스테론을 디하이드로테스토스테론(DHT : Dihydro Testosterone)이라는 호르몬으로 변화시키는데, 이때 목표부위에서 안드로겐 수용체와 결합하여 모낭 세포의 단백질 합성을 지연시키므로 모낭의 성장기가 단축하게 된다. 이때 모발은 점차 가늘어지고 휴지기에 들어서면서 남성형 탈모증이 일으킨다. 탈모의 종류가 다양해지면서 남성형 탈모증의 형태, 증상에 따른 용어도 점차 세분화되고 전문적 용어로 구분되고 있다.

여성형 탈모

여성의 탈모의 원인은 남성의 탈모와 달리 원인이 다양하여 전문적인 진료와 검사로 탈모원인을 정확히 분석하여 치료하는 것이 빠른 효과를 기대 할 수 있다. 여성의 탈모는 호르몬 변화, 무리한 다이어트, 폐경으로 인한 호르몬 밸런스 이상, 스트레스, 갱년기 우울증, 다낭성 난소 증후군, 빈혈, 아연결핍, 갑상선질환, 지루성피부염, 임신과 출산 등의 다양한 원인이 있으므로 정확한 원인을 알고 꾸준한 관리를 한다면 호전될 수 있는 가능성도 있다. 여성 탈모의 증상을 확인하는 방법으로는 임상증상과 모발 관찰, 모발 직경의 감소, 생장기 모발의 비율감소, 휴지기 모발의 비율 증가로 알 수 있다.

정답 및 TIP

3 피나스테리드(Finasteride)
탈모를 유발하는 디하이드로테스토스테론(DHT)의 생성에 관여하는 효소인 TypeII 5-알파 환원효소의 활동을 억제하여 탈모를 예방하고 모발 성장을 증진하는 작용을 하며, 주사제로도 사용되고 있다. 국내에서 '프로스카', '프로페시아' 등의 제품명으로 판매되는 되고 있는 성분으로 1992년 전립선 비대증 치료를 위해 도입되고 1997년 탈모 치료제로 승인되었다. 부작용으로는 전립선암 유발, 성 기능 장애, 우울감, 불안, 가슴 비대 등이 있다.

두타스테리드(Dutasteride)
두타스테리드는 남성호르몬인 디히드로테스토스테론(dihydrotestosterone, DHT)을 감소시키는 약물이다. DHT는 전립선을 커지게 하고 모낭을 축소시켜 양성 립선비대증과 남성형 탈모를 일으키는 호르몬으로, 테스토스테론이 5-알파 환원효소(5-alpha reductase)에 의해 DHT로 전환된다. 두타스테리드는 이 5-알파 환원효소를 억제함으로써 DHT의 생성을 감소시켜 남성형 탈모증치료에 사용된다. 주사제로도 사용되고 있다. 임신 또는 임신 가능성 있는 경우 기형아 유발될 수 있으므로 사용하지 말아야 한다.

판토가(Pantogar)
판토가는 약용 효모, 아미노산, 단백질, 케라틴, 비타민 B 복합제의 주성분으로 경구용 여성형 탈모 치료제이다. 판토가에 함유된 성분은 세포의 물질 대사를 통해 모발의 성장을 촉진시키고, 건강하고 탄력성 있는 모발로 만들어 탈모을 예방한다. 부작용으로는 구토, 위통, 위장관 불쾌감. 빈맥, 소양증, 두드러기 등이 있다.

4 미녹시딜(Minoxidil)
미놀시딜은 1979년 미국 화이자에서 고혈압 치료제로 FDA 승인을 받은 주사제이다. 그러나 임상시험 중 피실험에게서 다모증이 나타나는 것을 보고 착안해 1988년 FDA 승인을 받아 탈모치료제로 상용화되었다. 모낭 내 혈관의 혈액순환을 증가시켜서 모발성장을 촉진시키는 원리이며, 모발 성장을 촉진시키는 기전은 아직 명확히 밝혀지지는 않았다. 국내에서는 마이녹실, 나놀시딜, 케어모 등의 다양하 제품명으로 알려져 있다. 부작용으로는 두피 건조증, 가려움, 홍반 등이 있다.

5 트리암시놀론(Triamcinolone) 주사
주성분은 트리암시놀롤 아세토니드(Triamcinolone Acetonide)로 스트레스가 원인이 되어 발생하는 원형탈모에 사용되는 약물이다. 저농도로 희석된 약물을 병변에 고루 주사하며, 모발성장을 방해하는 국소 자가면역 과정(local autoimmune process)을 억제하여 모발 성장을 유도할 수 있다. 대표적인 부작용으로는 모세혈관 침투로 인한 피부 지방괴사로 피부 함몰이며, 모낭염, 다모증, 좌창양 발진, 피부 위축 및 모세 혈관 확장 등이 발생할 수 있다.

메조페시아 주사
메조테라피를 두피치료에 적용한 '메조페시아'는 메조테라피와 대표적 탈모 약제인 프로페시아의 합성어로 모낭의 생장을 도와주고 두피 혈류를 개선시키는 약물을 메조건을 이용하여 직접 모낭 내로 주입하는 탈모 치료법이다. 메조건은 특수한 주사 기구로 주사액의 양, 주사 깊이, 주사 속도까지 조절하여 약물을 진피층에 주사할 수 있다. 부작용이 거의 없으며, 시술이 짧고 시술 후 빠른 효과, 이식 수 이식 모발의 생착을 높이는 효과도 있어 수술 후 치료로도 사용되고 있으나, 모근이 살아 있는 단계에서 좋은 효과를 볼 수 있기 때문에 탈모 예방으로도 좋다.

6 혈액 속의 혈소판에 농축되어 있는 성분으로 싸이토카인(Cytocain), PDGF, EGF, TGF-β1, VEGF, IGF, FGF-2 등의 여러 성장인자가 다량 함유되어 있는데, 이를 PRP(자가혈 피부재생술)이라고 한다. 흔히 줄기 세포주사 또는 피주사라고 불린다. 모발 재생에 관여하는 성장 인자인 IGF-1. VEGF, bFGF를 두피에 직접 주사하여 모발 세포의 분화와 혈관을 촉진시켜 발모 효과가 나타나는 데 도움을 준다.

코스메슈티컬 화장품 및 약물

8

1. 코스메슈티컬 개념

코스메슈티컬(Cosmeceutical)이란 화장품을 의미하는 코스메틱(Cosmetic)과 의약품(Pharmaceutical)의 합성어로 의학적 또는 약제와 같은 생물학적 효과가 있는 활성 성분을 갖는 화장품을 의미한다. 코스메슈티컬 용어는 1986년 피부과 전문의 앨버트 클리그먼(Albert Kligman)에 의하여 정립되었는데, 의학적으로 규명된 성분을 화장품에 함유한 제품으로 피부에 직접 발라 건강한 피부를 위한 필요 영양소를 제공하여 피부 색과, 피부 조직 등을 향상시킨다.

최근 초 미세먼지, 기후 변화, 온실가스 등 환경적인 요인에 의해 피부질환에 대한 우려가 확산되고 있을 뿐만 아니라, 평균 수명 연장으로 피부 노화에 대한 관심 증가하고 있다. 그러므로 웰빙을 위한 자신의 웰니스 케어에 관심이 높아지면서 건강과 안전을 고려한 기능성식품, 기능성 화장품 등 제품에 대한 소비자의 선호도가 증가하고 있다.

이러한 변화에 발맞춰 여러 제약회사들은 소비자들의 심리적인 요인에 기인한 제품 개발을 위해 의학적이고 첨단 과학기술과의 융합을 통해 효과적인 코스메슈티컬 제품 개발에 힘쓰고 있다. 이에 따라 의학의 발전으로 인한 피부 질환 치료법이 계속 새롭게 등장하게 되고, 화장품 시장은 그에 발맞추어 과학을 접목한 뷰티 산업이 지속적으로 성장하고 있는 추세이다.

코스메슈티컬에는 미백, 주름개선, 피부질환 제품, 메이크업 제품, 헤어케어 제품, 구강위생 제품, 기타 제품 등 다양한 종류가 있다.

코스메슈티컬과 화장품 및 의약품 비교

구분	의약품	코스메슈티컬	화장품
목적	치료	보조적 치료	청결, 미화
대상	피부질환자 및 특정인	특정인, 일반인	일반인
사용기간	일정기간	장기적	장기간, 매일
사용범위	특정부위	특정부위 또는 전체	전체
원료 및 재료	지정 · 고시한 성분	보조적인 효능 중심의 기능성분	모든 성분

2. 메디컬 약물의 특성과 작용

1) 약물의 형태와 목적

(1) 약물의 투여 목적

질병을 예방 · 진단 · 치료하고 상태를 호전 · 증상을 완화시키기 위해 투여한다.

(2) 약물의 조제 형태

① 액체

물약(solution)

약을 물에 녹인 것

시럽(syrup)

불쾌한 맛을 없애기 위해 약물을 설탕에 녹이거나, 당류 또는 감미제를 함유하는 의약품의 용액 또는 현탁액 등으로 만든 내복 액체

로션(lotion)

수성액을 미세하게 분산시켜 피부에 적용하는 액상 현탁액

엑기스, 침출제(extract)

식물이나 동물에서 추출한 생약성분을 농축한 것

현탁제(aquesous suspension)

한 가지 이상의 약물이 물과 액체에 미세하게 분포되어 있는 것

엘릭시르(elixir)

먹기 어려운 약을 먹기 쉽게 하는 부형 약으로 사용되는 알코올을 함유하는 달콤하고 향기로운 액체

팅크제(tincture)
식물에서 추출한 생약을 에틸 에탄올 · 물의 혼액으로 조제한 약제

스프레이 · 발포제(aerosol spary & foam)
액체, 분말, 포말이 기압에 의해 피부에 얇은 막을 만드는 것

주사제(injection)
사용할 때 녹이든가 현탁으로 쓰는 의약품

② 고체 또는 반고체

정제(tablet)
분말을 압축하여 단단하고 작은 원반형으로 만든 것

캡슐(capsule)
분말, 과립, 액체, 기름 형태의 약을 젤라틴으로 만든 용기에 넣은 것

분말(powder)
1종, 2종의 의약품 가루를 균등히 혼합한 것으로 내용 · 외용으로 사용하는 약제

좌약(suppository)
젤라틴과 같은 단단한 약제와 한 가지 이상의 약물이 혼합된 고형 약제로, 체강에 삽입하기 쉬운 모양으로 되어 있어 체온에 의해 서서히 용해되면서 약물이 유리되는 약

연고(ointment)
한 가지 이상의 약물이 혼합된 반고형의 약제로 피부나 점막에 사용하는 외용제

크림(cream)
피부에 사용되는 미끄러지지 않는 반고형의 액체

젤(gel)
피부에 바르면 액화되는 맑고 투명한 반고형 약제

함담 정제(lozenge)

구강에서 빨아먹을 때 용해되어 약물이 유리되는 편평한 원형의 약제

장용정(enteric-coated tablet)

위의 강산에 용해되지 않고, 알칼리성 환경인 장에서 쉽게 용해되는 코팅제로 피복한 정제

이고(paste)

연고와 비슷하나 연고보다 진하고 점도가 높으며 피부투과력이 약한 약제

환(pill)

한 가지 이상의 약물을 응집물질과 함께 혼합하여 삼키기 용이하게 만든 타원형 또는 원형의 약제

피부접착제(Patch)

피부에 부착하여 긴 시간에 걸쳐 피부로 흡수되는 반투과성의 반창고 형태의 약제

(3) 약물의 구비조건

- 안전성 · 강도 · 효과가 있어야 한다.
- 발암 현상이 없어야 한다.
- 치료 효과가 있고, 부작용이 적어야 한다.
- 값이 저렴하고, 선택성이 있어야 한다.
- 인체에 무해해야 한다.

(4) 용기의 종류

① 밀봉 용기

미생물의 침입으로 오염의 염려가 없도록 만든 용기(앰플, 바이알)

② 기밀 용기

수분 침입, 손실, 오염 등의 방지하기 위해 만든 용기(과산화수소)

③ 밀폐 용기

약품의 손실, 파손, 이물질의 혼합을 막기 위한 용기

④ 차광 용기

약물을 햇빛으로부터 차단하기 위한 목적으로 갈색이나 청색, 기타 차광용 유리병으로 만든 용기

(5) 약물의 관리

- 통풍이 잘 되고 직사광선을 피해 보관한다.
- 약병, 약 상자는 반드시 뚜껑을 닫아놓는다.
- 소아의 손에 닿지 않도록 보관한다.
- 오용을 방지하고 품질의 보존을 위하여 다른 용기에 바꾸어 넣지 않는다.
- 연고, 마사지용 알코올, 소독약, 리니멘트 등은 다른 칸막이에 따로 보관한다.
- 각 의약품의 저장방법에 맞게 보관한다.
- 유효 날짜가 지난 것은 간호사(의료진)에게 보고하여 바로 버린다.
- 침전물이 있거나 변색된 약은 사용하지 않는다.
- 라벨이 손상된 약물은 투여하지 않는다.
- PTP 포장 약물의 경우 빛과 습기에 약하므로 포장 그대로 보관하고 복용 직전 개봉한다.

2) 약물의 작용 및 특성

(1) 약물 작용

① 치료 작용

약물이 질병 치료에 필요로 하는 작용

② 부작용

치료에 필요하지 않고 원하지 않는 작용

③ 독작용

건강을 해치거나 생명에 위험을 주는 작용

④ 알러지작용

개인의 민감성에 따라 투여한 약물의 기본 작용과 전혀 다른 성질의 증상이 나타나는 작용

⑤ 내성

약물을 계속 연용 할 경우 같은 치료 효과를 위해 사용량을 증가해야 하는 현상

⑥ 약물 상호 작용

각 약물의 산술적인 합의 효과인 상가 작용과 산술적인 합 이상 의 효과를 나타나는 상승작용, 약물의 효과를 서로 감퇴시키는 길항작용

⑦ 축적작용

약물 흡수에 비해 배설 또는 해독이 지연되어 체내 축적되고 중강반응 최래

⑧ 약물 의존성

약물을 오랫동안 사용하다가 투여를 중지할 때 정신적 · 육체적으로 그 약을 갈망하는 현상

⑨ 금단 현상

약물을 갑자기 중단했을 때 의존성으로 나타나는 극도의 신체적 증상

(2) 약물 투약의 원칙

정확한 양, 용량, 시간, 경로, 대상자, 기록의 6대 원칙으로 한다.

(3) 약물의 투여 경로

- 경구투여법(Oral medicaion : PO)
- 피하주사법(Subcutaneous injection : SC)
- 근육주사(Instramuscular Injection : IM)
- 정맥주사(Intravenous Injection : IV)
- 피내주사(Intradermal Injection : ID)

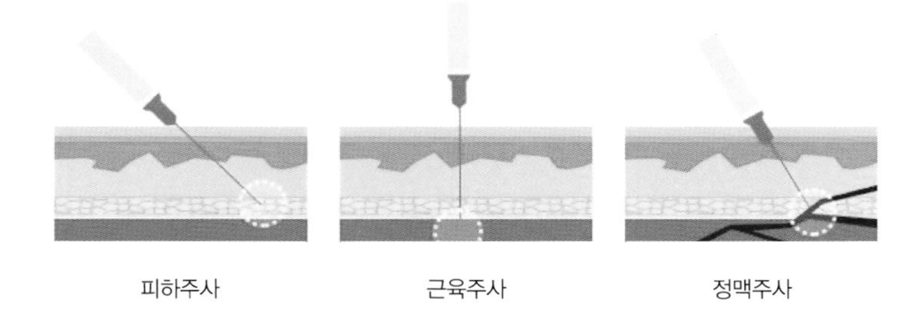

(4) 약물 작용에 영향을 주는 요소

- 체중 및 연령
- 약물의 투여 시기와 투여경로
- 성별
- 특이체질
- 심리적 요인
- 환경적 요인

(5) 약물 복용시간

약물의 복용시간은 성분에 따라 다르기 때문에 처방과 복용 방법을 반드시 준수해야 하며, 일반적인 복용시간은 다음과 같다.

복용시간	약물의 특성	대표적인 약
식간(공복)	• 음식물과 혹은 다른 약물과 상호작용이 있을 수 있는 약 • 음식물이 약물의 체내흡수를 방해함 • 복용 후 눕지 않는 것이 식도 부작용을 줄임	당뇨약, 궤양치료제, 제산제, 강심제, 지사제, 이뇨제
식전	• 신속한 전체작용을 기대할 때 • 혈당 상승을 효과적으로 억제할 수 있음	인슐인 분비를 촉진하는 약, 식욕촉진제, 식욕억제제, 구토억제제, 위산분비억제제, 정장제, 구충제, 강장제
식사 중식 후 즉시	• 음식물과 흡수가 증가되는 약 • 오심, 구토, 설사 등 위장관계 부작용을 줄임	항진균제, 철분제제, 다이아벡스와 같은 당뇨약, 비만치료제
식후 30분	• 서서히 흡수되는 것을 목적으로 할 때 • 자극성으로 위장을 해칠 우려가 있을 때	대부분의 약, 소염진통제, 복합소화제, 지사제
일정 간격 복용	• 지속적 약물의 효과 유지	항생제, 항암제, 항균제
필요시	• 증상 발병 시 복용	해열제, 수면제, 진통제, 항불안약,
취침 전	• 약에 따라 잠이 올 수 있는 부작용이 있고, 생활의 불편함이 있을 수 있을 때	항히스타민제, 수면제, 변비약

3) 약물의 종류와 효능

(1) 응급약

응급약은 심폐소생술에 투여되는 약물, 심장 근육의 수축력 및 혈압 조절을 위한 약물, 항부정맥제 등이 있다.

구분	효능	부작용
아데노신 (Adenosine)	부정맥치료제	서맥, 홍조, 두통, 오심, 흉통
에피네프린 (Epinephrine)	교감신경 흥분제, 강심제, 혈관수축제, 국소출혈방지, 기관지 천식, 기관지 확장증의 경련 완화, 심정지환자	중추신경자극, 심전도 변화, 빈맥, 고혈압, 대사성 산증,부정맥
아트로핀 (Atrophin)	부교감 신경차단제(위장운동조절 및 진경제), 서맥 치료	구갈, 오심, 구토, 배뇨장애, 두통, 호흡장애, 부정맥
바소프레신 (Vasopresin)	항이뇨호르몬, 심실세동의 심정지 환자	떨림, 혈압증가, 맥박감소, 어지러움, 복부경련, 구역, 구토, 발열, 두통
중탄산나트륨 (Sodium bicarbonate)	심정지환자의 산 · 염기변화	혈액의 삼투압증가, 호흡성 산증이 가중으로 인한 뇌기능 장애,과나트륨혈증
리도카인 (Lidocain)	국소마취제, 부정맥 치료제	졸림, 오심, 구토, 호흡곤란, 혈압하강, 서맥, 신경장애
니트로글리세린 (Nitroglycern)	협심증, 심근경색증	저혈압,흉통

(2) 해열 · 진통제

비정상적으로 높은 체온을 내려주고 진통, 통증을 완화시키는 약물이다.

성분명	적응증	부작용
아세트아미노펜 (Aceteminophen)	두통, 치통 등 발열과 통증, 관절통, 근육통, 월경통	상용량 범위 내에서는 비교적 경미
이부프로펜	진통효과, 소염효과 탁월	위장 장애, 구토
덱시부프로펜	해열, 진통, 소염	위장장애 구토
아세틸살리실산 (Acetysalicylic acid)	두통, 신경통, 류마티스열, 발열상태	위장장애, 발진, 두르러기

(3) 항히스타민제(Antihistamines)

히스타민 수용체 수용을 억제시켜 히스타민의 작용을 억제시키거나 히스티딘에서 히스타민으로 변환를 촉진시키는 히스티딘탈카르복실화효소(histidine decarboxylase, HDC)의 활성화를 억제하는 약물로 히스타민에 의한 알레르기 증상을 완화시키는 약물이다.

성분명	적응증	부작용
클로르페니라민 (Chlorpheniramine)	두드러기, 습진, 피부염, 약물발진, 감기, 콧물	졸음 현기증 두통 진정작용
로라타딘 (Loratadine)	알레르기 비염,두드러기, 재채기	
트리프롤리딘 (Triprolidine)	콧물, 콧막힘	
드라마민 (Dramamin)	멀미	
디펜히드라민 (Diphenhydramine)	진정작용, 혈관수축작용, 수면유도제, 알러지	
세티리진 (cetirizine)	알러지 비염	
아젤라스틴 (Azelastine)	기관식천식, 알러지성비염 습진, 피부염, 소양증	
루파타딘 (Rupatadine)	알레르기비염, 가려움증	
펙소페나딘 (Fexofenadine)	알레르기,두드러기	

(4) 항생제(Antibiotics)

박테리아의 성장과 발육을 억제하는 의약품으로 세균에 의한 감염질환 치료에 사용하는 약물이다. 항생제는 1세대~5세대까지 개발되어 있으며, 오남용 시 부작용으로 내성을 생길 수 있으므로 주의해야 한다.

분류	종류	부작용
페니실린계 (Penicillins)	페니실린G (Penicilln G) 암피실린(Ampicillin) 피페라실(Piperacillin)	뇌병증, 간질 발작, 설사, 혈소판 감소증, 방광염알레르기 반응, 발진, 설사, 백혈구 감소
세팔로스포린계 (Cephalosporins)	세파졸린(Cefazolin) 세프메타졸(Cefmetazole)	배탈, 설사, 오심 알레르기 반응
모노박탐계 (Mnobactams)	메로페넴(Meropenem) 에르타페넴(Artapenem) 실라스타틴(Cilastatin,)	
마크로라이드계 (Macrlides)	에리스로마이신(Erythromycin) 클라리스로마이신(Clarithromycin) 아지스로마이신(Azithromycin)	오심, 구토, 설사 및 피부과민
아미노글리코사이드계 (Aminglycosides)	토브라마이신(Tobramycin) 토브라마이신(tobramycin) 아미카신(amikacin)	이(耳)독성, 신장독성 신경근 차,단
테트라사이클린계 (Teracyclines)	테트라사이클린(Tetracycline) 독시사이클린(Doxycycline) 아지스로마이신(Azithromycin)	오심 · 구토 · 설사 · 구내염 · 소장 결장염
린코마이신계 (Licosamides)	린코마이신(Licomycin) 클린다마이신(Clindamycin)	피부발진과 복통, 구토, 설사
글리코펩타이드계 (Glycopeptide)	반코마이신(Vancomycin) 테이코플라닌(Teicoplanin)	신장 독성
퀴놀롤계 (Quinolones)	시프로플록삭신(Ciprofloxacin) 레보블록사신(Levofloxacin) 목시플록사신(moxifloxacin)	오심 · 구토 · 발진 · 현기증 · 두통
설폰아마이드계 (Sulfonamides)	설파살라진(Sulfasalazine) 트리메토프림(Trimethoprim) 댑손(Dapsone)	두통, 어지러움, 우울, 피부염, 발열, 물집, 식욕 부진, 구토, 혈뇨

(5) 마취제

① 전신 마취제

치오펜탈 나트륨(Sodium thiopental), 케타민(Ketamine), 아산화질소(Nitrous oxide), 이소플루란스(Isoflurance), 할로탄(Halothane), 엔플루란스(Enflurance) 등이 있다.

② 국소 마취제

리도카인(Lidocain), 벤조카인(Benzocaine), 코카인(Cocain), 프로카인(Procain), 부타카인(Butacain), 폰토카인(Pontocain) 등이 있다.

(6) 소독약품

소독 대상이 상하지 않고, 취급이 간편하며 값이 저렴한 것

[예] 크레졸 비누액, 알코올, 표백분, 과산화수소수 3%, 석탄산, 포비돈 아이오딘(베타딘), 아이오다인 팅처

1. 코스메슈티컬 화장품을 설명하시오.

2. 약물 작용에 영향을 주는 요소를 모두 쓰시오.

3. 코스메슈티컬 제품과 화장품, 의약품을 비교설명하시오.

4. 약물의 종류와 특성 중 응급약 3가지를 설명하시오.

정답 및 TIP

1 코스메슈티컬 화장품이란 다양한 측면에서 뷰티에 과학을 더한 제약 성분이 담긴 화장품을 일컫는다. 화장품(cosmetics)과 의약품(pharmaceutical)의 합성어로 피부 재생, 주름개선, 미백 효과 등 의학적으로 검증된 기능성 성분을 포함한 효능이 강조되어 치료 목적으로 쓰이는 기능성 화장품을 일컫는 신조어이다.

2
- 체중 및 연령
- 약물의 투여 시기와 투여경로
- 성별
- 특이체질
- 심리적 요인
- 환경적 요인

3

구분	의약품	코스메슈티컬	화장품
목적	치료	보조적 치료	청결, 미화
대상	피부질환자 및 특정인	특정인, 일반인	일반인
사용기간	일정기간	장기적	장기간, 매일
사용범위	특정부위	특정부위 또는 전체	전체
원료 및 재료	지정 · 고시한 성분	보조적인 효능 중심의 기능성분	모든 성분

4

구분	효능	부작용
에피네프린 ※ 아나필락시시스시 사용	교감신경 흥분제, 강심제, 혈관수축제, 국소출혈방지, 기관지 천식, 기관지확장증의 경련 완화	중추신경자극, 심전도 변화, 빈맥, 고혈압, 대사성 산증 ※ 금지: 당뇨병, 동맥경화, 기질성 심장질환, 부정맥
아트로핀	부교감 신경차단제 (※수술 전 처치시 사용)	구갈, 오심, 구토, 배뇨장애, 두통, 호흡장애, 부정맥
리도카인	국소마취제, 부정맥 치료제	졸리움, 오심, 구토, 서맥, 호흡곤란

메디컬 스킨케어 이론과 실무

병원코디네이터 이론과 실무

병원코디네이터의 이해

1

1. 의료환경 변화 및 병원의 경영 패러다임의 변화

최근 의료. 보건 기간들은 사회적, 보건학적, 환경의 변화로 앞으로 다가올 미래 시대를 위한 적절한 방안을 마련해야 하는 상황에 이르렀다.

최근 가속화되는 고령화와 자 출산으로 인하여 요양 병원 등이 급증하고 있다.

65세 이상 인구는 2015년 657만 명까지 1990년 약 220만에서 3배 이상 증가하였다.

이는 국민 전체의 13.2% 수준에 달한다.

또한 과거 전염병 중심의 질환이 생활패턴의 변화에 따라 뇌졸중, 당뇨, 고혈압과 같은 성인병으로 만성질환이 급증하고 있으며 이에 질병 관리가 더욱 중요시되고 있다.

21세기 병원의 서비스와 경쟁력 강화를 위해 의료경영 환경의 변화 및 경영 패러다임의 변화로 인하여 병원코디네이터의 개념 및 필요성이 요구되며 현재 중소 병원과. 의원에서 이루어지고 있는 서비스의 가치 의료 환경의 변화를 통하여 병원에도 전문 서비스 개념이 도입되고 병원 서비스 전담 인력이 필요하며 병원코디네이터의 개념이 자리를 잡게 되었다. 때문에 높은 차원으로 이끌어 가는 것과 병원코디네이터가 되기 위해 병원코디네이터의 역할을 이해하며 가지와 비전에 대하여 심도 있게 분석하여 질적, 양적인 팽창과 의료기술의 높은 표준화 현상의 하나로 진료 및 의료기술 만큼 고객들의 서비스 부분이 병원의 큰 경쟁력으로 부각되고 있다.

이는 병원 간의 심각한 경쟁 상황을 가져오기에 이르렀으며 과거와 같은 진료 중심의 의료 서비스 만으로는 더 이상 많은 환자를 유치할 수 없는 상황이 되면서 전문 경영 방식의 도입이 일반화되었다.

고객들의 병원 서비스에 대한 욕구도 동반적으로 상승되어 이제 병원은 더 이상 질병만을 치료하는 의료기관이 아니며 병원의 품질을 높이기 위하여 더욱 포괄적이고 종합적인 기능을 수행해야 할 것이다.

국내에 병원코디네이터가 도입된 지 10년 정도로 1994년 미국의 선진 의료 서비스를 투어 하던 중 병원코디네이터라는 직종을 벤치마킹하여 우리나라 실정에 맞게 그리고 1차 의료기관에 적합하도록 바꾸어 도입한 치과에서 시작되었다.

의료시장의 개방과 의료경쟁 체제 심화, 병원 영리 입법화 등으로, 의료 시장의 환경이 급변하고 있는 요즘이제 병원에서는 서비스 부분이 필수 경쟁력으로 부각되고 있다.

또한 의료시장의 경쟁이 심화되고 있으며, 최근에는 환자들의 의료의 비영리에 대한 인식이 점차적으로 바꾸어가고 있으며 무엇보다도 치열한 생존경쟁 속에서 환자의 다양한 요구에 부응하여 환자가 만족할 수 있는 의료 서비스를 제공하는 영리적인 것이 더 필요하다는 것은 병원과 고객들의 요구이기도 하다. 또한 의료기관들이 살아남기 위해 많은 노력을 하고 있다.

의료시장이 심화되는 원인으로는 의료 인력의 대량 배출과 대기업의 의료사업 진출로 인한 의료기관의 양적인 증가 때문이며 병원 간의 의료 서비스 경쟁이 심화되고 있으며 병원 서비스의 핵심은 고품질의 의료 서비스를 얼마나 어떻게 환자에게 제공하느냐에 따라 다르다.

병원의 패러다임의 변화는 과거에는 병원 중심적 사고에서 현재는 고객 중심적 사고로, 치료 중심적 경영에서 고객 로열티 중심으로, 의무적 응대에서 고객친화력 응대로 변화하고 있다.

병원 경영의 목표는 과거 수익성 증대에 중요한 초점을 두고 있지만 이제는 고객 유지율을 어떻게 높일 수 있는가와 고객 가치 창출에 주안점을 두는 방향으로 패러다임이 변하고 있다.

이렇듯 새로운 의료계 패러다임 속에서 병원 경영에서 병원 마케팅과 의료 정보화 병원 경영에 쉽게 적용할 수 있도록 도와주며 고객의 입장에서 고객에게 좀 더 친밀하고 쉽게 접근할 수 있게 해주는 병원코디네이터는 이제는 없어서는 안 될 존재가 되었다.

2. 병원경영 변화와 병원코디네이터

병원은 전문적이고 체계적인 서비스 부분이 부각될 수 없는 상황에 이르렀으며 의료 기관을 이용하는 고객들의 삶이 질 향상, 의식의 변화로 인하여 병원 중심의 서비스에서 고객 중심의 서비스로 변화하였으며, 여러 매체의 발달로 인해 고품질의 의료 서비스와 적극적인 마케팅이 아니고서는 고객을 유치하기가 어려운 실정이다.

특히 의료기술의 발달과 생활수준의 향상으로 공공 중심의 의료수요를 감당하기가 어려워졌으며 병원 신설 및 전문 의사의 부족, 병원의 경험 부족, 의료기기의 급격한 상승으로 인하여 병원경영 형태가 단독개원에서 공동개원으로, 비전문 경영에서 전문 경영으로, 병원의 브랜드화, 체인화 등으로 변화하면서, 과거와 같은 진료 중심의 의료만으로 더 이상 환자를 유치할 수 없는 상황이 되면서 병원의 초대형화, 네트워크화, 전문화를 통한 고객 유치만이 일반화되었다.

때문에 치열한경 쟁의 돌파구로 병원 서비스 코디네이터는 없어서는 안 될 존재가 되었다. 그 후 시설 교육원의 설립 및 관련 학과가 신설되고 병원 서비스 코디네이터 민간자격시험이 생겨나기 시작하였다.

특히 서비스에서 의사보다 직원이 더 큰 역할을 하고 있으며 주식 의식까지 갖추고 있는 병원코디네이터 제도는 빠르게 변화하고 있는 의료계의 현실과 고객의 의료 서비스에 대한 기대치 상승으로 없어서는 안 될 중요한 존재로 부각되고 있다.

병원코디네이터는 순발력과 상황 판단력이 빠르게 요구되며 상담, 심리 등에 관한 지식과 기본적인 의료 상식이 있어야 하며 책임의식과 다른 사람에 대한 배려와 긍정적이고 활발한 성격의 소유자와 원만한 대인관계와 더불어 고객서비스의 개념을 가진 포괄적이고 종합적인 기능을 수행하는 코디네이터 제도의 도입이 필수이다.

병원코디네이터가 도입된 후 진료서비스에 대한 만족도가 높아지는 반면 의사의 수입이 늘고 환자의 대기 시간이 많이 짧아졌으며 소개환자 비율이 증가하고 직원들의 이직률도 낮출 수가 있다.

1. 현대의 병원 조직은 복잡한 구조로 구성되어 있을 뿐만이 아니라 대외 관계가 중요한 문제로 인식되어 지고 있다. 내 · 외부적환경변화의 요인에 대하여 쓰시오.

2. 병원조직은 여러 가지 환경요인과 그 변화에 따라 크게 영향을 받으며 변화한다. 병원조직의 환경변화에 대한 행정관리 전략에 대하여 쓰시오.

3. 오늘날 기업조직의 성공에 영향을 미치는 요인으로 리더십이 매우 중요시되고 있다. 리더십이란 무엇인가?

4. 병원이 환자에게 제공하는 의료 서비스에 대한 평가를 위해 의료법령에 근거하여 2004년부터 정부에 의해 시행되는 제도는 무엇인가?

   ① 의료기관 서비스 평가제도　　② 병원경영 평가제도
   ③ 환자 평가제도　　④ 소비자 평가제도

5. 병원경영에 있어서 가장 기본적인 사명이 있다. 그 사명과 거리가 먼 것은?

   ① 의료행위를 가능한 최소의 비용으로 제공함으로써 사회적 공헌을 다한다.
   ② 환자의 생명을 지키는 것만이 병원의 사명이다.
   ③ 우리가 병원의 주인이라는 것을 인식하고 환자에게 최대한 책임감을 다해야 한다.
   ④ 병원은 환자가 고객인 만큼 양질의 서비스를 제공하여야 한다.

정답 및 TIP

1 국민의 인식 변화와 교육, 생활수준의 향상으로 인해 국민소득의 증가와 함께 IMF 이후 국민의료비는 증가 추세를 보이고 있으며 의료기술의 발전과 첨단 의료 장비의 개발, 인구의 노령화, 질병구조의 변화 때문이다.

2 고가의 의료장비에 대한 집중투자가 아닌 고가 장비의 체계적 활용 및 타 기관과의 공유를 통해 투자비 절감과 운영비의 효율성을 축하고 병원 표준화 사업의 실시 및 양질의 프로그램을 정착해야 한다.

3 리더십은 단순한 서류작업이나 문제해결 활동과는 구별되는 활동으로, 사람과 사람 사이의 상호 작용이며, 다른 사람들의 행동에 영향을 미쳐 조직 목표를 달성하는 과정이며, 목표 달성을 위해 구성원들에게 영향을 미치는 능력이 있어야 하며, 급변하는 조직 환경에 적극 대응해야 하며, 구성원의 성향, 특성, 의사 존중을 해야 한다.

4 ①

5 ②

병원코디네이터의 개념 및 필요성

2

1. 병원코디네이터의 직업적 정의

병원코디네이터는 병원에 방문하신 환자와 의료 서비스를 담당하는 의료진 및 직원들의 가치 창출이 최대로 도모될 수 있도록 병원의 서비스를 기획하고 관리하는 전문가이다.

병원의 중간 관리자로서 병원 서비스 매니저라고도 한다.

환자들의 의료 서비스 욕구를 충족시키기 위해 병원에서 해야 할 일을 기획, 관리, 조종, 개선 업무를 담당하는 조력자 역할이다.

또한, 병원과 환자 간의 매개체 역할뿐 아니라 직원과 병원 간, 직원과 환자 간, 직원간의 상호관계가 원활하도록 관리하고 조정함으로써, 상호 신뢰를 향상시키고 이를 통해 궁극적으로는 양질의 의료 서비스가 제공될 수 있도록 유도하는 중간관리자이기도 하다.

고객은 의사를 만나기 전 많은 것을 제시하고 싶어 한다.

병원코디네이터는 그러한 고객들에게 도움을 주며 병원코디네이터가 고객과 인간적인 관계를 어떻게 유지하느냐에 따라서 진료에 많은 영향을 미치게 된다.

병원코디네이터는 전문직 서비스이며 진료과정, 진료 후 효과나 후유증 주의사항 등에 대한 설명을 하여 고객에게 친근함을 준다.

병원코디네이터는 기본적으로 고객 지향적인 태도를 가지고 있어야 하며 환자에게 친절하고 신속하게 서비스를 제공할 수 있도록 고객 응대 기술도 가지고 있어야 한다.

코디네이터의 사전적 의미처럼 총체적인 시간을 가지고 각 부서와 부서를 부드럽게 연결해주는 윤활유 역할을 하는 서비스 매니저라고 할 수 있다. 이들은 의료 서비스 전문가로서 병원의 분위기를 밝게 연출하고, 차별화된 서비스를 제공함으로써 병원 이미지를 홍보하여 환자가 편한 마음으로 병원을 찾을 수 있도록 한다. 또한, 고객 상담, 접수 · 수납 및 예약관리, 병원 마케팅, 진료실 환경 관리, 진료실 내 직원 코칭 및 교육 등의 업무를 맡는다.

1) 코디네이터(coordinator)의 사전적 정의

- 조화하여 움직이다.
- 대등하게 하다.
- 동격으로 하다.
- 조정하다.
- 서비스를 선행하다.
- 동등하게 하다.
- 적절한 관계로 하다.
- 통합하다.

병원코디네이터는 환자와 의료진의 의견을 종합하여 병원과 고객 간의 불만을 해소하여 진료와 치료를 진행하는 자로서 믿을 수 있는 신뢰의 관계를 유지하고 단순한 증상의 치료만이 아닌 환자의 마음까지도 위로받고 병원에 대한 거부반응이 없도록 편안하게 병원을 출입할 수 있도록 변화시켜 환자로 하여금 다시 찾고 싶은 병원 이미지를 갖게 하는데 창조적이고 주체적으로 기여하는 전문 직종이다. 또한 병원 이미지를 개선하고 더 나아가 기획, 관리, 마케팅, 홍보 등 병원에서 발생하는 모든 상황을 조정 또는 조절하여 적절한 관계로 조화롭게 움직일 수 있도록 한다.

병원코디네이터란 결국 의료진과 잘 협력하여 환자가 병원에서 나가기까지 매끄럽게 조정자 역할이며, 고객만족을 실현하는 전문가라 할 수 있겠다. 특히 병원에 서비스에 있어서는 자신이 프로 또는 전문가라는 의식을 가지고 열정과 사명감을 가져야 하겠다.

2. 병원코디네이터의 필요성

병원코디네이터는 병원을 진정한 서비스 기관으로 만드는 데 기여하고 환자의 삶과 질을 한 단계 높이는 사다리 역할을 한다.

특히 병원과 환자 사이의 중간적인 교량 역할을 하면서 상호 간에 원활한 커뮤니케이션을 돕는다.

병원 서비스의 리더로서 환자의 생각과 입장을 병원이나 의사에게 전달하는 역할을 하는 서비스 전문가이기도 하다.

병원코디네이터는 다른 분야의 서비스 제공자와는 달리 병원의 고객이 환자임을 잘 이해하고 각 환자마다 요구되는 개인별 서비스와 어전 것이 제공되어야 할 것인가를 파악하여 기존의 어둡고 딱딱한 이미지를 탈피하여 환자의 말에 귀를 기울이고 새롭게 친절한 병원의 이미지를 홍보하고 병원을 찾는 모든 환자들에게 최선을 다하고 병원을 진정한 서비스 기관으로 만드는 데 기여하고 환자의 삶과 질을 한 단계 높이고 최고의 의료 서비스를 제공하는 다리 역할을 한다.

요즘 20～30대의 젊은 고객층들은 자신의 질병이나 증상에 관하여 많은 정보를 가져오게 된다. 모든 환자나 고객들은 최선을 다하는 최고의 의료 서비스를 제공받을 권리가 있으며 병원코디네이터는 병원과 환자 간의 윤활유 역할을 하여 단순히 진료과 처방만으로 끝나던 기존의 방식을 탈피하여 환자 중심의 새로운 문화를 정작 시켜 방문 고객들의 불편함 없이 노력을 하여 달라진 병원의 모습을 보여주기 위해서는 희생과 봉사가 따라야 하겠다.

병원코디네이터의 도입 효과는 엄청난 수입 효과와 직원들 간의 갈등 해소로 이직률이 낮아지며 대기시간에 면밀한 상담과 진료 서비스에 대한 만족도가 높아지며 의사의 진료에도 집중력이 높아지고 수입으로까지 이어진다.

또한 병원 홍보, 마케팅 등에 참여로 인하여 병원 경영에 도움을 주며 소개 환자의 비율 또한 높아지고 있는 추세이므로 더욱더 친절한 서비스를 고객에게 제공하며 고객의 문제를 해결하여 주며 병원과 환자 직원들 간의 상호 역할을 통하여 달라진 병원의 모습을 환자에게 심어주고 밝은 이미지 홍보를 위하여 노력해야 할 것이다.

3. 병원코디네이터의 자질과 역할 및 태도

병원코디네이터(Hospital Secretary, Coordinator)는 병원의 고객만족 서비스를 최우선으로 실천하는 역할을 하며 병원 내에서는 진료를 담당하는 의사와 간호사 그리고 병원 행정을 담당하는 원무 직원들의 중간에서 상호 조화롭게 일을 처리하여 병원을 진정한 서비스 기관으로 만드는 데 기여하고 환자의 삶과 질을 한 단계 높이는데 사다리 역할을 한다.

병원코디네이터는 환자나 방문자의 요구를 미리 알아 상황에 맞는 적절한 응대와 서비스로 환자와 재방자 모두를 만족시켜야 한다.

대규모의 병원에서는 더 많은 인력이 투입되어 더 세분화된 역할을 담당하기도 한다.

병원코디네이터는 기본적으로 고객 지향적인 태도를 갖고 있어야 하며 환자에게 친절하고 신속한 서비스를 제공할 수 있는 고객 응대 스킬이 있어야 하며 감정노동과 스트레스가 많지만 그것을 외면으로 표출해서는 안 된다.

병원 서비스에 있어서는 자신이 전문가 또는 프로라는 사명감과 열정을 갖고 있어야 한다.

- 직업에 대한 사명감과 프로의식 · 타인을 이해하고 배려하는 자세
- 새로운 변화에 대한 유연성과 적응 능력
- 리더십과 갈등해결 능력 및 책임감
- 업무에 관련된 기본적인 지식
- 섬세한 관찰력과 분석력
- 타인과 원활한 의사소통의 능력
- 사교적이고 친절한 마음가짐
- 원만하고 긍정적인 대인관계 능력
- 밝고 친근한 인상
- 상황 판단이 빠르다.
- 대화 핵심을 잘 찾는다.
- 상대방의 입장을 잘 이해한다.

1) 병원코디네이터가 필요한 이유

- 의사의 설명을 잘 이해하지 못한다.
- 짧은 진료시간에 대한 불만이 있다.
- 의사에게 무엇을 물어봐야 할지 잘 모르겠다.
- 나의 치료가 어떻게 진행되는지 자세히 알려주지 않는다.
- 검사를 왜 받는지 잘 설명해 주지 않는다.
- 어떤 부서를 가야 할지 모르겠고, 찾기도 어렵다.
- 내가 고객인데 제대로 대접받지 못하는 느낌이다.
- 대부분의 환자들은 병원에 와 있는 그 자체가 불편하다.

4. 병원코디네이터의 업무, 전망

담당하는 업무의 성격에 따라 고객상담 및 진료비 상담, 리셉션, 진료상담, 기획 이외에도 마케팅, 이미지 관리 등 그 역할이 전문화되고 그 영역 또한 넓어지고 다양해졌다. 특히 의료시장 개방에 따라 외국어 실력과 서비스 능력을 겸비한 통역 코디네이터의 필요성이 증가할 것으로 여겨진다.

- 병원의 중간관리자로 원내의 근무 분위기 조성과 차별화된 서비스를 제공한다.
- 병원 이미지의 홍보에 일익을 담당한다.
- 병원 실내 · 외 환경조성은 물론 환자로 하여금 편히 찾을 수 있는 병원 분위기를 조성한다.
- 환자와 병원 간의 친밀함을 더하여 밝은 병원 분위기를 연출한다.
- 접수, 수납 및 병원의 약속 관리 담당, 인사 담당을 한다.
- 병원 홈페이지 관리와 직원 교육을 위한 세미나를 담당한다.
- 환자와의 유대를 통하여 병원과 환자의 신뢰감을 구축한다.

5. 진료상담

진료에 관련된 상담과 구체적인 진료안내 서비스를 진행하고, 진료과정, 진료 후 효과나 후유증에 대한 설명이 있어야 하며 고객은 의사를 만나기 전 많은 것을 확인하고 싶어 하고 진료 상담 코디네이터는 그러한 고객에게 도움을 주는 일을 한다.

진료상담 코디네이터가 고객과 인간관계를 어떻게 맺느냐에 따라 진료에 많은 영향을 미치게 된다.

진료상담 코디네이터는 자신 병원뿐만 아니라 경쟁 병원의 진료에 대해서까지 정확하게 알고 있어야 한다.

병원의 고객만족 서비스를 최우선으로 실천하는 역할과 더불어

- 고객 서비스 개선, 환자 상담과 사후관리
- 불만고객 관리를 통한 평생 고객창출
- 병원 경영개선을 위한 기획, 홍보
- 직원 교육 기획 및 지식경영관리

내부고객 만족을 통한 고객만족도를 높이는 역할을 한다.

진료에 관한 업무는

- 고객상담 및 진료비 상담
- 진료실 내 직원 코칭 및 교육
- 진료실 환경 관리

6. 리셉션 코디네이터

- 고객 전화 응대
- 리셉션 및 대기실 환경 관리
- 해피콜, 리콜 서비스
- 전화 및 인터넷 게시판 상담
- 접수 및 예약 프로그램 진행
- 병원 내부 환경 점검 및 MOT 관리
- 상황에 따른 고객 응대 매뉴얼 작성

7. 원내 서비스교육자

- 원내 서비스 모니터링
- 서비스 평가 및 지도
- 정기적인 교육과 외부 교육 론칭
- 서비스 평가 및 지도
- 상황별 서비스 매뉴얼 및 교육 매뉴얼 작성
- 직원들의 용모 및 이미지 점검

8. 기타업무

고객 정보 제공 및 중간관리자로써 경영관리, 마케팅기획, 재무관리 등 경영 파트너 역할을 수행한다.

- 블로그, 카페, 홈페이지 등 인터넷 서비스 관리
- SWOT 분석을 통한 마케팅 기획
- 원내 외 홍보 관리
- 각 파트별 업무 분배 및 근무시간 조정
- 시설, 물자, 비품 등 재무 관리
- 각 파트별 업무 분배 및 근무시간 조정
- 이탈 직원을 최소화하고 원활한 관계 유지를 위한 인사관리

NCS(National Competency Standards, 국가직무능력표준)란?
산업현장에서 직무를 수행하기 위해 요구되는 지식, 기술, 태도 등의 내용을 국가가 체계화한 것

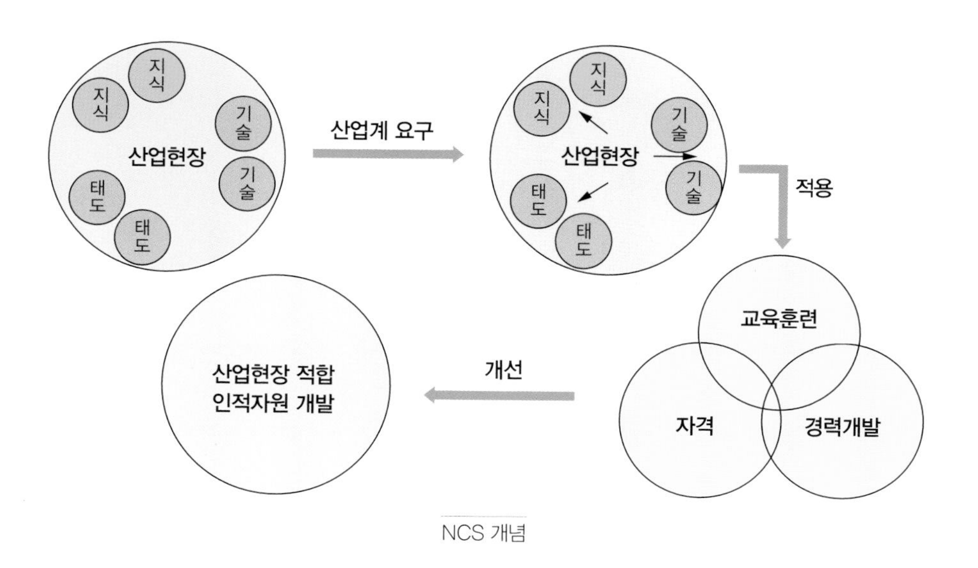

NCS 개념

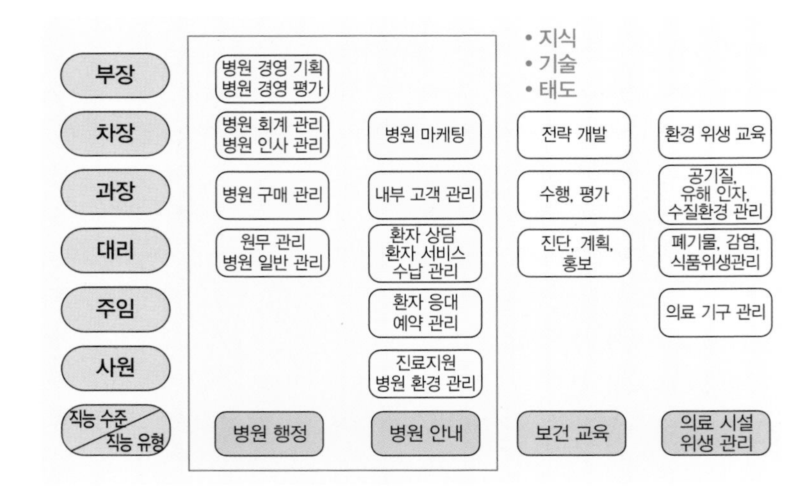

NCS 능력 단위 구조도

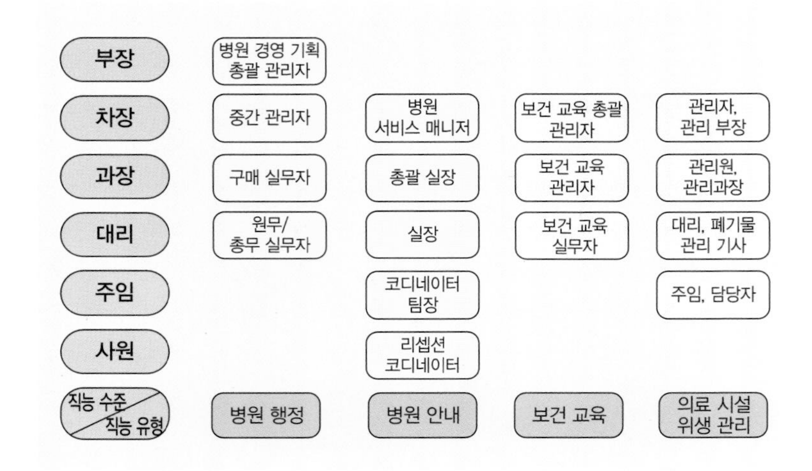

NCS 경력 개발 경로

1. 병원코디네이터의 사전적 정의를 쓰시오.

2. 병원코디네이터의 도입효과에 대해 쓰시오.

3. 병원코디네이터가 갖추어야 할 자질에 대하여 쓰시오.

4. 병원코디네이터의 역할에 대해서 맞게 설명한 것을 고르시오.
   ① 병원 서비스 리더로서 환자의 생각과 입장을 병원이나 의사에게 전달만하는 서비스전문가이다.
   ② 병원과 환자사이에서 중간적인 역할을 하지만 주로 환자의 입장만 최대로 고려한다.
   ③ 편안한 대화를 이끌어 병원의 매출에 기여한다.
   ④ 병원을 진정한 서비스 기관으로 만드는 데 기여하고 환자의 삶과 질을 한 단계 높이는 데 다리 역할을 한다.

5. 리셉션 코디네이터의 업무로 보기 어려운 것은?
   ① 전화 응대 및 기본적인 상담
   ② 병원홍보와 마케팅 전략수집
   ③ 대기실 환경관리
   ④ 예약 및 병원 행정 업무

정답 및 TIP

1 총체적인 시간을 가지고 각 부서와 부서를 부드럽게 연결해주는 윤활유 역할을 하는 서비스 매니저라고 할 수 있다. 이들은 의료 서비스 전문가로서 병원의 분위기를 밝게 연출하고, 차별화된 서비스를 제공함으로써 병원이미지를 홍보하여 환자가 편한 마음으로 병원을 찾을 수 있도록 한다. 또한, 고객 상담, 접수 · 수납 및 예약관리, 병원 마케팅, 진료실 환경관리, 진료실 내 직원 코칭 및 교육 등의 업무를 맡는다.

- 조화하여 움직이다.
- 서비스를 선행하다.
- 대등하게 하다.
- 동등하게 하다.
- 동격으로 하다.
- 적절한 관계로 하다.
- 조정하다.
- 통합하다.

2
- 대기시간의 관리와 면밀한 상담 등을 통해 진료 서비스에 대해 만족도가 높아진다.
- 의사진료에 대한 집중력이 높아지고 수입이 증대된다.
- 직원들 간의 갈등 해소로 병원 이직률이 낮아진다.
- 병원홍보, 마케팅 등의 참여로 병원 경영에 도움을 준다.

3 자신의 면모를 과시하는 이미지 스킬, 서비스마인드, 열정과 리더십, 전문지식과 서비스기술, 친절함과 편안함을 가지고 있어야 한다.

4 ④

5 ②

병원의 경쟁력 강화

3

1. 병원의 의료 서비스

1) 병원의 의료 서비스

의료시장의 경쟁이 심화되고 있으며, 대도시에 병원과 의원, 한의원, 치과 의원이 밀집되어 있어 병원간의 심각한 경쟁상황에 이르는 요즘, 치열한 생존경쟁에서 의료기관들이 살아남기 위해서는 많은 노력을 기울여야 한다. 병원의 서비스 경영이 중요시되는 원인은 병원 자체의 경쟁력 확보 방안이 직접적으로 필요하기 때문이다.

현재는 과거와 같은 진료 중심의 의료만으로는 더 이상 환자를 유치할 수 없는 상황이 발생되어 전문 경영 방식의 도입이 일반화되고 있으며, 또한 고품질의 의료 서비스를 환자에게 제공하느냐가 병원 서비스의 핵심이 되고 있다.

의료 서비스는 질병의 간호, 예방, 관리 및 재활을 주체로 하는 의료 서비스에 건강증진, 유지를 포함한 포괄적인 서비스로 사람과 사람 사이의 신뢰감이 매우 중요하다.

과거에는 병원 중심적 사고에서 지금은 고객중심적사고로, 치료 중심적 경영에서 고객 로열티 경영으로 의무적 응대에서 고객 밀착력 응대로 과거 수익성 매출 증대에 초점을 두고 있었으나 이제는 병원의 초대형화, 의원의 전문화, 네트워크화를 통하여 고객 유지율을 높일 수 있어야 하며 고객가치 창출에 주안점을 두어야 할 때이다.

환자들의 기대가 점점 높아지고 생활수준의 질적 향상으로 인하여 고객 모두가 자신의 자유의사에 따라 병원을 선택할 수 있게 되었으며 치과, 안과, 성형수술, 시력교정, 비만클리닉, 성장클리닉, 학습클리닉, 교정 클리닉, 한의원, 산후비만 클리닉 등 질적인 측면에서의 의료 서비스에 기대 또한 높아지고 있다. 고객 모두가 자신의 자유의사에 따라 병원을 선택할 수 있게 되었으며 선진 의료 서비스가 점차 국내로 도입되고, 의료기관 간 경쟁이 심화되면서 의료 서비스의 기대가 한층 더 높아지고 있다.

소비자 요인으로 고령화 시대로 진입하며 국민소득이 높아지면서 국민 의식 수준도 향상되었다. 그로 인하여 고혈압, 당뇨병, 뇌졸중 등 성인병이 많이 늘어가고 있는 추세이며 질병구조의 변화도 다양해졌다.

2. 의료 서비스의 특성

1) 무형성 (진료) 형체가 없음

무형성은 의료 서비스에 있어서 가장 신뢰를 중요시하며 상담 시 보조자료를 활용하여 환자 스스로가 선택에 확신을 가지고 진료에 임해야 한다.

무형성은 서비스의 실체를 보거나 만질 수가 없으며, 서비스의 가치를 파악하거나 평가하기가 어렵다. 서비스는 주로 사람의 행동이나 과정으로 이루어지기 때문이다.

이는 고객이 직접 경험하기 전까지는 품질을 확인할 수도 없으며 서비스 제공의 결과를 미리 예측할 수가 없기 때문이다. 따라서 병원의 신뢰도나 브랜드 이미지가 마케팅에 매우 큰 영향을 미친다.

병원 이미지와 구전효과에 대한 인식이 필요하며, 환자 스스로 확신을 가지고 진료에 임하게 하여야 하고, 내부 직원들의 병원의 PR이 적극 이루어져야 한다.

2) 이질성

서비스는 제공자와 고객에 따라 서비스가 다르다.

모든 서비스는 서로 달라서 표준화가 어렵기 때문이다. 서비스의 내용이나 품질, 특성에 따라 달라질 수가 있기 때문이다. 서비스의 생산 및 인도 과정에서 가변적 요소로 인해 같은 서비스 업체에서도 종업원에 따라 제공되는 서비스의 내용이나 품질이 달라지는 특성을 이질성이라 한다.

예를 들면 고객이 서비스에 대한 기초지식이 없다거나 다른 고객들이 많이 대기하는 경우 생기는 문제들이다. 즉 같은 병원 내에서도 서비스 품질이 서로 다른 것은 이질성의 특성 때문이다.

의료 서비스 제공자들은 병원 내 종업원의 선발, 교육이 중요하며 고객에 대한 교육(안내 매뉴얼, 사용법) 등의 중요성을 인식하여야 한다.

3) 비분리성

서비스는 제품과 다르게 생산과 소비가 동시에 발생하고 소비자도 생산에 참여하고 품질에 영향을 미치게 된다. 따라서 서비스는 고객의 참여 속에서 이루어진다. 즉 직원과 고객이 같은 장소, 같은 시간에 함께 있어야만 서비스가 이루어지게 된다.

예를 들어 병원과 피부과, 피부관리실 등에서 관리를 받을 때에 혈액순환이 되면서 시원함을 느낄 수가 있다.

이는 생산과 소비가 동시에 발생할 수 있다고 할 수 있다.

전 의료진들은 지속적으로 연구하고 노력하여 의료 서비스의 질을 높여 고객에게 확실한 신뢰를 쌓아야 할 것이다.

4) 소멸성

서비스는 소멸하기 때문에 수송이 불가능하다. 고객에게 전달되는 동시에 소멸하기 때문이다.

따라서 저장하거나 재고관리를 할 수 없다. 수요의 예측이 불가능한 상태 즉, 판매되지 않는 사라진 서비스이다.

예를 들어 정형외과나 한의원에서 치료를 받은 후에는 시원함을 느끼지만 계속 지속되는 것은 아니다. 시간이 경과하면 다시 통증이 유발하기 때문이다.

의료진들은 환자들의 병원 이용 실태에 따른 특정 계절, 요일의 진료시간 변경 고려, 특정 시간대의 직원 활용, 예약시간 존중 등 환자의 주기를 잘 파악하여 순간 대처와 노력을 통하여 고객에게 신뢰를 쌓아야 할 것이다.

	문제점	해결방안
무형성 (Intangibility)	• 저장이 불가능 • 특허로 보호가 곤란함 • 진열이나 커뮤니케이션 활동이 곤란함 • 가격 설정 기준이 불명확	• 실체적인 단서를 강조 : 의료시설 및 장비, 병원종사자의 특징 및 태도 • 인적 접촉을 강화함 • 구전을 효과적으로 활용 • 원가회계시스템을 활용 : 의료수가에 대하여 투명하고 명확하게 설명 • 구매 후 커뮤니케이션을 강화 : 진료 후 환자와의 접촉을 강화함
생산과 소비의 비분리성 (Inseparability)	• 서비스 제공 시 고객이 개입함 • 집중화 된 대량생산이 어려움	• 서비스 제공자의 선발과 교육에 세심한 노력을 기울일 것 • 가능한 접점을 확대 – 여러 지역에 병원 네트워크를 구축함 – 시공간을 초월한 다양한 매체를 활용한 진료(원격진료)
이질성 (Heterogeneity)	• 표준화와 물질에 대한 통제가 어려움	• 서비스 표준화를 위한 매뉴얼을 작성하여 활용함
소멸성 (Perishability)	• 재고로 보관이 어려움	• 수요와 공급 간의 균형과 조화를 이룸 • 예약시스템을 활용하고 정확한 수요를 바탕으로 하는 공급전략을 수립함

3. 병원의 서비스마케팅

의료기관 (병원) 서비스 마케팅의 향후 기본 방향으로는 병원 업무 과정 개선을 통한 의료 서비스 질 향상과 더불어 의료기관간 협력체계 구축, 리더십의 확립, 내부고객의 적극적인 참여 유도, 조직구조의 개편이라 하겠다.

시장세분화를 함으로서 다양한 고객들의 욕구와 취향에 다라서 다소 비슷한 성질의 집단으로 분류하고 그 집단에 적합한 서비스를 제공함으로써 고객의 만족도를 높여야 한다.

이는 전략적 마케팅 과정으로 병원의 사명과 목표를 설정하기 위해 사전 조사된 시장을 바탕으로 전략대상을 정해야 한다.

병원조직은 비영리 조직이기 때문에 이익 우선 마케팅보다는 공익 우선 마케팅을 해야 하며 일반 서비스 마케팅과는 달리 단순한 수요의 자극이며 수요의 창출이 아니다.

의료 서비스 마케팅을 잘 함으로 인하여 환자의 욕구를 충족시켜 주는 노력이 기본이 되어야 하며 그로 인하여 여러 가지 이익을 가져올 수가 있다.

의사의 이미지가 좋아지며 수입이 증가하며 이에 따라 자연히 의료사고 발생이 줄고 의료소송이 줄어들게 된다.

의료 마케팅을 활용할 수 있는 적절한 방법으로는 홈페이지 및 이 메일을 통한 마케팅, 구전을 이용한 소개마케팅, 게시판 마케팅을 들 수가 있다.

1) 고객 (환자)의 변화

고객이란 환자보다는 광범위한 포괄적인 용어로서, 환자, 환자가족, 의사, 간호사, 전문 인력, 그리고 보험자까지 포함한다. 의사는 서비스와 제품의 양, 형태를 결정하기 때문에 병원의 입장에서는 고객이라 할 수 있으며, 환자와 그 가족들은 의료 서비스를 받으며 의료기관을 다시 찾거나 다른 사람들에게 소개할 것인가를 결정한다는 의미에서 고객이다. 또한, 이러한 외부고객과 더불어 최고의 서비스 창출을 위한 내부고객 또한 중요하다.

의료기관을 둘러싼 환경의 변화는 의료시장의 경쟁 심화와 더불어 고객의 힘의 증대, 병원 서비스의 수요의 변화에 중점을 두고 있다.

환자 중심의 서비스를 제공하지 못하면 병원은 유지하기가 어렵다. 병원도 경쟁에서 살아남기 위해서는 병원 시장의 환경 변화에 신속하고도 적절한 대응을 하지 않으면 안 된다.

특히 환경적응의 방법을 알면서도 의사결정이 늦거나 환경의 변화를 경영자들이 제대로 인식하지 못하거나 설사 인식하였다 하다라도 정응 방법을 모를 때 실패하는 경우가 많다.

환경 변화에 대한 신속한 의사결정과 적절한 대응이 있어야 하겠다.

병원의 가장 관심을 갖는 과업환경으로 고객(환자)을 말할 수 있다. 현대의 고객은 끊임없이 지속적으로 변화하고 있으며 고객의 눈높이에 맞추기 위하여 병원도 변화하지 않으면 안 된다. 생활환경과 교육수준이 높아지고 향상되면서 환자의 개념으로 서비스와 진료와 대하여 수동적인 존재에서 직접 참여하고 평가하는 적극적이고 능동적인 존재로 발전하였으며 의사들 또한 의사 중심의 수직 조직에서 수평조직으로 바뀌고 있다.

① 빠른 정보수집

현대는 급변하는 시장 환경 속에서 고객의 만족 수준을 높이고 고객에 대해 신속하게 대응해야 한다.

병원을 찾는 고객의 행동이 진료에 적극 참여하는 모습을 보여야 하며 전통적인 틀에서 벗어나 고객 지향적인 조직구조와 시스템 관리를 도입해야 한다. 미디어의 발달로 임해 많은 정보와 유익한 정보를 쉽고 빠르게 접할 수 있게 되었다. 따라서 고객들의 판단과 행동에 많은 영향을 주게 되었다. 의료인들의 전문분야로 독립적인 영역이라 할 수 있던 의학지식을 과거와 달리 일반인들에게 쉽게 보급되면서 많은 부분이 보편화되었다.

② 소비자 의식수준 향상

고객의 생활 및 교육수준 향상과 함께 개인의 자율성을 최대한 보장하기 위해서 자기가 맡은 고객에 대해서는 원스톱 서비스를 이용하여 고객 만족 수준을 높이고 고객에 대한 대응을 보다 신속하게 해야 하겠다.

인터넷 게시판, 소비자보호원, 병원의 VOC(Voice of Customer) 창구 등을 통한 소비자의 표현의 기회 확장으로 소비자(고객)로서의 의식이 향상되었다.

고객의 생활수준과 교육수준아 높아지면서 질적인 병원 서비스에 대한 기대치가 높아졌다. 특히 선진화된 병원 서비스를 직 · 간접적으로 접하게 된 고객들은 질병의 치료뿐 아니라 삶의 질을 높이기 위한 심미적 또는 예방 차원의 고급 의료 서비스를 요구하고 있다.

환자 유형

구분	명칭	내용
진료형태	외래 환자	• 입원하지 않고 진단 · 치료를 받는 환자 • 입원하지 않고 당일 의료 서비스를 받고 귀가하는 환자
	입원 환자	• 병원, 의원 등에 입원하여 의료 서비스를 받고 있는 환자 • 병원에서 24시간 수용되어 계속적인 진료를 받는 환자
내원경험	초진 환자(신환)	• 처음 병원에 내원한 환자 • 특정 병원에 과거 이용한 경험이 없어 처음 이용하는 경우
	재진 환자(구환)	• 수다시 병원에 내원한 환자 • 특정 병원을 과거에 한번이라도 이용한 경험이 있는 경우
보험 급여	일반 환자	
	의료보험 환자(건보)	
	산업재해보험 환자(산재)	
	공무상 요양 환자(공상)	
	자동차보험 환자(자보)	

외래환자

• 외래의 특징

–입원실에 수용하지 아니한 상태에서 통원 치료

–병원급은 진료과 전문의에 의한 진료와 전문의 간 협력진료 실시

외래 진료는 입원환자 공급원

–진료기능의 채산성이 높음(인력, 장비, 공간의 효율적 활용)

1차 병원	2차 병원	3차 병원
의원, 보건소	병원, 종합병원	상급종합병원

구분	명칭
수진 형태	외래환자
	입원환자
내원 경험	신규환자(신환)
	재진환자(구환)
질병 양상	초진환자
	재진환자
진료희망의사 유무	지정진료환자
	일반환자
내원 양태	응급환자
	의뢰환자
	일반환자
급여기준	일반환자
	건강보험환자
	의료급여환자
	산재보험환자
	공무상요양환자
	자동차보험환자

4. 병원의 고객만족 경영

1) 병원의 고객만족 경영

국민의 의식수준이 향상되고 고령화에 따라서 보건과 생명 연장에 대한 의식이 높아지면서 의료 서비스에 대한 기대치가 점점 높아지고 있다.

생활수준의 질적 향상으로 인하여 성형수술, 피부관리, 시력교정, 치아교정 등 질적인 측면에서 의료 서비스에 대한 기대가 높아짐과 동시에 선진 의료 서비스가 전차 국내에 도입되고, 의료기관간 경쟁이 심화되면서 국민 모두가 자신의 자유의사에 따라 병원을 선택할 수 있으며 병원도한 항상 개장되어 있기 때문에 환자의 기대가 높아지는 것은 당연한 일이다.

고객이 병원의 서비스에 만족을 하게 되면 지속적으로 병원을 방문하고 애용하게 되어 충성고객과 이탈고객을 방지할 수 있으며, 만족한 고객은 다른 병원으로 전환할 확률이 줄어들게 된다.

고객 충성도가 높은 병원일수록 의료 서비스 질이 상대적으로 우수하다고 판단할 수 있으며 병원에 대한 좋은 이미지를 유지하여 단골 고객, 충성고객이 되고 고객의 수가 많을수록 병원은 수익성을 높일 수 있기 때문이다.

고객이 만족도를 향상시키기 위해서는 내부고객을 만족시켜야 한다.

즉 직원에 대한 복리후생 확충 및 인센티브 제공, 비전, 동기부여 등의 프로그램을 실행하여 내부 고객의 만족도를 높이고 이러한 결과가 있을 때 더 많은 서비스를 고객에게 제공하므로 고객 만족도가 높아진다.

고객만족의 첫 단계는 고객이 누구인가를 파악하고 고객이 원하고 필요한 것을 알아야 하며 고객의 고리에 귀를 기울이는 것이다. 또한 우리 병원의 서비스에 대해서 어떻게 생각하고 있는지, 어느 정도의 서비스 수준을 생각하고 있는지에 대해 파악을 하고 있어야 한다.

고객만족 경영은 고객과의 접점을 갖는 어느 특정 부서의 노력뿐만이 아닌 기업 구성원 및 경영자 모두의 열정과 노력, 사명감이 필요하다.

1. 병원 서비스 4대 특징을 쓰시오.

2. 병원 조직의 목적을 쓰시오.

3. 병원의 서비스마케팅 이후에 가져오는 이익에 대해 쓰시오.

4. 서비스의 생산 및 인도 과정에서 가변적 요소로 인해 같은 서비스 업체라도 직원에 따라 제공되는 서비스의 내용이나 품질이 달라지는 특징을 무엇이라고 하는가?

① 무형성 ② 비분리성
③ 이질성 ④ 소멸성

5. 다음은 어떤 특성을 설명하고 있는가?

서비스는 고객의 참여 속에서 이루어진다. 즉 직원과 고객이 같은 장소, 같은 시간에 함께 있어야만 서비스가 이루어지게 된다. 따라서 대량 생산이나 규모의 경제를 적용하기 어렵다.

① 무형성 ② 비분리성
③ 이질성 ④ 소멸성

정답 및 TIP

1 무형성, 이질성, 소멸성, 비분리성

2 병원조직의 목적은 병원의 사회적 역할과 경영 목적을 조직 구성원의 노력과 자원의 조직화를 통해 가장 효율적으로 달성하는 것이다. 즉, 조직화 과정을 통하여 조직의 유효성을 최대화하고 아울러 다양한 이해관계 집단의 요구를 조화롭게 수용하는 것이다.

3 전략적 마케팅 과정으로 병원의 사명과 목표를 설정하기 위해 사전 조사된 시장을 바탕으로 전략 대상을 정해야한다. 병원조직은 비영리 조직이기 때문에 이익 우선 마케팅보다는 공익 우선 마케팅을 해야 하며 일반 서비스 마케팅과는 달리 단순한 수요의 자극이며 수요의 창출이 아니다. 의료 서비스 마케팅을 잘 함으로 인하여 환자의 욕구를 충족시켜 주는 노력이 기본이 되어야 하며 그로 인하여 여러 가지 이익을 가져올 수가 있다. 의사의 이미지가 좋아지며 수입이 증가하며 이에 따라 자연히 의료사고 발생이 줄고 의료소송이 줄어들게 된다.

4 ③

5 ②

병원코디네이터의 서비스 응대매너

4

1. 고객상황 만족법

일반적으로 고객이란 '가치를 소비하는 고객'인 최종 소비자만을 가리켰다. 그리고 병원들 또한 기존에는 최종 고객인 환자만을 관심의 대상으로 정했다.

그러나 최근에는 병원 임직원을 포함하여 직 · 간접적인 모든 사람을 고객으로 맞이하고 있다.

시장 지향적 마케팅 개념에서는 가치를 생산하고 전달하는 과정에 있는 모든 사람을 포함하여 고객으로 정의한다. 가치 생산 고객은 가치를 생산하는 병원의 임직원들을 말한다. 우리가 해야 할 일은 고객과 우리 모두에게 유익하도록 노력하는 것이다. 고객은 우리가 논쟁을 하거나 다투는 대상이 아니다. 누구도 고객과 다투어 이길 수는 없다. 고객의 의리를 정확하게 인식하는 것이 고객만족의 근본적인 출발이다.

고객 감동 서비스는 고객의 입장에서는 기대 이상의 가치관과 기쁨을 제공해 주어야 하며, 직원의 입장에서는 의무 이상의 열정과 사명감을 가지고 있어야 한다.

고객만족을 위해 가장 일차적으로 파악해야 하는 것은 고객의 기대수준을 파악하는 것이다.

고객만족의 첫 단계는 고객이 누구인가를 파악하고 고객의 소리에 귀를 기울이는 것이다.

고객은 때와 장소에 따라 원하는 것이 달라진다. 우리는 보이지 않는 진실을 발견하기 위해서는 고객들이 우리에게 보내는 작은 신호라도 창의적인 지각 능력과 고객 가치의 관점에서 바라보는 통찰력이 필요하다.

우리는 바람직한 가치를 제공할 때 고객은 만족을 하며 기대 이상의 가치를 제공할 때 고객이 감동한다.

또한 고객이 원하는 것을 병원에서 제공하지 못할 사항이 온다면 고객이 원하는 게 무엇인가? 최선을 다할 수 있는 방법이 무엇인가를 생각하고 고객이 자신이 원하는 것을 얻지 못했지만 좋은 서비스를 받았다는 인식을 할 수도 있다.

2. 고객접점별 분석 설계

1) 병원 방문

병원을 알기까지 누구의 소개를 받고 내방하였는지 판이나 잡지를 보고 내방하였지 온라인이나 전단지를 보고 왔는지 이동거리가 얼마나 되는지를 이동 수단이 무엇인지를 파악할 필요가 있다.

2) 전화응대

- 전화벨이 2~3회 울릴 때 왼손으로 수화기를 들고 오른손은 메모를 준비한다.
- 병원 이름을 정확하게 또박또박 말을 천천히 한다.
- 본인의 소속감 이름을 이야기한다.
- 병원 위치 등 문의한 내용에 대해서 매뉴얼을 활용한다.
- 솔 톤으로 전화를 받는다.
- 신환 환자의 경우 맞춤식 답변을 한다.
- 재진 환자 예약은 원하는 시간을 물어보고 가급적 원하는 시간에 예약을 해드린다.
- 잘못 걸린 전화는 병원의 이미지를 위해서 바로 끊지 말고 전화번호를 확인하고 말하고 정중히 끊는다.
- 불만 환자는 차트 확인 후 다시 연락드린다고 말한다.
- 가급적 전화는 먼저 끊지 말고 정확한 정보만 전달해야 한다.

3) 접수

- 데스크를 비우지 않는다.
- 신환 환자일 경우 접수차트를 건넨다.
- 구환 환자일 경우 예약을 확인하며 오늘 받으실 진료에 대하여 설명한다. 또한 전날 받았던 치료에 대해 불편함이 없는지를 확인한다.

4) 대기실

- 대기실에서 기다리는 동안 잔잔한 음악을 틀어준다.
- 간단한 음료를 준비하여 준다.
- 책이나 잡지를 제공하고 병원정보가 담긴 인쇄물을 준비하여 준다.
- 게시판을 이용하여 진료정보를 알 수 있도록 한다.
- 대기 시간이 길어진다면 다음 대기시간을 안내한다.
- 오래 기다리는 고객이 없는지를 체크하고 예약자 순서대로 진행될 수 있도록 잘 안내한다.

5) 진료안내

- 진료실에 들어가기 전에 환자가 어떤 상담을 원하는지를 물어본다.
- 병력이나 수술 이력이 있는지를 정확하게 물어본다.
- 정확한 정보 전달을 위해 시각자료를 활용한다.
- 환자의 유형에 따른 상담을 한다.
- 검사실에서는 혈압체크나 체지방 검사 등을 실시한다.

6) 진료실

- 진료 전에는 최대한 소음이 들리지 않도록 문을 닫는다.
- 환자의 앉는 자리를 지정하여 준다.
- 가방이나 소지품을 들어주고 소지품이 많을 때에는 챙겨서 보이는 주위에 놓아둔다.
- 원장님과의 진료내용을 메모하여 둔다.
- 진료 중에는 등받이 등 불편함이 없는지 미리 체크해야 하며 소독기구, 시술 장갑, 일회용 기구 준비 등 보이는 곳에서 소독을 해야 한다.
- 진료가 끝났을 시에는 불편함이 없는지를 물어보고 주위 사항을 말한다.

7) 접수, 수납

- 치료비를 받을 때에는 일어나서 두 손으로 받는다.
- 현금인지 카드인지를 물어본다.
- 카드일 시 서명하기 편하도록 펜을 준비해둔다.
- 카드영 수증이나 현금영수증을 잘 챙겨드린다.
- 수납 후 문자발송을 실시한다.

8) 예약 및 배웅

- 전자 예약 시스템이나 예약 노트 활용을 한다.
- 주위 사항을 다시한번 말씀드린다.
- 일어서서 인사하며 배웅을 한다.

3. 상황 별 고객 서비스 매너

1) 상담시 매너

환자를 상담할 때에는 편안한 공간, 환자의 심리, 상태 배려가 중요하다. 2차 상담 시 환자의 사전기대가치를 파악하며 상담을 진행하며, 2차 상담 시 보호자 동행을 통해 진료에 대한 확신을 심어주며 상담 과정에서 나눈 상담 내용을 반드시 기록하여 컴플레인 발생을 미연에 예방한다.

고객의 불평은 상화에 따라 막무가내형, 자기과시형, 의심형, 빨리빨리형 등 고객의 여건에 따라 다양하게 나타나므로 이에 대해서도 상항별 고객 응대 서비스에서 태도와 응대 자세가 매우 중요하다.

구분	태도	응대
막무가네형 고객	• 사실에 입각한 강한 논리를 차분하게 설명해주는 고객에게는 고객의 분위기에 휩쓸리지 않도록 한다.	고객의 입장은 충분히 이해하지만 저희 입장에서는 처리하기 곤란한 것을 차분하게 대화로 한다.
의심형고객	• 정확한 자료와 데이터를 보여주면 효과적이다. • 문제해결 시 자신감 있는 태도와 간결하고 정확한 태도를 보여준다.	진료 항목과 의료비에 대해서 정확하게 설명해 준다.
자기과시형 고객	• 방문 목적을 확인하고 책임자가 본인임을 말해준다,	"본인이 담당자입니다. 저한테 말씀해 주세요." 라고 한다.
빨리빨리형 고객	• 재업무시간이 대략 어느 정도 걸리는지 말씀을 드리고 될 수 있는 대로 빨리 처리해드릴 수 있도록 하고, 처리하고 있음을 중간중간에 확인해 준다.	뒤에 대기환자가 있다는 것을 알려주고 대기시간이 길어지면 이유에 대해 설명해 준다.

2) 고객 상담 시 갖추어야 할 자세

- 직업의식, 프로의식, 책임의식을 가지고 임하여야 한다.
- 상담에 따른 전문적인 지적 수준을 갖추어야 한다.
- 긍정적이고 적극적인 사고를 할 줄 알아야 한다.
- 원활한 대인관계 능력을 보유하여야 한다.
- 환자 심리를 안정시키는 상담능력 및 커뮤니케이션이 필요하다.
- 자기관리 마인드를 갖추고 있어야 한다.

3) 치료 동의율4단계

경청 → 맞춤 → 공감 → 대안제시

구분	내용
1단계 (경청)	• 적극적으로 아이 콘택트하며 경청하라 • 환자의 이야기를 더 잘 들어주고 주파수를 맞추었을 때, 결국 병원 치료에 필요한 환자의 정보나 생각 등을 더 잘 파악할 수 있다.
2단계 (맞춤, Pacing)	• 다양한 환자의 유형에 맞추어 응대하라. 자신과는 다른 생각과 행동 특성을 가진 환자를 이해하려면 자신의 필터를 통해 환자를 인식하고 응대할 것이 아니라, 환자는 모두 다르다는 전제를 하고 환자의 채널에 맞추어 소통을 해야 한다. • 이처럼 '카운슬링적 접근 커뮤니케이션'의 가장 기본이 되는 것은 '환자의 입장과 시선에서 문제를 찾는 것이다.'
3단계 (공감)	• 환자의 욕구에 공감하라
4단계 (대안제시)	• 고객의 무리한 요구에는 고객이 무안하지 않도록 정중하게 거절하고 적절한 대안을 제시하여야 한다.

4. TA와 MBTI의 이해

1) TA 이해

미국의 정신의학자 에릭 번(1910～1970) 박사에 의해 1957년에 개발된 교류분석(TA : Transactional Analysis)은 임상심리학에 기초를 둔 인간행동에 관한 분석체계로, 개인의 성장과 변화를 위한 체계적인 심리 치료법에서 시작된 후 수많은 심리학자에 의해 더욱 발전 보완되어 오늘날 임상, 교육, 조직경영에 널리 이용되고 있는 성격 이론이다.

2) TA로 본 자아상태

교류분석에는 인간의 마음이 서로 다른 성질의 3가지 상태로 구성되어 있다고 하며, 이것을 자아 상태라고 말한다. 자아상태란 생각과 감정 또 이와 관련된 일련의 행동양식을 종합한 하나의 시스템이라고 정의하고 있다. 모든 인간의 마음은 다음의 5가지 유형으로 구성되어 있다.

- 보호적 부모의 마음=NP(Nurturing)
- 비관적 부모의 마음=CP(Critical)
- 성인의 마음=A(Adult)
- 자유로운 아이의 마음=FC(Free Child)
- 순응하는 아이의 마음=AC(Adapted Child)

3) TA 대화 분석

교류 분석에서 대화란 어떤 사람의 자아 상태에서 보내지는 자극에 대해서 다른 사람의 상태에서 반응이 되돌아오는 것이라고 정의하고 있다. 교류는 언어적인 것에만 한정된 것은 아니라 얼굴 표정, 자세, 말투, 몸짓 등 비언어적인 것도 포함된다.

대화 분석은 서로 주고받은 것을 파악하고 그것을 분석함으로써 상대방과의 의사소통에 어떤 문제가 있는지 또 어떻게 하면 그 문제적 장애를 해결해 낼 수 있는 것인가를 알아내는 방법이다.

대화 분석을 구체적으로 학습하게 되면 자신의 현실 대화의 문제점을 발견하게 되어 스스로 개선을 하여 원만한 인간관계를 유지할 수가 있다.

4) MBTI 이해 (Myers-Briggs Type Indiator)

MBTI는 인식과 판단에 대한 융(C. G. Jung)의 태도 이론을 바탕으로 하여 제작되었다. 또한 개인이 쉽게 응답할 수 있는 자기 보고(self report) 문항을 통해 인식하고 판단할 때의 각자 선호하는 경향을 찾고, 이러한 선호 경향들이 하나하나 또는 여러 개가 합쳐져서 인간의 행동에 어떠한 영향을 미치는가를 파악하여 실생활에 응용할 수 있도록 제작된 심리검사이며 심리 유형론을 근거로 하여 브릭스(Briggs, Katharine Cook)와 마이어스(Myers, IsabelBriggs)가 좀 더 쉽고 일상생활에 유용하게 활용할 수 있도록 고안한 자기 보고식 성격 유형 선호 지표이다.

(1) MBTI 이해

The Dichotomies

- (E)Extroverted – (I)Introverted
- (N)Intuitive – (S)Sensing
- (T)Thinking – (F)Feeling
- (P)Perceiving – (J)Judging

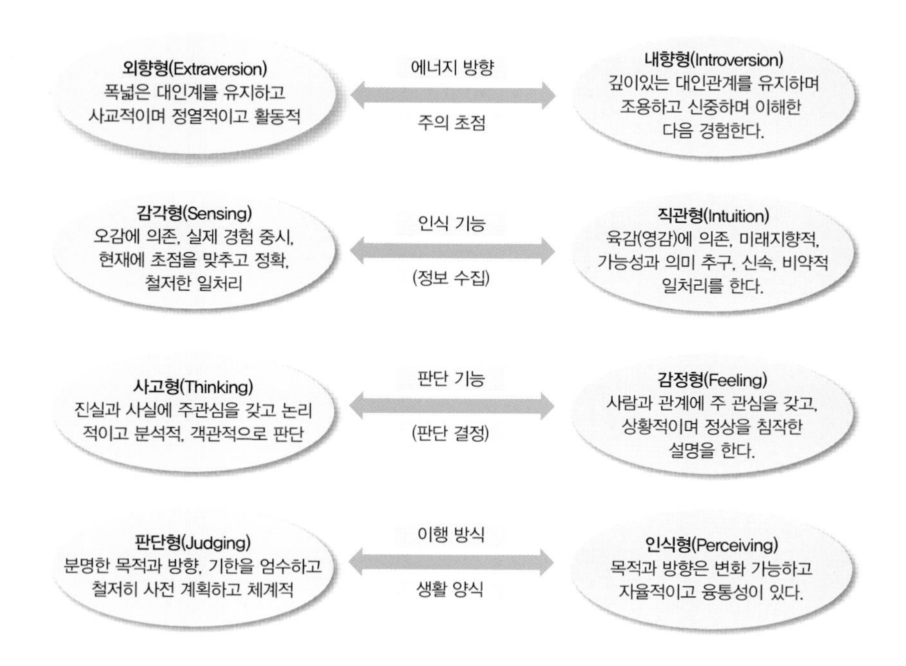

E 외향형(Extraversion)	I 내향형(Introversion)
폭넓은 대인관계를 유지하고 사교적이며 정열적이고 활동적이다. • 자기외부에 주의집중 – 말로 표현 • 외부활동과 적극성 – 경험한 다음에 이해 • 쉽게 알려짐 – 정열적, 활동적	깊이 있는 대인관계를 유지하고 조용하고 신중하며 이해한 다음에 행동한다. • 자기내부에 주의집중 – 글로 표현 • 내부 활동과 집중력 – 이해한 다음에 경험 • 서서히 알려짐 – 조용한, 신중한
S 감각형(Sensing)	**N 직관형(iNtuition)**
오감에 의존하며 실제의 경험을 중시하고, 지금 현실에 초점을 맞추어 정확하고 철저하게 일처리한다. • 지금, 현실에 초점 – 사실적 사건 묘사 • 실제의 경험 – 나무를 보려고 하는 경향 • 정확하고 철저한 일처리 – 가꾸고 추수함	육감 내지 영감에 의존하며 미래지향적이고 가능성과 의미를 추구하며 신속, 비약적으로 일 처리한다. • 미래, 가능성에 초점 – 비유적, 암시적 묘사 • 아이디어 – 숲을 보려는 경향 • 신속하고 비약적인 일처리 – 씨뿌림
T 사고형(Thinking)	**F 감정형(Feeling)**
진실과 사실에 주로 관심을 갖고 논리적이고 분석적이며 객관적으로 사실을 판단한다. • 진실, 사실에 주된 관심 – '맞다, 틀리다'의 판단 • 원리와 원칙 – 규범, 기준 중시 • 논리적, 분석적 – 지적 논평	사람과의 관계에 주로 관심을 갖고 주변 상황을 고려하여 판단한다. • 사람, 관계에 주된 관심 – '좋다, 나쁘다'의 판단 • 의미와 영향 – 나에게 주는 의미를 중시 • 상황적, 포괄적 – 우호적 협조
J 판단형(Judging)	**P 인식형(Perceiving)**
분명한 목적과 방향이 있으며 기한을 엄수하고 철저히 사전에 계획하고 체계적이다. • 정리정돈과 계획 – 분명한 목적의식과 방향감각 • 의지적 추진 – 뚜렷한 기준과 자기의사 • 신속한 결론 – 통제와 조정	목적과 방향은 변화 가능하고 상황에 따라 일정을 변경할 수 있으며, 자율적이고 융통성이 있다. • 상황에 맞는 개방성 – 목적과 방향은 변경 가능하다는 개방성 • 이해로 수용 – 재량에 따라 처리도리 수 있는 포용성 • 유유자적한 과정 – 융통과 적용

ISFJ(임금님 뒷편의 권력형)

- 성실하고 온화하며 협조를 잘함
- 간호사, 건강 관련 교사(초, 중, 고, 유치원), 사무관리, 도서 관직, 성직자, 내과 의사, 헤어디자이너, 메이크업, 비서직, 사회 봉사직

ISTJ(세상의 소금형)

• 한번 시작한 일은 끝까지 해내는 사람들
• 도시개발 기술자, 철강기술자, 관리자(정부, 경찰, 공익, 회사 중역) 교정직, 회계 관련, 컴퓨터 시스템, 치과의사, 교사(수학, 무역, 산업)

INTJ (과학자형)

• 전체적인 부분을 조합하여 비전을 제시하는 사람들
• 건축가, 법조인, 컴퓨터 전문가, 과학자(물리, 화학), 경영컨설턴트, 심리학자, 사회과학자, 사회봉사, 관리자(행정, 인력자원, 회사 중역)

INFJ (예언자형)

• 사람과 관련된 뛰어난 통찰력을 가짐
• 종교교육자, 순수예술가, 성직자, 심리치료사, 교사(외국어, 미술, 드라마, 음악), 대학교수, 건축, 의사(병리학, 정신의학) 언론매체

ISFP(성인군자형)

• 따뜻한 감성을 지니고 있는 겸손한 사람들
• 가게 주인, 조사연구원, 사무관리자, 치과 코디, 경리, 기계조작원, 간호사, 방사선과 기사, 형사, 목수, 요리사, 물리치료사, 청소 서비스 종사

ENFP(스파크형)

• 열정적으로 새로운 관계를 만드는 사람들
• 정신분석 치료, 언론인, 상담가(모든 분야), 작가, 교사(미술, 연극, 음악), 심리학자, 성직자, 종교, 교육가, 음악, 작곡가, 음식 서비스, 홍보 관련 직

INTP(아이디어 뱅크형)

• 비평적인 관심을 가지고 있는 뛰어난 전략가들
• 물리, 화학자, 컴퓨터 전문가, 건축가, 순수예술인, 법률가, 요식업 서비스, 조사연구원, 유전자 프로그래머, 약사, 사회과학자, 사진가, 언론인

ESTJ(사업가형)

- 사무적, 실용적, 현실도모적인 일을 많이 하는 사람
- 관리자(정부, 중소기업, 경찰, 소방, 재정, 은행, 판매), 학교장, 교사(상업, 산업, 기술) 공장, 현장감독관, 교정직, 사회공공서비스

ESFP(사교적인유형)

- 분위기를 고조시키는 우호적인 사람들
- 아동 보육사, 운송업자, 공사현장감독, 회계원, 도서관 직원, 디자이너, 레크레이션, 요식업, 간호, 종교교육자, 항공엔지니어, 경리 직원

ENFJ(언어능숙형)

- 타인의 성장을 도모하고 협동하는 사람
- 성직자, 가정경제학자, 상담자, 심리 연극치료사, 배우, 교사(보건, 미술, 음악, 연극, 외국어) 순수예술, 컨설턴트, 음악가, 일반의

ENTP(발명가형)

- 풍부한 상상력을 가지고 새로운 것에 도전하는 사람
- 사진사, 마케팅, 언론인, 배우, 컴퓨터 전문가, 신용조사관, 금융 중개인, 정신과 의사, 건축가, 생명과학, 자연과학, 예술가, 연예인, 컨설턴트

ISTP(백과사전형)

- 논리적이고 뛰어난 상황 적응력을 가짐
- 농부, 전기, 전자 기술, 장교, 광부, 운송 기사, 치과위생사, 목수, 건물, 창고, 현장감독관, 장인, 기계공, 법률비서, 조사연구원, 프로그래머

ESFJ(친선도모형)

- 친절과 현실감을 바탕으로 타인에게 봉사하는 사람)
- 교사(초, 중, 고), 접수 계원, 의료 코디, 학생지도, 헤어드레서, 메이크업아티스트, 요식업 서비스, 행정자, 종교교육자, 전문간호사, 사무관리자

INFP(잔다르트형)

- 이상적인 세상을 만들어 가는 사람들
- 순수예술가, 정신과 의사, 건축가, 편집자, 언론인, 심리학자, 위기 상담자, 사회과학자, 작가, 종교교육자, 물리치료사, 교사(미술, 음악), 연예인

ENTJ(지도자형)

- 비전을 가지고 사람들을 활력적으로 이끌어감
- 경영컨설턴트, 변호사, 관리자(판매, 인력 관리, 회사중 역, 학교장), 컴퓨터 조작, 분석, 연구, 신용조사관, 금융 중개인, 행정가(대학), 사회과학자

ESTP(수완 좋은 활동가형)

- 친구, 운동, 음식 등 다양함을 선호
- 마케팅 전문가, 형사, 목수, 경찰관, 농부, 기능직 종사자, 건축, 은행, 중소기업 관리자, 경호원, 공공서비스보조, 일반사업, 가게 주인

1. 고객만족의 정의를 쓰시오.

2. 고객을 응대할 때 기본매너에 대해 쓰시오.

3. MBTI란?

4. 점심시간 이후 환자를 응대하는 매너로서 적절한 것은?

① 반드시 화장을 고치고 향수를 뿌린다.
② 반드시 양치질을 한다.
③ 점심시간 직후면 커피를 마시며 접수해도 무방하다.
④ 더운 여름이라면 오후 시간에는 화장을 지우고 시원한 모습으로 근무한다.

5. 다음 중 고객과의 대화에서 적절한 것은?

① 병원에 입장에서 항상 생각한다.
② 필요할 경우 상대방의 결점을 찾아 공약한다.
③ 확실하고 강력하게 의사를 표현한다.
④ 가능한 논쟁은 피하도록 한다.

정답 및 TIP

1 고객만족이란 고객이 재화나 서비스를 구매하려고 사용할 때 제공받은 제품이나 서비스가 고객의 욕구 및 기대를 최대한 충족하는 것을 의미한다.

2 고객에게는 무관심한 태도를 보이면 안되며 친절함과 신뢰감을 주어야 하며, 병원을 찾아오는 모든 고객애게 정중하게 응대해야 한다.

3 MBTI는 인식과 판단에 대한 융(C. G. Jung)의 태도 이론을 바탕으로 하여 제작되었다. 또한 개인이 쉽게 응답할 수 있는 자기보고(self report) 문항을 통해 인식하고 판단할 때의 각자 선호하는 경향을 찾고, 이러한 선호 경향들이 하나하나 또는 여러 개가 합쳐져서 인간의 행동에 어떠한 영향을 미치는가를 파악하여 실생활에 응용할 수 있도록 제작된 심리검사이다.

4 ②

5 ④

고객만족 CS의 이해와 고객접점(MOT) 마케팅

5

1. 고객만족의 이해

CS란 Customer Satisfaction 약자로, 고객 만족을 위해 고객과 근접해있는 직원의 역할이 중요하게 대두되면서 교육을 통해 고객의 요구에 적극적으로 대응하고, 고객 요구와 정보를 수집하여 관련 부서로 피드백하며, 고객 욕구와 불만에 적극 대응하도록 한다.

병원 CS 경영은 고객만족을 목표로 고객에게 최대의 만족을 주는 것에서 병원 존재의 의의를 찾는 경영방식이다.

고객만족은 고객에게 최대한 만족을 높이기 위해서 고객이 원하는 것이 무엇이며 그들의 기대가 무엇인지를 파악하여 최대의 만족을 주는 경영방식으로 그들의 기대를 충족시킬 수 있는 서비스와 물품을 제공하고, 최소한 그들이 어떤 것을 받고 있는지 병원은 알고 있어야 하며 더 나아가 그들의 기대와 관련된 문제를 해결하도록 노력하고 있음을 고객에게 보여주어야 한다.

고객은 때와 장소에 따라 기대가 변하기 때문에 과거와 동일하거나 비슷한 진료를 제공받았을 경우에는 불만이 나올 수 있다.

고객의 불만을 효과적으로 처리하여야 하며, 현재 고객이 받고 있는 서비스를 보다 잘 활용할 수 있도록 교육하고 고객 가치를 분명하게 이해할 수 있어야 한다.

고객만족의 개념을 살펴보고 고객만족의 요소, 고객 가치와 고객만족의 관계, 고객의 기대를 충족 또는 만족시킬 수 있는 가능성을 높이기 위해 병원의 신뢰도를 보여주므로 인하여 병원의 가치를 높이는 것이다.

고객만족 경영을 위한 고객 접점의 개념, 고객 응대에 따른 상황별 유형, 고객과의 대화, 진료 순서에 따른 프로세스 분석, 병원코디네이터의 고객 접점 등을 잘 이해하고 살핌으로써 고객에게 만족감을 기대 이상으로 충족시키고 최고의 고객 서비스를 위해 병원은 최상의 서비스를 제공하기 위하여 노력해야 할 것이다.

2. 병원의 고객만족 경영전략

고객을 만족시켜주는 주요 요소를 살펴보면 의사와의 의사소통, 병원 직원의 친절, 예의 바름, 친절 등이다. 의료기관은 이러한 요소들을 강화하여 어떻게 하면 고객의 만족을 높이는지 정확히 알고 있어야 한다.

병원은 항상 좋은 서비스를 제공한다는 것을 인식시키기 위해서는 서비스의 질과 가치를 향상시켜야 하며 여기에는 직원들의 말투나, 복장, 태도, 매너, 분위기, 신뢰감 등이 해당된다.

1) 병원고객 만족을 위한 전략

① 고객 중심의 문화를 발전시켜라.

병원은 고객들이 필요한 것을 알아야 하며 이를 행동에 옮겨야 한다. 제도적 측면에서 고객과 접촉하는 직원들에게 고객에 관한 모든 정보를 제공하는 정보시스템이 제공되어야 하며 직원들의 의식이 고객 지향적 사고로 전환되어 이를 실천하도록 하여야 한다.

② 직원에게 동기를 부여하여 내부 고객을 만족시켜라.

고객이 만족하려면 먼저 직원들을 만족시켜야 한다. 즉 직원들에 대한 복리후생이나 인센티브 적용, 동기부여, 비전 등의 프로그램을 실행하여 직원들의 만족도를 높여야 하겠다.

직원들의 만족도가 높아지면 더욱 좋은 서비스를 고객에게 제공함으로 고객이 만족한다.

③ 대기 시간에는 편의시설을 잘 활용할 수 있도록 자리를 마련하여 준다.

대기시간에는 유일한 정보나 오락을 제공한다. 대기실에서 고객들이 편안하고 안락한 의자에서 앉아 컴퓨터와 음악 잡지, 발 안마기, 오락 등 이용시설의 편의를 제공해 줌으로써 대기시간을 즐겁게 만들어 주어야 한다.

④ 병원 CS 우수 병원 벤치마킹

Who

고객층을 선정해서 상황설정을 하는 것이 중요하다.여러 상황이나 유형에 따른 고객 설정이 중요하다.

When

어느 요일, 어느 시간 때에 따라 다른 서비스 접점을 경험할 수 있기 때문에 여러 차례에 걸친 방문이 중요하다.

Where

벤치마킹 목적에 적합한 병원을 선정한다.

What

선정한 이유에 입각해서, 목적을 항상 염두에 두어야 한다.

Why

벤치마킹으로 얻고자 하는 CS 주제를 기억해야 한다.

How

얻고자 하는 부분이 서비스 응대인지 시스템적인 것인지에 따라 접근 방법도 달라져야 한다.

3. MOT개념의 이해

MOT(Momennts Or Truth)은 진실의 순간, 결정의 순간을 의미한다.

MOT의 중요성은 고객이 조직의 일면과 접촉하여 그 서비스 품질에 관하여 무엇인가 인상을 얻을 수 있는 결정의 순간으로 고객과 만나는 15초 안에 회사의 이미지가 결정된다는 뜻으로서 39세대 스칸디나비아 항공사 사장에 취임한 안 칼슨이 처음 사용했으며 고객 접점 시 직원의 응대 태도에 따라서 고객 만족지수가 크게 차이가 난다.

MOT의 유래는 리차드 노먼의 결정의 순간, 진실의 순간이라는 용어를 최초로 주장하였다. 이들은 15초 동안에 고객 접점에 있는 최일선 서비스 요원이 책임과 권한을 가지고 우리 병원을 선택하는 것이 가장 좋은 선택이었다는 것을 고객에게 입증시켜야 한다는 것이다.

즉, 서비스 품질에 관하여 고객이 상품을 구매하기 위해서는 들어올 때부터 나갈 때까지 여러 직원들과 접촉을 하게 되는데 모든 역량을 동원하여 고객을 만족시켜주어야 한다.

MOT는 고객의 만족을 높이기 위한 전략적 계획이다. 시설 설비의 개선과 더불어 금기사항 불만고객에 대한 응대 법, 행동, 표현, 언어 등 고객 접점 시 상황을 말한다.

병원에서도 환자가 직원 및 의사들과 접촉하는 표준 MOT를 만들고 이를 토대로 각 부서별 MOT를 만들어 잘 실천될 수 있도록 교육하면 서비스가 눈에 띄게 달라질 수 있다.

창구 직원들 또한 병원의 홍보를 담당하는 역할을 하고 있으며 항상 표정이나 언어, 행동을 조심해서 해야 할 것이며 청소원, 주차요원 등 현장에서 고객을 직접 대하는 직원들은 가장 중요한 서비스 요원으로 인식하여 철저하게 교육한다.

고객 접점의 유형은 다음과 같다.

정보

병원이미지, 광고매체, 게시판, 홈페이지

시설 및 설비

주차장, 휴게실, 의료기기, 대기실, 화장실

사람

안내요원, 접수창구 직원, 의사, 간호사, 경비원, 청소원 병원에서의 고객 접점(MOT)은 다양하고 많은 형태로 나타나지만 고객 접점은 맨 처음은 전화 문의이고, 그 다음이 홍보물이며 방문 접수이다.

고객 접점(MOT)이 중요한 이유는 고객이 경험하는 서비스의 질이나 만족도에 곱셈의 법칙이 적용된다는 점이다.

의료란 가끔 환자를 치료하고, 더 자주는 증상을 완화시키는데 불과하나 환자를 편안하게 해야 함은 언제나 변하지 않아야 한다.

서비스 기업은 MOT의 중요성을 인식하여 접점에서의 결정적 순간을 파악하고 대응 방안을 수립하는 것이 매우 중요하며 고객이 기업의 직원 또는 특정 자원과 접촉하는, 그 서비스 품질에 대한 인식에 영향을 미치는 상황으로 고객이 광고를 볼 때, 주차장에 차를 세울 때, 로비에 들어설 때, 상황에서 발생하며 이런 MOT의 중요성을 인식하고 대응 방안을 수립하는 것이 매우 중요하다.

4. MOT 작성요령

우리 병원만이 MOT를 환자의 눈높이에서 그리며 병원에서 실천 가능한 매니지먼트를 찾기야 하며 체크리스트 만들어서 고객 접점별로 환자의 원하는 욕구를 파악해야 한다. 또한 정기적 서비스 진단을 하고 교육, 불만, 피드백을 통하여 병원을 더욱 체계화시키고 발전시켜야 한다.

- 진료 준비 : 유니폼 갈아입기, 복장 점검을 실시
- 클리닉 내부 청소 및 정리를 실시(전 직원 분담 업무)
- 홈페이지 : 업데이트
- 전화상담 소개환자, 전단지
- 주차장 : 주차요원의 친절교육
- 간판 실내 시안, 홍보물
- 병원 건물 : 현관 (통로), 먼지 털기, 통로나 복도 및 계단 쓸기와 닦기, 병원 현관문 닦기, 게시판 닦기, 간판 닦기
- 엘리베이터 계단
- 병원복도 이미지 관리

- 접수, 수납 : 접수대 닦기, 전화기 옆 메모지, 펜 준비, 예약,
- 일일 노트 준비
- 대기실 : 소파(대개 의자) 닦기, TV 닦기, 선반 닦기, 탁자 닦기, Tea Table 닦기, 간단한 음료, 차 준비 및 점검, 정수기 물 점검 및 채우기, 책 꽂이 닦기, 액자 닦기, 게시판(알림판) 닦기 병원에 있는 모든 화분 물주기, 거울 닦기 컴퓨터, 음악 틀기, 우천 시 (우산꽂이 준비) 우산대여, 아동 환자를 위한 장난감준비, 동화책 준비
- 음료준비(간단한 차 종류와 정수기 물 점검)
- 신문, 잡지, 홍보물
- 화장실 : 좋은 글, 바닥 닦기, 좌변기 청소하기, 세면대 청소, 쓰레기통 비우기, 거울 및 유리닦기, 휴지준비, 수건 준비 (매일 교체), 비누 확인
- 진료실 및 치료실점검 - 진료실환기, 메인 스위치 켜기, 물걸레로 닦기, 기계 작동 여부 확인, 라이트 작동여부 확인
- 사진촬영
- 수납 예약
- 병원 출구 점검

5. 상황별 고객접점 응대법

1) 진료 전(직원회의)

(1) 진료준비(청소 및 정리)

- 출근시간 체크 후
- 직원 출근 인원 점검
- 환자 만족을 위한 자료 발표
- 모든 직원 각 개인과 팀의 업무 확인

(2) 이메일관리

- 우편물 확인 후 수신자(원장님, 직원)에게 전달
- 환자에게서 온 이메일 확인 후 답신 발송 및 이메일 상담
- 이메일 확인 후 내용을 원장님에게 보고
- 신문 확인

(3) 환자관리

- 예약환자 확인 후 전화하기
- 예약환자 이름표 준비
- 홈페이지 환자를 파악하여 목록을 만들고 준비

(4) 환자접수

접수창구는 병원 고객이 제일 처음으로 대하는 의료기관의 얼굴이라 하겠다. 접수 직원의 이미지 즉, 말투나 행동에 따라서 병원의 이미지와 평판이 결정된다 해도 과언이 아니다.

고객만족의 첫 단계는 고객이 누구인가를 파악하고 고객의 소리에 귀를 기울이는 것이다. 우리 병원에 대해서 어떻게 생각하고 어느 정도의 수준을 요구하고 있는지에 대해서 파악해야 한다.

- 환자가 들어오면 일어서서 인사를 한다. “어서오세요, 어떻게 오셨습니까?”
- 보험카드의 유무를 확인한다.
- 일일 노트와 예약 노트를 확인한다.
- 신환일 경우 어떻게 우리 병원에 오게 되었는지를 파악한다.
- 신환일 경우에는 환자 관리 카드(인적 사항)을 기록하게 한다.
- 전화번호와 주소는 환자 본인이 하게 한다.
- 환자의 개인 이메일을 파악한다.
- 환자가 받아야 할 진료를 간단하게 얘기해 준다.
- 치료비에 대해서 미리 설명을 해주어야 한다.
- 접수가 끝나 후 환자에게 보험카드를 주면서 몇 분 후 진료가 가능한지 대략의 시간과 몇 번째 순서에 진료를 받는지 알려준다.
- 환자에게 “잠시만 기다려 주십시오”라고 정중하게 얘기한다.

(5) 환자관리

- 예약환자가 들어오는 순서에 맞춰 이름표를 접수대에 놓는다.
- 환자 진료 순서가 오면 환자의 이름을 부른다.
- 이름 부를 때는 “ㅇㅇ님” 하면서 환자를 높여준다.
- 환자를 진료실까지 안내한다.
- 오전에 파악한 홈페이지 환자들에게 전화를 걸어 예약을 확인한다.
- 구환에게는 친절직원 추천조가를 하도록 친절직원 조사 카드를 주면서 권유한다.
- 신환에게는 진료가 끝난 후 병원 만족도 설문조사를 실시하도록 설문 카드를 주면서 부탁한다.

(6) 전화접수

- 전화기 옆에는 항상 전화 메모지와 펜을 준비한다.
- 전화 응대 시에는 반드시 인사말, 소속, 이름순으로 말한다.
- “안녕하세요 ~병원 ~입니다.”
- 상대를 존중하는 의미로 경어를 쓰도록 한다.

• 상대방의 이름을 들은 후에는 반드시 이름을 부르며 통화한다.
• 진료 중인 원장님 앞으로 용건이 있을 때에는 반드시 메모하여 원장님 책상에 올려놓거나 진료가 끝난 직후 알려드린다.

(7) 진료보조

• 의자에 환자를 앉힌 후 자기소개를 한다.
• 환자의 옷이나 가방 등의 소지품은 옷걸이에 걸어준다.
• 구환일 경우에는 전날 받은 치료 부위를 반드시 체크한다.
• 아픈 곳이 어딘지를 다시 한번 확인한다.
• 진료 시작 시 기구를 미리 준비해 두도록 한다.
• 진료 시 환자가 공포감을 많이 느낄 수 있는 기구를 사용하게 될 경우, 환자가 미리 보지 않도록 하거나 환자 뒤에 놓고 진료를 시작한다.
• X-ray 촬영 시에는 미리 촬영한다는 것을 알려준다.
• 진료가 시작되면 환자에게 치료에 대해 알린다.
• 환자 진료가 끝난 후에는 "많이 힘드셨죠? 수고하셨습니다."라고 편안하게 위로해 준다.
• 진료가 끝난 후에는 다음 치료에 대해 이야기해 준다.

(8) 수납

• 잔돈을 미리 준비해 놓는다.
• 치료비 수납을 도와준다.
• 보험카드 유무 확인과 보험 청구에 대하여 이야기해 준다.
• 다음 진료에 대한 예약을 한다.
• 일어서서 인사를 드리면서 다음 날짜를 한 번 더 알려준다.

1. 고객접점의 정의를 쓰시오.

2. 고객접접의 종류를 쓰시오.

3. MOT의 의의에 대해 쓰시오.

4. 고객접점이 중요한 이유는 고객이 경험하는 (   )이나, 만적도에 (   )이(가) 적용된다는 점이다. 위 문장의 (   )에 가장 적합한 것은?

① 서비스 질-곱셈의 법칙
② 서비스 질-나눗셈의 법칙
③ 서비스 양-곱셈의 법칙
④ 서비스 양-나눗셈의 법칙

5. 고객접점(MOT)에 관한 다음의 설명 중 옳지 않은 것은?

① 주차요원, 청소원, 등 현장에서 고객을 직접 대하는 직원들을 가장 중요한 서비스 요원으로 인식하여 철저하게 교육시킨다.
② 접수창구 직원들은 우리 병원을 홍보하는 홍보담당자의 역할을 한다.
③ MOT는 직원 한 사람이 고객과 만나는 짧은 시간에 회사 전체의 인상이 결정된다는 뜻이다.
④ 병원에서 의사들은 환자를 대하는 표준MOT의 대상이 되지 않는다.

정답 및 TIP

1 병원에서의 고객 접점(MOT)은 다양하고 많은 형태로 나타나지만 고객 접점은 맨 처음은 전화 문의이고, 그 다음이 홍보물이며 방문 접수이다. 고객 접점(MOT)이 중요한 이유는 고객이 경험하는 서비스의 질이나 만족도에 곱셈의 법칙이 적용된다는 점이다.

2
- 정보 : 병원이미지, 광고매체, 게시판, 홈페이지
- 시설 및 설비 : 주차장, 휴게실, 의료기기, 대기실, 화장실
- 사람 : 안내요원, 접수창구 직원, 의사, 간호사, 경비원, 청소원

3 결정의 순간으로 고객과 만나는 15초 안에 회사의 이미지가 결정된다는 뜻으로 MOT는 고객의 만족을 높이기 위한 전략적 계획이다. 시설설비의 개선과 더불어 금기사항 불만 고객에 대한 응대법, 행동, 표현, 언어 등 고객 접점 시 상황을 말한다. 병원에서도 환자가 직원 및 의사들과 접촉하는 표준 MOT를 만들고 이를 토대로 각 부서별 MOT를 만들어 잘 실천될 수 있도록 교육하면 서비스가 눈에 띄게 달라질 수 있다.

4 ①

5 ④

병원 서비스 모니터링과 고객의 소리(VOC)

6

1. 고객의 소리(VOC)의 개념

고객의 소리는 Voice Of Customer의 약자로 고객 중심 전략의 한 방법으로서 고객으로부터 피드백을 받는 기법이다. 즉, 고객 유치를 위한 생존 전략이라 하겠다.

기업의 경영활동에 있어서 고객들이 기업에게 반응하는 각종 불만, 문의, 제안 등의 정보를 말한다.

고객의 소리 수집 방법에는 설문조사, 병원 홈페이지, 고객 의견 카드, 면담(전화, 일대일 면담), 유령고객을 이용할 수가 있다.

고객의 소리(VOC)는 병원의 서비스 품질을 개선시킬 수 있는 정보 통로이며 다양한 방법을 통하여 고객들로부터 정보를 모으고 분석하고자 하는 노력이 필요하다.

고객의 소리를 검토하고 내용별로 분류하여 그 결과를 병원 직원에게 알리고 나아가 고객들이 제기하는 내용에 대해 대응자료를 표준화하고 이를 병원 서비스 매뉴얼에 반영해야 하며, 고객의 소리가 접수되면 해당부서에 통보하여 고객의 고리를 분석한다.

이 때, 해당부서는 또는 관련 책임자, 당사자의 고객니즈 파악을 위한 신속한 분석과 피드백은 고객니즈분석능력 및 대체능력을 강화시켜준다.

또한 고객들의 소리를 한 곳으로 모아 정리를 하며 고객들이 제기한 내용의 유출은 피하며, 정리된 고객의 소리를 토대로 새로운 서비스를 기획하거나 발전시키기 위한 정보로도 활용해야 한다.

전략적 활용으로는 고객 유지가 필요하다.

고객의 불만이 무엇이며 어떻게 하면 예방할 수 있는지 고객의 이탈 이유는 무엇이며 어떻게 하면 막을 수 있는지 어떻게 하면 충성고객을 유지할 수 있는지 또한 잠재 고객의 구매 욕구는 무엇이며 고객의 이용률을 높이는 데에도 전략적으로 수집하고 활용해야 한다.

불만고객의 5%만이 자신들의 불만을 알린다. 요즘 고객들의 성향은 불만이 있거나 마음에 들지 않으면 다른 곳으로 이동해 버리는 경우가 많다.

따라서 불만을 가진 100명의 고객 중 95명은 병원에 전혀 불만을 얘기하지 않고 언제든지 병원을 떠날 준비가 되어 있는 것이다.

또한 불만 고객들은 자신의 이야기를 1명이 10명에게 전달할 수 있으므로 불만을 빨리 해결하고, 처음부터 불만이 생기지 않도록 관리하는 것이 매우 중요하다.

고객들은 때와 장소에 따라 고객의 기대가 변하기 때문에 과거와 비슷하거나 동일한 진료 서비스로는 고객을 만족시킬 수 없다. 동일한 서비스를 체험했더라도 자신의 기대수준에 따라 만족할 수도 있다. 고객 기대수준에 영향을 주는 요인을 파악하고 이해하여야 한다.

고객만족이란 진료 서비스에 대한 고객의 기대보다 실제 체험 크기가 크거나 높은 것을 말한다.

고객이 정기적으로 무엇을 원하는지, 어떤 것이 병원이 제공하기 바라는지를 측정하고 개선해야 한다.

1) 고객의 소리(VOC)수집 방법

① 설문 조사

인터넷(고객 만족 평가), 화장실에 한마디, 설문지 이용

② 면담

전화 면담/일대일 면담 – 비용 많이 들고 시간도 많이 든다.

③ 유령 고객 이용

모니터링(전화, 방문)

2) 불만 환자 응대 방법

- 열린 마음 자세
- 가까이 앉기
- 부드러운 눈빛
- 온화한 표정
- 잔잔한 어조,
- 밝고 부드러운 어조

2. 병원 모니터링

1) 병원 모니터링의 이해

의료진들을 포함하여 서비스 코디네이터들은 객관화된 시각과 과학적인 도구를 이용하여 병원 상태를 올바르게 평가해 보는 것은 아주 중요한 일이라 하겠다. 개인이나 기업의 발전에 있어 가장 큰 저해요인이 되는 것이 바로 자신감이 넘쳐나는 것이다. 대부분의 병원은 업무 프로세스나 고객만족도에 있어 충분히 잘하고 있다는 착각을 하고 있다.

병원 모니터링이 필요한 이유는 현재 우리 병원의 문제점을 정확하게 파악해야 하기 때문이다.

예를 들어 어디에서 물이 새는지를 파악하지 못하면 누수를 막지 못하는 것처럼 병원의 문제점을 고치지 못한다면 좋은 병원이 될 수 없다.

고객만족경영의 첫걸음이 바로 병원모니터링이다.

병원모니터링은 전화나 방문을 통하여 전문 모니터링 요원들이 문재점을 진단하고 그 결과를 분석해, 그에 따른 전략을 제시하는 프로그램이다.

또한 병원의 특수성을 고려하여 환자 또는 보호자, 진료 예상 고객들에 대한 접점에서 적절한 서비스가 이루어지고 있는지를 현장 방문 모니터 및 인터뷰를 통하여 과학적으로 평가하는 활동이다. 이를 통해 병원의 현재를 점검하고 미래를 설계할 수 있다.

직원은 병원의 경쟁력이다. 환자들과 가장 가까이서 대화하고 소통하는 접점이 바로 직원이라 하겠다. 다른 병원들은 잘 되는데 우리 병원의 매출이 자꾸 떨어진다면 병원직 원 교육과 병원 모니터링을 해야 한다.

병원의 사회적 책임을 어떻게 수행하는지에 관한 사항은 모니터링의 이해관계자 집단과의 관계를 원활하게 하는 방법의 하나로써 관계마케팅 영역이라고 볼 수 있을 것이다.

병원 서비스에서 현장 모니터링 대상으로는 병원 시설 등 물리적인 환경에 관련된 사항, 서비스 운영 시스템 등 소프트웨어에 관련된 사항, 직원(의사, 간호사 등)들의 업무지식과 서비스 태도 등에 관련된 사항 등이다

병원에서도 서비스를 개선하기 위해 이러한 방법을 활용하는 경우가 있는데 눈에 보이는 상품이 아닌 직접 시술을 받아야 하는 점 때문에 그 범위가 한정될 수밖에 없지만 병원 서비스를 평가할 때 활용하기도 한다.

제품 품질뿐만 아니라 사업장의 청결도 등도 그 대상이 된다.

일반 고객으로 가장하여 점원의 친절도, 외모, 판매기술 등을 점검하는 방법이다.

병원 서비스의 개선 발전을 위해 실시되는 모니터링은 외부고객뿐만 아니라, 직장 내에서 근무하고 있는 내부고객에 대한 평가도 함께 실시해야 한다.

모니터링 시행 후 결과의 이용을 위한 기회비용과 시간이 투자되어야 하며, 의도적인 문제 제기를 통해 직접적으로 직원들의 서비스를 테스트하기도 한다.

또한 모니터링의 결과로 수집된 자료를 토대로 개선된 서비스는 모니터링의 재실시를 통해 재평가 받아야한다.

2) 병원 모니터링 3요소

(1) 휴먼웨어(human ware)

휴먼웨어 접점은 직원과 고객이 만나는 접접인 인적 요소로, 직원 판단과 행동 양식이 고객 만족도에 직접 영향을 주게 된다.

(2) 소프트웨어(soft ware)

소프트웨어 접점은 서비스와 일이 처리되는 속도와 정확성 등 무형 요소에 대한 인상과 평가를 말한다.

(3) 하드웨어(hard ware)

하드웨어 접점은 고객이 눈으로 보고 접촉하는 건물, 사무실, 주차장 등 시설과 설비 등 유형 요소에 대한 체험을 말한다.

3) 병원 모니터링의 진행

(1) 대상자 정하기

- 입원환자, 퇴원환자, 외래환자
- 상담 고객, 신규 환자, 기존 고객, 환자의 보호자나 가족 등
- 주변에 있는 고객

(2) 모니터링 대상자 선정

- 어떤 질문을 할 것인가? 인적자원, 병원 시스템, 병원의 시설 등
- 병원을 어떻게 평가하는가? 병원을 개선해야 하는 이유
- 질문은 누가 할 것인가? 임직원, 고객모니터, 전문 컨설턴트, 온라인 시행

(3) 내방 고객의 입장에서 접점진단

- 병원에 오는 길이 편리한지
- 승용차나 버스, 지하철을 이용하는지
- 병원 입구(간판이나 들어오는 곳이) 찾기 쉬운지
- 주차시설이 편한지
- 병원의 첫 이미지가 어떤지
- 직원들의 첫인상이 어떤지

(4) 피드백을 통한 활용

- 자발적인 참여 유도
- 병원 직원에 대한 교육
- 부서별로 토론을 통해 목표 확립
- 게시판에 결과 공지

3. 고객의 소리(VOC)

Voice of Customer의 약자로 고객으로부터 피드백을 받는 고객중심 전략의 한 기법이다.

기업이 경영활동에 있어서 고객들이 기업에게 반응하는 각종 문의 불만, 제안 등의 정보를 말하는 것으로 우리 병원에 대하여 인식하는 의료기능, 그리고 고객 만족 수준을 조사하여 측정하여야 한다.

고객 만족도를 측정하는 데 있어서는 몇 가지 유의사항이 있다.

설문지 분량이 너무 많게 되면 긴 설문지는 바쁜 현대인들은 성의껏 응답하려 하지 않는다. 너무 지나치게 자세한 항목을 열거해서도 안 된다.

요즘 대기업이나 전자서비스 센터에서 A/S를 하는 경우에 매우 전화가 오면 '매우 만족한다'라고 말해 달라고 요청하는 경우가 많다. 기업에서는 본인들의 점수가 올라갈지라도 이러한 경우는 고객의 눈살을 찌푸리게 된다.

1) 고객의 소리(VOC)의 목적

(1) 고객의 이해

고객이 병원의 서비스를 어떻게 생각하고 있는지 파악할 수 있다.

(2) 시장에 대한 이해

변화하는 고객의 욕구를 파악할 수 있다.

(3) 새로운 아이디어 제공

서비스를 개발하고 이해하는 데 도움이 된다.

2) 고객의 소리(VOC)의 특징

- 가공된 것이 아닌 직접적인 데이터이다.
- 자료는 일반적으로 콜 센터, 우편, 홈페이지, FAX 조사 등을 통하여 수집된다.
- 장점 : 고객의 직접적인 요구 사항을 알 수 있어 대응체계를 즉각 마련할 수 있다.
- 단점 : 고객들의 의견이 다양하므로 기업에 영향을 주는 자료 분석이 어려울 수 있다.
- 고객의 소리(VOC)는 지속적으로 관리가 되어야 하며, 일관성 있게 자료를 관리, 저장하고 DB화하여야 활용가치가 있다.

3) 고객의 소리(VOC) 유형

(1) In-bound

Pull형으로 내부 조직에서 고객의 의견을 청취하고자, 고객 간담회 또는 공식적 고객 설문조사를 실시하여 정보를 흡수하는 유형

(2) Out-bound

Push형으로 외부요인에 의해 자료가 수집되는 형태로서 주로 고객이 전화, 엽서 및 인터넷을 통한 불만, 제안, 문의 칭찬을 제기하는 유형

4) 고객(만족도) 의견 작성

고객의 소리함에 고객 설문지를 배치하여 고객이 퇴원 시 환자들에게 어떠한 점이 불편하였는지를 묻는 카드이다.

복도에 배치해두는 것이 적당하다.

5) 설문조사방법

고객 만족도를 직접 설문으로 조사하는 방법이다.

고객 불평 및 제안 시스템 이용의 문제점은 불만고객의 5%만이 적극적으로 불만을 토론한다는 것이다.

고객의 반응에 민감한 기업들은 정기적인 조사를 통하여 고객만족을 직접적으로 측정하는 방법을 사용한다. 이러한 설문조사를 통해 고객만족을 측정하는 방법에는 여러 가지가 있다.

예를 들어 고객에게 직접 묻는 방법으로 고객으로 하여금 제공받은 서비스에 대해 얼마나 만족하였는지 아주 만족(5점)에서 만족(4점) 보통(3점) 불만족(2점) 매우 불만족(1점) 등으로 척도를 측정하는 방법이다.

설문지를 제작할 때 주의할 점은 우선 환자나 가족이 알기 쉬운 내용이어야 한다.

질문은 가능한 구체적으로 다루어져야 한다. 전체적인 만족도, 고객 의견, 시설, 설비, 인상 등 항목을 나누고 자유의견을 적을 수 있는 공간을 만들어 놓는다.

(1) 일일 상담 일지 작성

작성 시 반드시 필요한 정보

고객명		나이/성별	
주민번호		연 락 처	
초진일자		주 소	

일자	상담내용	확인

6) 이탈고객 조사

고객 이탈률을 조사하여 고객만족을 측정하는 방법이다.

이탈 고객이란 우리 병원의 고객이 지속적으로 이용하다가 중단했거나 다른 병원으로 옮기는 고객을 말한다.

고객 이탈률이 높아진다는 것은 병원이 고객을 만족시키는데 실패하고 있다는 증거를 보여주는 것이다. 따라서 이탈 고객에게 방문하거나 접촉을 하여 이탈 원인이 무엇인지를 찾아내어 보다 나은 고객 서비스를 제공할 수 있다.

7) 유령 고객이용

유령 고객을 이용하여 고객만족 수준을 측정하는 방법이다.

이 방법은 고객으로 가장한 사람으로 하여금 해당 병원에 의료 서비스를 경험하는 과정에서 고객이 느낄 수 있는 서비스나 좋은 점과 나쁜 점을 알아내어 보고하는 방법이다. 이런 유령 고객은 과장되게 문제를 제기하거나 항의를 하는 등 병원이 어떻게 응대하는지를 알아보기도 한다.

8) 고객의 소리(VOC) 수집방법

(1) 설문조사

인터넷(고객만족평가), 화장실에 한마디, 설문지

(2) 면담

전화, 일대일면담 등 비용과 시간이 많이 든다.

(3) 미스터리쇼핑

고객으로 가장하여 서비스 평가, 모니터링(전화, 방문)

9) 고객의 소리(VOC) 관리체계

4. 불만고객 응대법

불만 고객의 관리를 중요하게 인식되어야 하는 이유는 의료기관에 애착이 있기 때문이다. 불평이 많은 부서나 업무에 대한 대책이 필요하며, 부정적인 구전효과를 최소화할 수 있기 때문이다. 또한 발생 가능한 문제를 조기에 해결할 수도 있다.

불평하는 고객은 불만을 갖고 있다는 것에 대한 인정을 받고 싶어 한다.

잘못한 부분에 대한 정확한 설명을 듣고 싶어 하며, 앞으로 잘할 것이라는 다짐을 받고 싶어 하며 정중한 사과와 적당한 보상을 받고 싶어 한다. 문제가 빨리 해결된다면 큰 소리를 치거나 싸우는 것을 원하지는 않는다.

병원의 진료 서비스에 불만을 말하지 않는 이유는 병원에 항의해도 쉽게 불량의 근거를 입증시킬 수 없고, 불쾌한 경험을 이야기해 봐야 더 불쾌해지므로 말하고 싶어 하지 않는다. 제품과 달리 서비스의 불량은 사람에 의한 것이 대부분이다. 불량 서비스를 항의하려면 특정인을 비난해야 하는데, 본인의 성격과 교양만 손상될 뿐이라는 생각 때문이다. 때문에 차별화된 상담스킬을 통하여 고객(환자)의 상태 및 진료 계획을 가지고 대화한다.

병원은 사전에 고객들이 큰 불만을 느끼지 않도록 하는 것이 최선이지만, 병원에 항의를 하도록 적극 권장하고 문제 개선의 기회로 활용해야 한다. 고객의 불만을 효과적으로 처리하지 못하면 고객과 병원 간에 부정적인 연쇄작용이 일어나며, 고객의 불만을 효과적으로 처리하지 못하면 병원은 고객을 잃게 되고 시장에서 안 좋은 이미지로 남을 수 있다.

또한 고객들은 대부분 어느 정도 합리적인 근거를 가지고 불만을 표시한다. 이들은 불만사항을 이야기할 때 무시하거나 외면하지 않는다. 대부분의 고객 불만은 좋은 결과로 이루어지게 된다. 고객을 화나게 하는 이유에는 여러 가지가 있지만 고객에 대한 무관심과 요구를 무시한다던지, 친절하지 못한 언행과 너무 규정만을 고집할 때 더욱 불만을 갖게 만든다.

제일 먼저 고객의 말에 귀를 귀 울이고 (경청) 감사와 공감의 표시를 해주며 정중히 사과를 하고 언제까지 해결할 수 있는지를 약속한다.

다음에 고객이 원하는 것에 대한 정보파악을 하고 신속하게 처리한다. 무엇보다도 처리가 잘 되었는지를 알아보고 다시 한번 정중히 사과를 드리며 다음에는 그런 일이 없도록 기록해 두어야 한다.

불만 환자의 응대–불만 환자의 응대란

현재 또는 과거에 발생한 사건들을 수집하여 의료 기관에 손실을 가져올 수 있는 의료 환경의 리스크를 확인하고 리스크를 예방함과 동시에, 불만 환자가 생겼을 때 적절한 응대로 환자의 불만을 해결하여 재진율을 높이는 활동

1) 병원에서 고객 불만이 생기는 원인

- 이유 없이 대기 시간이 늦어질 때
- 원하는 의사 진료가 되지 않을 때
- 사전 예고 없이 절차가 진행될 때
- 다른 환자와의 차별 대우가 느껴질 때

2) 불평하는 고객이 얻고자 하는 심리적인 것

- 잘못된 부분에 대한 정확한 설명을 듣고 싶어 한다.
- 정중한 사과와 보상을 받고 싶어 한다.
- 정당한 불만을 갖고 있다는 것에 대한 인정을 받고 싶어 한다.
- 앞으로 잘할 것이라는 다짐을 받고 싶어 한다.

3) 불만 고객의 긍정적 효과

- 문제점 인식을 기반으로 서비스 창조의 기회를 얻는다.
- 불만 환자를 통하여 병원 체크의 기회를 얻는다.
- 단골 고객으로의 전환을 통해 병원 수익성을 향상시킬 수 있다.

4) 고객 상담의 방법

- 고객을 상담할 때에는 편안한 공간, 환자의 심리, 상태 배려가 중요하다.
- 2차 상담시 고객의 사전 기대 가치를 파악하며 상담을 진행한다.
- 2차 상담 시 보호자 동행을 통해 진료에 대한 확신을 심어준다.
- 상담 과정에서 나눈 상담 내용을 반드시 기록하여 컴플레인 발생을 미연에 예방한다.

5) 고객의 상담과정

초진 상담 → 검사 → 상담 → 진료 중심의 상담 → 진료 후 상담 → 리콜

- 고객 기본 정보(특성) 파악
- 치료 가능성 여부 타진
- 치료 설계 및 제안
- 비용 산정
- 예약 및 확인

6) 환자 상담 시 갖추어야 할 자세

- 직업의식, 프로의식, 책임의식을 가지고 임하여야 한다.
- 상담에 따른 전문적인 지적 수준을 갖추어야 한다.
- 긍정적이고 적극적인 사고를 할 줄 알아야 한다.
- 원활한 대인관계 능력을 보유하여야 한다.
- 환자 심리를 안정시키는 상담능력 및 커뮤니케이션이 필요하다.
- 자기관리 마인드를 갖추고 있어야 한다.

1. 고객의 소리(VOC) 개념에 대해 쓰시오.

2. 고객의 소리(VOC)는 주로 병원의 무엇을 개선하는데 필요한 정보로 활용되고 있는가?

3. 병원에서는 고객의 소리(VOC)를 잘 수집하여 활용해야 하는데 이를 위한 노력을 쓰시오.

4. 고객의 소리(VOC)에 대한 수집 방법과 가장 거리가 먼 것은?

① 고객 의견카드
② 병원 홈페이지
③ 신문광고
④ 전화

5. 불평관리 고객의 관리를 중요하게 인식해야하는 이유가 아닌 것은?

① 불평하는 고객은 의료기관(병원)에 대한 애착이 없다.
② 발생 가능한 문제를 조기에 해결할 수가 있다.
③ 부정적인 구전효과를 최소화 할 수 있다.
④ 불평이 많은 부서나 업무에 대한 대책이 필요하다.

정답 및 TIP

1 고객 중심전략의 한 방법으로서 고객으로부터 피드백을 받는 기법이다. 즉, 고객유치를 위한 생존 전략이라 하겠다. 기업의 경영활동에 있어서 고객들이 기업에게 반응하는 각종 불만, 문의, 제안 등의 정보를 말한다.

2 병원에서는 다양한 채널을 통해 고객의 소리를 들을 수 있으며 병원 서비스의 질 개선에 필요한 정보로 활용된다.

3 고객의견 카드, 홈페이지, 게시판 등 고객의 소리를 들을 수 있는 채널을 다양화하고 고객의 소리를 한 곳으로 모아 정리하며, 고객의 의견에 대해 대응자료를 표준화하고 이를 서비스매뉴얼에 반영한다. 또한 경우에 따라서는 고객의 소리와 그 결과를 공개하여 개선하는 노력을 보여주는 것도 필요하다.

4 ④

5 ①

병원코디네이터의 이미지 관리

7

1. 병원코디네이터의 이미지 관리

이미지는 '내적 이미지(선천적 이미지)+외적 이미지 (후천적 이미지)+사회적 이미지(상대방이 인식)'으로 나뉜다.

병원의 내적 이미지 관리는 병원의 진료철학을 올바르게 이해하고 비전을 수립하고 탐원들의 열정이 있어야 한다.

병원의 외적 이미지 관리는 병원의 하드웨어나, 환경요소 등을 들 수 있으며 병원의 사회적 이미지 관리는 포지셔닝, 사회봉사, 마케팅 활동 등 다양하다.

사람의 이미지 형성에 있어서 가장 중요한 것이 첫인상이다.

첫인상은 3초에서 5초에 좌우된다고 한다. 시각적 요소에서 강한 인상을 주며 좋은 첫인상은 편안함과 친근감, 신뢰감이다.

이미지메이킹의 기본요소는 온화한 표정과 부드럽고 상황에 맞는 표정과 말투, 바르고 예의있는 자세이다. 바람직한 이미지메이킹에서 중요한 것은 호감을 줄 수 있는 것이며 빼어난 외모나 눈에 띄는 용모는 기본요소라 할 수 없다. 연출하여 좋은 인상을 만들어 호감을 주어야 한다.

코디네이터의 이미지는 고객의 입장에서 바로 병원의 이미지가 되며 신뢰감과 친절함을 바탕으로 하는 병원의 이미지이다.

자신의 이미지는 내적인 이미지인 이미지가 상대방의 인식에 따라 나타난다.

현대는 이미지를 팔고 사는 시대라고 해도 과언이 아니다. 자신의 이미지를 어떻게 창출하느냐에 있어서 자신의 상품 가치가 달라지고 있는 현실이다.

병원 서비스에 대한 고객의 평가는 병원이미지에 의해 좌우되므로 코디네이터는 자신의 가치를 높이고, 병원 이미지를 제고시키는 데 끊임없이 이미지를 창출하여 관리하는 데 노력해야 한다.

또한 긍정적 이미지는 자기 성취와 병원의 생산성을 향상시키며, 부정적인 이미지는 불만과 서비스 실패의 결과를 초래한다.

이미지를 파악하는 데에는 긴 시간이 필요하지 않지만 좋은 이미지를 완성하는 데에는 보다 체계적인 과정과 노력을 거쳐야 한다.

병원코디네이터는 병원에 방문하신 환자와 의료 서비스를 담당하는 의료진 및 직원들의 가치 창출이 최대로 도모될 수 있도록 병원의 서비스를 기획하고 관리하고 집행하는 전문가이다.

또한, 병원과 환자간의 매개체 역할뿐 아니라 직원과 병원 간, 직원과 환자 간, 직원 간의 상호관계가 원활하도록 관리하고 조정함으로써, 상호 신뢰를 향상시키고 이를 통해 궁극적으로는 양질의 의료 서비스가 제공될 수 있도록 유도하는 중간관리자이기도 하다.

즉, 병원코디네이터는 직원관리, 환자(고객)관리, 병원관리를 전체적으로 담당하는 관리직이며, 이것을 실무에서 서비스화시켜 최대의 만족도를 이끌어냄으로써 병원의 이미지를 제고하는 업무를 담당하는 총체적인 병원 서비스 경영자라고 볼 수 있다. 자신의 업무와 역할에 대한 정확한 이해가 필요하며, 병원에서 발생되는 상황대처능력을 키우고 분석하여 실무에 반영할 수 있는 꾸준한 관찰력도 필요하다.

2. 이미지메이킹의 중요성

외모의 핵심은 얼굴에 달려 있다. 그래서 표정은 상대방에게 호감을 주느냐, 못 주느냐의 중요한 요소가 되며, 좋은 이미지를 갖고 있는 사람과 대화를 나눌 때의 표정은 밝고 명랑한 것이다. 또한 정직하고 착한 외모는 많은 결함을 커버해 주기도 한다.

인간의 외형적 모습이 어떠한 의미를 나타낼 때 우리는 그것을 표정이라고 말한다.

표정은 상대방에게 호감을 주느냐 못 주느냐의 중요한 요소가 된다.

이미지를 잘 관리하였을 때의 효과로는 궁극적으로 대인관계 능력의 향상 효과가 있고, 자아존중의 형성된다. 또한 열등감 극복으로 자신감이 제고된다. 병원코디네이터의 이미지는 고객과의 관계에 영향을 준다.

긍정적 이미지는 자기 성취와 병원의 생산성을 향상시키며, 부정적인 이미지는 불만과 서비스 실패의 결과를 초래한다. 이미지를 관리하는 것은 선천적인 이미지 중에서 장점을 더욱 부각시키고 단점이라고 생각되는 것 가운데서도 장점화할 수 있는 것은 장점으로 만들고, 그렇지 않은 것은 가급적 노출되지 않도록 하여 전체적인 이미지를 상승시키는 것이다. 자신의 이미지에 만족하지 못하는 사람은 대부분 평상시 이러한 노력을 하지 않아 자신의 이미지를 충분히 표현하지 못했기 때문이다. 자기 자신이 열심히 노력하여 밝고 긍정의 좋은 이미지를 만들어 가야하겠다.

3. 이미지메이킹의 효과

- 궁극적으로 대인관계 능력의 향상 효과가 있다.
- 자아존중의 형성된다.
- 열등감 극복으로 자신감이 제고된다.

1) 병원코디네이터의 이미지 포인트

(1) 밝은 표정과 미소

얼굴 모습은 본인이 결정할 수 없지만 얼굴 표정은 본인이 결정할 수가 있다. 때문에 미소는 아무런 대가도 치루지 않고도 많은 것을 이루어 낼 수가 있다. 밝은 표정의 중요성으로는 건강증진에 도움이 되고 호감효과가 있으며, 마인드컨트롤이 된다. 또한 실적 향상에도 많은 도움이 된다.

(2) 마음을 전하는 인사는 고객에 대한 마음가짐의 표현이다.

- 인사말은 밝고 명랑하게 한다. (여성 – 솔톤, 남성 – 미톤)
- 내가 먼저 한다. 상대가 누구든지 눈이 마주쳤을 때 조건반사적으로 인사를 하여야 한다.
- 상대방의 눈을 보며 한다.
- 표정을 밝게 하고 인사를 하기 전과 후에는 반드시 눈 맞춤을 하도록 한다.
- 장소 상황에 맞는 인사를 한다.

(3) 피해야 하는 인사

- 분명하지 않은 인사말로 어물어물하는 하는 인사
- 상대를 보지 않고 하는 인사
- 무표정한 인사
- 얼굴만 빤히 보면서 하는 인사
- 고개만 까닥하는 인사
- 허리는 숙이지 않고 말로만 하는 인사
- 긴 머리가 얼굴을 덮어 인사의 뒷정리가 잘 안된 인사

(4) 아름다운 말투와 대화-공감적 행동을 위한 5가지 동작

- 눈이 마주친다.
- 미소를 짓는다.
- 고개를 끄덕인다.
- 등을 앞으로 숙인다.
- 메모를 한다.

(5) 단정한 용모와 복장

복장, 헤어, 메이크업에 신경을 쓰며 자신의 개성을 강조하기보다는 청결, 기능, 조화를 우선시한다. 머리부터 발끝까지 단정하고 청결하게 조화를 유지하여, 병원 서비스 전문가로서의 신뢰감을 주도록 한다.

- 머리가 청결해야 한다.
- 앞머리가 눈을 가리거나 옆머리가 흘러내리지 않는다.
- 지나치게 짧거나 남성적인 이미지를 주지 않는다.
- 뒷머리가 뻗치지 않고 드라이로 정리가 잘 되어 있어야 한다.
- 잔머리는 헤어 제품으로 잘 정리한다.
- 지나친 컬이 있는 퍼머 머리는 삼간다.
- 뒷머리는 그물망으로 고정되어 있거나 정리가 잘 되어 있어야 한다.
- 자신의 피부 톤에 맞고 진하 않은 자연스러운 화장을 한다.
- 아이섀도 색이 너무 진하거나 펄이 들어있지 않은 화장을 한다.
- 손이 트지 않고 손톱 주변 정리가 잘 되어 있어야 한다.
- 화려한 색상의 매니큐어를 사용하지 않는다.

2) 이미지 형성

(1) 이미지형성

코디네이터는 외적 이미지 외에도 내적 이미지를 잘 갖춰야 한다. 미국 캘리포니아대학교 심리학자인 메라비언의 논문을 보면 대화를 통해 한 사람에 대한 다른 사람이 받는 인상에 영향을 미치는 비중이 목소리나 크기의 음색이 38%, 표정이나 제스쳐, 비언어적 요소(시각, 청각) 55% 내용 자체는 7%만 받아들인다고 한다.

좋은 이미지를 형성하는 내적 이미지 요인에는 인간과 자신이 맡은 일에 대한 깊은 관심, 모든 사람을 똑같이 아름답게 여기는 인간 존중 사상, 자신과 사람이 맡은 일에 대한 깊은 관심, 성실성을 바탕으로 하는 겸손함과 신뢰감 등으로 상대방을 배려하는 마음 등이 있다.

이미지 형성의 의미

구분	의미	동의어
내적 이미지	지적수준, 가치관, 신념, 이상을 반영하는 오랜 기간 동안 노력에 의해 표현되는 내면적인 요소	이차적 이미지 선천적 이미지
외적 이미지	예의바른 자세와 동작, 표정, 시선, 용모, 복장, 메이크업, 태도, 직업, 말투 등에 의해 표현되는 외형적 요소	일차적 이미지 후천적 이미지

그 사람의 호감을 주는 외적 이미지 요인에는 반듯하고 건강한 자세, 따뜻함이 느껴지는 눈길, 자연스러우면서 긴장된 입꼬리, 청결한 외모, 안정된 시선, 때와 장소, 온화한 말투, 상황에 알맞은 품위 있는 옷차림 등을 들 수 있다.

선천적 이미지의 장점은 후천적 이미지 요소로 부각될 수 있으며, 단점은 후천적인 노력으로 극복할 수 있다. 즉, 이미지를 관리한다는 것은 선천적 이미지 중에서 장점을 더욱 살리고, 단점은 장점으로 만들 수 있는 부단한 노력을 통해서 자신의 전체적인 이미지를 상승시키는 것이 필요하다.

4. 예의바른 자세와 동작

1) 서비스 매너와 에티켓

(1) 매너란?

인간의 '행동방식'을 의미한다. 매너란 어떤 일을 할 때 조금 더 바람직하고 보다 쾌적하며 우아한 감각을 익히기 위해 생겨난 습관이다.

매너의 어원인 라틴어 '마누아라우스(manuarius)'는 '마누스(manus)'와 '아리우스(arius)'의 합성어이다. 손을 뜻하는 마누스는 '우리의 행동이나 습관'이라는 의미로 발전하게 되었으며, 아리우스는 '방법' 또는 '방식'을 의미한다.

그것은 상대방에 대한 마음 씀씀이나 물건 다루는 방법, 접하는 방법, 몸짓 등에 관한 모든 것으로서 이것은 오랜 기간 동안 많은 사람과의 교제를 통해 터득하게 되어 개인의 몸에 익숙하도록 만드는 것이다. 매너란 매우 상식적이고 일상적인 것이 이에 해당한다.

따라서 매너란 개인마다 가지고 있는 독특한 습관, 몸가짐으로 해석되며 사람에 대해 이야기를 할 때 매너가 좋다, 나쁘다라고 하는 것이다.

(2) 에티켓이란?

프랑스어로 꼬리표 또는 티켓을 말한다. 이는 베르사이유 궁전을 보호하기 위하여 궁전 주변에 말뚝을 박아 행동이 나쁜 사람이 화원에 들어가지 못하게 표시를 붙여놓은 것이다.

선택의 여지가 없는 예의범절이며 '의무사항'이라고 할 수 있다. 사람으로서 지켜야 하는 당연한 도리이다. 모든 상황에 한 번 더 생각하고 생각과 행동을 일치시키고자 하는 노력, 상대방의 기분을 좋게 해주고 타인과 원만하게 지낼 수 있게 많은 노력을 해야 할 것이다.

모든 사람은 나이와 직위 등 상급자와 하급자가 서로 존중하면서 서로 사랑과 공경을 표현하며 생활화하는 것은 예절의 첫걸음이다. 사회는 함께 어울려 살면서 조화를 이룬다.

매일 작은 친절, 작은 정성에 주의하다 보면 그 사람은 어느새 친절한 습관이 몸에 배게 된다.

내가 먼저 인사하고 작은 친절을 목표로 하고 아침저녁 이것을 꾸준히 실천하다 보면 인사 잘하는 친절매너가 체질화되는 것이다. 작은 친절이나 작은 정성은 아주 사소한 것 같지만 이것은 상대방의 가슴에 따뜻한 메시지를 전달한다.

예의 바른 동작을 하기 위해서는 친절매너가 자연스럽게 체질화되기 위해서 부단한 자기 노력이 필요하다.

(3) 자세와 동작의 5가지 수칙

표정, 시선, 정면 응대, 손의 위치, 목례(안내 자세, 걷는 자세, 서 있는 자세, 앉는 자세)

- 등은 항상 곧게 펴고 시선은 상대방의 눈언저리를 바라본다.
- 상대방을 편안하게 바라본다.
- 손가락을 가지런히 붙인다.
- 걸음걸이 시 보폭은 너무 크지 않게 하고 구 두소리가 너무 크게 나지 않아야 한다.
- 다리를 벌리지 않고 걷는다.

(4) 환자 응대 시의 기본매너

① 고객을 맞이할 경우

- 고객을 맞이할 때는 적극적으로 예의 바른 말과 행동으로 인사하며 고객을 맞이한다.
- 직장을 대표한다는 마음으로 방문객을 응대한다.
- 손님을 맞을 때는 기분 좋게 맞이하고 용건을 정확하게 듣고 처리한다.
- 직장을 찾아온 손님에게는 누구든지 존대어를 쓴다.
- 손님을 맞이할 때는 반드시 의자에서 일어서서 웃는 얼굴로 "어서 오십시오"하면서 인사를 한다.
- 고객을 보면 먼저 재빨리 일어서서 맞이하는 것이 좋지만 앉아서 맞이할 때에는 얼굴 표정을 가리지 않을 정도로 허리를 약간 굽히면서 밝은 음성으로 인사를 하도록 한다.
  - 앉은 채로 손님을 맞이하거나, 등을 보이고 얼굴을 보지 않은 채 대화하기 않는다.
  - 환자가 보는 앞에서 사적인 전화는 피한다. 환자에게 무관심한 모습은 보이지 않는다.
  - 환자에게 무관심한 모습은 보이지 않는다. 양해를 구하지 않은 채 기다리게 하지 않는다.
  - 동료와의 사담, 환자에 대한 비평은 하지 않는다.

- 환자와 논쟁하지 않는다.
- 자신과 관계없으므로 모르는 것이 당연하다는 얼굴을 하지 않는다.
- 바쁠 때에도 소란스러운 모습을 보이지 않는다.
- 양해를 구하지 않은 채 기다리게 하지 않는다.
- 정확하고 환자가 알기 쉬운 용어를 사용한다(전문용어 사용은 가급적 피한다.)
- 환자의 말을 잘 들어준다.
- 환자의 성별, 연령, 직업, 지위 구분을 구별하지 않고 항상 존댓말을 사용한다.
- 서류 정리나 컴퓨터 작업을 하면서 손님을 기다리게 하지 않는다.

② 전화를 받을 때의 매너

• 전화벨이 울리기 시작하면 목소리부터 가다듬는다.
• 목소리는 평소보다 한 톤 더 높여서 받는다.
• 전화벨이 2~3번 울린 후에 받는다.
• 병원 이름이 길 경우 인사말을 간단히 하고 소속과 이름을 밝힌다.
• 또박또박 천천히 발음한다.
• 전화를 연결하고 신속하게 끊는다.
• 전화기는 왼손으로 받고 오른손으로 메모를 할 준비를 한다.
• 끝인사를 하고 상대방이 끊는 것을 확인하고 조용히 내려놓는다.

2) 차를 대접할 때

• 차를 접대할 때에는 준비 가능한 것을 먼저 고객에게 말하고 반드시 취향을 물어 선택하게 한다.
• 차를 낼 때에는 뜨거운 것은 뜨겁게, 찬 것은 차게 하여 적당한 잔에 낸다.
• 찻잔은 고객의 정면에서 약간 오른쪽에 내려놓되 서류 위에 올리지 않는다.

3) 방향 안내 4가지 수칙

차를 낼 때는 쟁반을 가슴 높이로 받쳐 들고 목례를 한 후 고객에게 먼저 드린다.

- 자세
- 표정
- 시선
- 화법

5. 상황별 올바른 안내 유도

1) 고객안내 매너

고객을 처음 맞이하는 인사를 마치면 찾아온 용건을 확인하여 업무를 직접 처리하거나 용건에 해당하는 부서나 사람에게 안내를 하게 된다. 안내를 할 때는 먼저 본인의 소개와 이름을 얘기하고 제가 "상담실로 모시겠습니다." 행선지를 알려 준다. 그리고 업무를 처리하는 동안 고객이 편안할 수 있도록 자리에 앉게 하고 업무처리 과정을 설명해 준다. 업무를 처리할 때는 바른 시간 내에 처리를 하여준다.

2) 고객과 동행 시 복도에서

- 복도에서 상담실로실에 안내할 때는 손님보다 2~3걸음 비스듬히 우측 앞에 서서 안내한다.
- 복도에서 상사, 동료를 만나거나 외부 손님을 대했을 때 목례로서 예의를 표한다.
- 안내에는 어깨, 손, 눈, 입을 동시에 사용한다(손바닥은 위로하고 손가락은 엄지손가락을 접고 허리보다 높은 위치에서).
- 남의 앞을 지날 때는 "실례합니다", "미안합니다"라고 양해를 구한다.

3) 진료실 안내(문에 따른 안내)

- 진료실의 경우 반드시 노크를 먼저 한다.
- 고객을 진료실로 안내할 때는 당기는 문은 고객을 먼저 들어가게 하고 미는 문은 안내자가 먼저 들어간다. 정확하게 앉는 위치를 안내한다.

4) 엘리베이터, 계단에서

- 엘리베이터를 타야 할 때 고객이 여러 사람일 경우에는 안내자가 먼저 타고 제일 나중에 내린다.
- 안내하는 사람이 있을 때는 상급자가 먼저 타고 먼저 내린다.
- 안내하는 사람이 없을 때는 하급자가 먼저 타서 엘리베이터를 조작하고, 상급자는 뒤에 타고 먼저 내린다.
- 엘리베이터 안에서는 소란스럽게 잡담을 하거나 상대를 응시하거나 계단을 오르거나 내려가기 전에 고객이 당황하지 않도록 층수를 안내하며 고객이 계단의 손잡이를 잡고 걷게 한다.
- 계단을 올라갈 때는 뒤에서, 내려갈 때에는 앞에서 걸어 고객보다 높은 위치가 되지 않게 한다.
- 계단을 내려올 때에는 치마를 입은 여성이 앞서서 걷는 것이 원칙이다.

5) 명함을 교환하는 매너

- 사람을 만나기 전에 미리 명함을 준비해 둔다.
- 앉기 전에 명함을 교환한다.
- 명함을 받은 후 그 자리에서 보고 어려운 글자는 정중히 물어본다.
- 회사명과 이름을 바르게 복장한다.
- 자신의 명함은 더럽혀지거나 구겨지지 않도록 주의해서 보관한다.
- 명함은 병원코디네이터가 고객에게, 하급자가 상급자에게, 방문한 사람이 주인에게 먼저 드린다.
- 명함은 지갑이 아닌 명함 지갑에 보관한다.

6) 악수의 바른 자세

- 바른 자세로 악수를 한다.
- 밝고 호의적인 표정으로 임한다.
- 상대의 눈을 보며 악수를 한다.
- 상체를 가볍게 숙이면서 악수를 한다.
- 오른손에 적당한 힘을 주어 잡는다.
- 맞잡은 손을 2~3번 정도 가볍게 흔든다.
- 악수는 윗사람이 아랫사람에 청하는 것이다.

6. 소개하는 요령

1) 자기 자신을 소개할 때

자신의 지위를 밝히지 않고 이름과 성을 알려 주는 것이 상례이다.

2) 타인을 소개할 때

- 가장 나이가 어리거나 지위가 낮은 사람을 소개한다.
- 여성을 존중하는 의미에서 남성부터 소개한다.
- 지위나 나이가 비슷한 경우는 소개하는 사람과 가까운 곳에 있는 사람부터 소개한다.
- 소개자의 성명, 소속, 직책 명 등을 간단 명료하게 말한다.

3) 성공하는 사람들의 7가지 습관

- 목표를 확립하고 행동하라.
- 끊임없이 노력하고 쇄신하라.
- 주도적이 되어라.
- 소중한 것을 먼저 하라.
- 경청한 다음에 이해시켜라.
- 시너지를 활용하라.
- 자신을 개발하라.
- 주의 깊게 들어라.
- 상사, 동료, 부하를 공경하라.
- 첫인상에 승부를 걸어라.

1. 이미지란 무엇인가?

2. 이미지 메이킹이란 무엇인가?

3. 용모와 복장의 중요성에 대해 쓰시오.

4. 병원 서비스 코디네이터의 메이크업으로 적절치 않은 것은?

① 매우 좋은 향기가 나는 강한 화장품
② 깨끗한 피부 표현
③ 너무 튀거나 진하지 않은 아이섀도
④ 자연스럽게 보일 수 있는 단정한 메이크업

5. 전화 받는 방법으로 적절하지 않는 것은?

① 벨이 3회 이상 울리지 전에 받도록 한다.
② 바쁜 시간인 경우 첫인사를 빼고 응대할 수 있다.
③ 늦게 받을 경우 사과한다.(오래 기다리셨습니다 등)
④ 끝인사를 한다.(감사합니다 등)

정답 및 TIP

1 내적 이미지(선천적 이미지)+외적 이미지(후천적 이미지)+사회적 이미지(상대방이 인식)으로 나뉜다.
병원의 내적 이미지 관리는 병원의 진료 철학을 올바르게 이해하고 비전을 수립하고 팀원들의 열정이 있어야 한다.
병원의 외적 이미지 관리는 병원의 하드웨어나, 환경요소 등을 들 수 있으며 병원의 사회적 이미지 관리는 포지셔닝, 사회봉사, 마케팅 활동 등 다양하다. 사람의 이미지 형성에 있어서 가장 중요한 것이 첫인상이다.

2 이미지메이킹은 자신의 이미지를 멋지고 개성있게 연출하여 좋은 인상을 만들어 호감을 주기 위한 방법이다.

3 바른 몸가짐은 바른 행동의 기본이며 용모는 직업의식의 적극적 표현이며 단정한 옷차림은 상대방에게 신뢰를 주고, 좋은 대인관계를 유지할 수 있으며 일에 성과에도 영향을 준다. 겉으로 보이는 용모는 인격의 일부분이다.

4 ①

5 ②

참고문헌

강원형. 강원형 박사의 IPL 클리닉. 한미의학. 2007
권정신 외. 병원코디네이터 실무. 한국보건의료교육센터. 2007
김선영 외. 메디컬스킨케어. 임상실무. 정담미디어. 2014
김연주 외. 화장품과학. 청구문화사. 2013
김연주, 김기연, 김선희, 이명희, 이성내. 화장품과학. 청구문화사. 2006
김유정 외. 메디컬스킨케어어. 구민사. 2013
김유정 외. 미용기기학. 구민사. 2014
김정미. 감성으로 다가서는 병원서비스. 현문사. 2006
네이버 지식백과
당수민, 김수민. 메디컬스킨케어어. 구민사. 2013
박정민. 병원코디네이터. 2009
박종선 외. 병원코디네이터. 현문사. 2008
병원경영분석. 현문사. 2004
BARRY E. DIBERNARDO, JASON N. POZNER, Mark A. Codner, 역자 안성구, 송중원
성재영, 조미정. 피부과 상담실무. 군자출판사. 2015
원무관리. 현문사. 2004
원융희. 병원서비스록. 대학서림
이소영. 메디컬스킨케어 이용실태 및 병원 선택속성에 관한 연구. 중앙대학교 의학식품대학 원 석사학위논문. 2010
이재남, 이혜영. 피부과학. 구민사. 2013
이정은. 메디컬 스킨케어의 실태 및 만족도에 관한 연구. 숙명여자대학교 석사학위논문. 2015
임붕정. 고객을 춤추게 하는 서비스 리십. 백산
장혜진, 김이준. 미용사회심리학. 가담플러스. 2015
전신일 외. 병원코디네이터 이론과 실무. 계축문화사. 2013
전형주, 조옥희, 신규옥. 병원코디네이터. 구민사
최성연 외. 병원메디컬 서비스 코디네이터. (주)병원인간경영연구소
최영임. 서비스교육이 내부고객만족과 내부마케팅에 미치는 영향. 병위원. 2007
최호 외 4. 의료서비스마케팅(이론과실제). 아카데미아. 2008
표영희 외. 메디컬스킨케어어. 파워북. 2011
한영숙, 김주연 외. 피부미용학. 청구문화사. 2014
황상민. 레이저와 비침습 기기를 이용한 피부재생. 대한의학서적. 2010
장혜진 외. 메디컬스킨케어와 서비스코디네이션
http://www.bebarbie.com/search/search_read.asp?idx=294&page=2&sKeyword=%EC%A7%80%EB%B0%A9%ED%9D%A1%EC%9E%85 지방흡인술